蒋金锐　主编

周　萍　周溪竹　李　宁　杨　光　张媛媛　张欣欣　宋珊珊

黄智高　郑惠群　侯　宣　刘　英　李玲艺　周　莹　编著

服装设计与技术手册

CLOTHING DESIGN & TECHNOLOGY GUIDE

——技术分册

U0199637

金盾出版社

蒋金锐

　　北京服装学院服装艺术与工程学院副教授，高级设计师，硕士研究生导师。从事服装设计和服装艺术教育四十余年。主要教授《服装设计学》课群和指导硕士研究生。注重中国传统服饰和少数民族服饰研究。立足于服装设计和服装技术较全面的基础，具有合理的知识结构，涉及服装艺术和服装产业的广泛领域。在教学实践中，长期与企业合作，坚持以产、学、研紧密结合的方式。曾经多次担任学院和北京市教委的科研项目负责人。例如，《裘皮材料深加工研究》、《中西服饰审美比较》。在项目研究过 程中，紧密结合 企业的横向课题，取得理论研究成果的同时，帮助企业获得显著的经济效益。曾出版服装专业的专著数十部，数百万字，发表论文百余篇。专业著作曾获得金盾出版社"优秀畅销书奖"。

周 萍

　　毕业于河南大学；现任河南科技学院艺术学院副院长、服装系主任、副教授；河南省服装设计师协会副会长。曾多次发表专业论文和出版服装专业书籍。

周溪竹

　　本科和硕士研究生均就读于北京服装学院，在校期间设计作品曾多次获奖；并多次参与服装专业书籍的编写工作；现在服装企业担任服装设计相关工作。

李 宁

　　北京服装学院硕士，现任北京工业大学艺术设计学院服装系副教授；从事服装设计，服装版型教学研究；多次在专业刊物上发表篇论文；曾获"真皮标志杯"中国时尚皮革裘皮服装大赛铜奖。

杨 光

　　毕业于北京服装学院获得服装设计专业。在校期间设计作品曾多次获奖；现在服装企业担任时装个人定制设计师。

张媛媛

　　毕业于北京服装学院服装设计专业；在校期间设计作品曾多次获奖；2004年7月至今在某服装有限公司担任设计师。

张欣欣

毕业于哈尔滨职业技术学院，并在北京服装学院进修。现在某服装公司担任设计师。

宋珊珊

毕业于北京服装学院针织设计专业；在校期间设计作品曾多次获奖；现就职于某公司，担任针织服装设计。

黄智高

河南科技学院艺术学院服装系讲师，主讲课程《服装设计学》、《时装摄影》等。专业研究方向为男装设计与色彩。多次与企业合作。现任艺术学院学术委员会委员、河南省科技成果网专家库成员、中国服装设计师协会理事兼学术委员会委员、中国流行色协会理事兼色彩教育委员会委员。

郑惠群

北京服装学院服装设计专业本科，苏州大学服装设计与工程专业研究生，工程硕士学位。现任教于北京工贸技师学院服装系，从事服装设计、时装画、服装史、艺术鉴赏等专业课程的教学，工作之余不断钻研，从事专业文章、书籍和教材的编写工作。

侯萱

2003年毕业于北京服装学院服装设计专业。2009年至今任职于北京经济技术开发区实验学校，担任校长办公室副主任。2009年至今在北京师范大学管理学院攻读公共管理硕士。

刘英

毕业于浙江丝绸工学院服装系，获学士学位。后于北京服装学院服装艺术设计专业攻读硕士学位。曾任教于北京FID国际服装设计学院，多次参与国内外企业服装及家纺品牌的设计和展示，并在专业刊物发表多篇论文。现供职于一家传媒公司。

李玲艺

北京服装学院硕士，现为中央民族大学美术学院教师，中央民族大学艺术人类学专业博士生，中国工艺美术学会民间工艺美术专业委员会会员。著有《少数民族服饰图案与时装设计》等著作及数十篇专业论文。

周莹

2003年硕士毕业于北京服装学院，现为中央民族大学美术学院教师，中央民族大学艺术人类学专业博士生，中国工艺美术学会民间工艺美术专业委员会会员。著有《少数民族服饰图案与时装设计》等著作及数十篇专业论文。

测 体

立 裁

制 板

排 料

缝纫

锁坠

熨烫

装饰

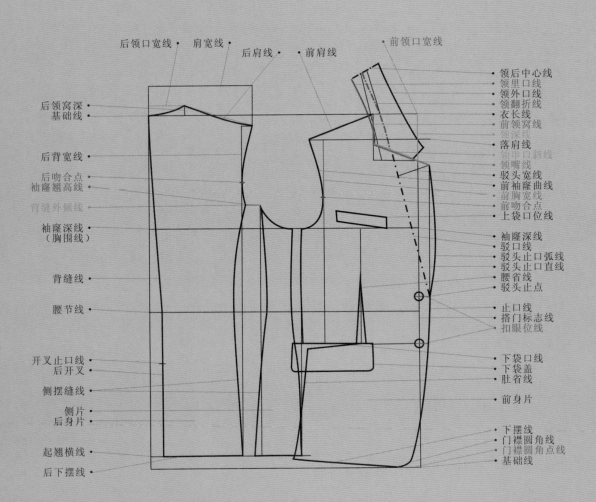

后领口宽线·　·肩宽线·　　·后肩线·　·前肩线　　　·前领口宽线

后领窝深·
基础线·

后背宽线·

后吻合点·
袖窿翘高线·

背缝外倾线

袖窿深线·
（胸围线）

背缝线·

腰节线·

开叉止口线·
后开叉·

侧摆缝线·

侧片·
后身片·

起翘横线·

后下摆线·

·领后中心线
·领里口线
·领外口线
·领翻折线
·衣长线
·前领窝线
·领深线
·落肩线
·领里口斜线
·领嘴线
·驳头宽线
·前袖窿曲线
·前胸宽线
·前吻合点
·上袋口位线

·袖窿深线
·驳口线
·驳头止口弧线
·驳头止口直线
·腰省线
·驳头止点

·止口线
·搭门标志线
·扣眼位线

·下袋口线
·下袋盖
·肚省线

·前身片

·下摆线
·门襟圆角线
·门襟圆角点线
·基础线

打板划板

打板剪板

样衣裁剪

车缝饰边

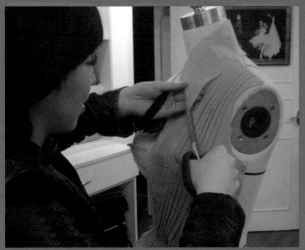

细部立裁

衣片熨烫

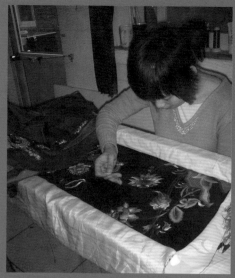

手工刺绣

局部刺绣

合绣刺绣

绣片熨烫

装饰工艺

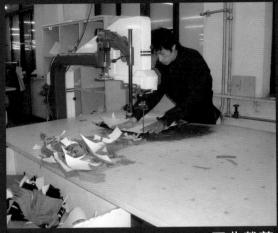

工业裁剪

生产车间

车间流水线

流水线车缝

成衣数控设备

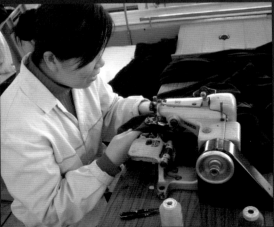

多功能机

成衣熨烫

熨烫车间

钉扣子

车间传送带

去污处理

成品

针织设备

成衣数控设备

针织编织横机（1）

针织编织横机(2)

手摇横机

服装设计与技术手册

——技术分册

主 编

蒋金锐

编 委

周　萍	周溪竹	李　宁	杨　光	张媛媛
张欣欣	宋姗姗	黄智高	郑惠群	侯　萱
刘　英	李玲艺	周　莹		

金盾出版社

内 容 提 要

《服装设计与技术手册》由两个分册组成,即《服装设计与技术手册——设计分册》与《服装设计与技术手册——技术分册》。本分册《服装设计与技术手册——技术分册》与姊妹篇《服装设计与技术手册——设计分册》构成服装从业人员的必备系列工具书。作为服装设计师的专业工具书和指导教材,本分册以服装技术在实际操作中的规范程序作为基础,介绍了服装人体测量、服装基础制板、服装基础裁剪、成衣工业制板、成衣工业裁剪、服装手针缝制、服装缝纫机缝制、服装熨烫、针织服装工艺和服装质量检验等一系列实用的服装专业技术。并且收录了"国家职业标准"、"服装制作工国家职业标准"、"服装设计职业技能竞赛技术文件"等文件摘要。在建立服装技术基础知识的同时,阐述了服装技术的相关理论。

本书以"实用、可靠、全面、便查"的原则为服装设计师和广大服装行业从业人员以及服装爱好者提供了一本可供系统学习和阅读,根据需要随时查阅的专业手册,同时本书也是服装专业院校有益的教学和学习的参考教材。

图书在版编目(CIP)数据

服装设计与技术手册·技术分册/蒋金锐主编 . -- 北京 : 金盾出版社,2013.2
ISBN 978-7-5082-6949-8

Ⅰ. ①服…　Ⅱ. ①蒋…　Ⅲ. ①服装设计—技术手册　Ⅳ. ①TS941.2-62

中国版本图书馆 CIP 数据核字(2011)第 054327 号

金盾出版社出版、总发行

北京太平路 5 号(地铁万寿路站往南)
邮政编码:100036　电话:68214039　83219215
传真:68276683　网址:www.jdcbs.cn
封面印刷:北京蓝迪彩色印务有限公司
彩页正文印刷:北京印刷一厂
装订:海波装订厂
各地新华书店经销
开本:787×1092 1/16　印张:22.75　彩页:12　字数:504 千字
2013 年 2 月第 1 版第 1 次印刷
印数:1～6 000 册　定价:52.00 元

前　　言

　　随着我国经济的振兴与繁荣,服装产业、服装市场、服装文化艺术领域均面临迅速发展和巨大的商机。我国的服装业也面临急需人才的局面。优秀的服装设计师和服装工艺师不仅是服装行业所期盼的人才,也已经成为广大有志于服装业的年轻人的追求和梦想。《服装设计与技术手册》就是为顺应服装业的渴求,为满足服装从业人员和广大服装爱好者的愿望而出版的,集理论和实用为一身的手册类书籍。

　　《服装设计与技术手册》由两个分册组成,即《服装设计与技术手册——设计分册》与《服装设计与技术手册——技术分册》。作者和出版者力图以"实用、可靠、全面、便查"为原则,向服装设计师、服装工艺师和广大服装行业从业人员以及服装爱好者提供既可以系统学习和阅读,又可以根据需要随时查阅的专业手册和工具书,同时使本书成为服装专业院校有益的教学和学习的参考教材。

　　在《服装设计与技术手册——设计分册》中,作者注重从系统、准确的服装专业概念出发,为读者确立正确的设计基础、设计构思方法和指导规范的设计操作过程。为此,《服装设计与技术手册——设计分册》详细分析了着装者和构成服装的材料和工艺要素及其与服装流行和市场形成的关联性。《服装设计与技术手册——设计分册》中刻意收录并简述了中外历史的、民族的服装精粹和国内外著名设计师的经典作品,以供欣赏与设计借鉴。

　　《服装设计与技术手册——设计分册》设置了毕业设计和参赛设计的章节,指导服装专业学生、从业人员和爱好服装事业的青年人在毕业设计和参赛设计中进行规范的设计创作和操作过程。《服装设计与技术手册——设计分册》更着重于阐述成衣设计师、定制设计师以及各种新兴设计师的职能和职业指导,并且对各个种类服装的设计特点提供了原则的、规律性的论证。

　　《服装设计与技术手册——设计分册》从专业设计师素质要求和职业要求进入服装设计师职业准备等方面集合了大量的理论知识和实际指导。

　　《服装设计与技术手册——技术分册》强调服装技术和服装工艺的重在各种服装技术的阐述中突出了全面性和系统性的两大特点。其全面性服装技术无论整体与细微均渗透和贯穿于服装制作全过程的每一道环其系统性反映于服装制作科学的、合理的程序和各种服装技术既相对独衔接,并且相互联系而并非割裂的关系之中,而且每一种服装技术都子系统的集成。例如,制板、裁剪、缝制、熨烫、检验、计算机辅助设计

《服装设计与技术手册——技术分册》阐述了服装技术具有的双重性，既具有入门浅，上手快，可以点滴领会，简单易学的性质，又具有在不间断的时尚流行变化、不确定的服装审美变化因素的引领下，必须不断创新和永无止境地发展的性质。因此，学习服装技术在其简单容易之中蕴含着规范的原则，学不到"规矩"，技术则无从谈及。同时，还需要摈弃僵化、呆板和教条，采取灵活的原则。

　　在《服装设计与技术手册——技术分册》中，并非简单地以量化的技术指标检验服装技术人员掌握技术的程度。服装技术的真谛在于其综合性，在于永远以技术和审美的转化为追求。强调将"熟能生巧"作为掌握服装技能最恰当的标准和规则。

　　《服装设计与技术手册》的作者作为我国最早的服装设计专业高等教育工作者，同时常年与企业密切合作，直接培养和训练工作在第一线的设计师、工艺师等服装专业人才，积累了40年的丰富经验，并且通过实际运作和市场检验，证实了其关于服装设计、服装技术的理论和实践的正确性、权威性和实用性。本手册的出版，填补了手册类服装专业急需。

　　《服装设计与技术手册——设计分册》和《服装设计与技术手册——技术分册》是互为补充的姊妹篇，两本手册自成系统，但相辅相成、各有侧重、互相补充。服装的工艺技术是服装设计的实现和延伸，是将审美物化的过程，将审美转化为可操作的技术的过程。所以成功的服装设计依托于服装技术的发挥，不懂得工艺技术的服装设计师不可能设计出时尚的，而且完美的作品。同样，不具备审美能力和素养的服装工艺师也不可能体现恰当的精湛的技艺，准确把握设计师的意图对作品实施再次创造。服装设计和技术的高层次追求必然是技术与审美相得益彰，实现最大程度的融合。

　　衷心希望《服装设计与技术手册》成为服装企业、服装专业人员的必备工具书、顾问和助手，在您的事业发展中与您相伴。

北京服装学院副教授、硕士研究生导师

蒋金锐

目　　录

第一章　服装技术基础

第二章　服装人体测量技术

第三章　服装基础板制板技术

第四章　服装基础裁剪技术

第五章　成衣工业制板技术

第六章 成衣工业裁剪技术

第七章 手针缝制技术

第八章　缝纫机缝制技术

第九章　服装熨烫技术

第十章　针织服装工艺技术

第十一章　成衣质量检验技术

附　　录

后　　语

第一章 服装技术基础

第一节 服装专用词汇及基本分类

服装造型和总体功能的实现依靠系统而精湛的服装技术。服装技术是以结构设计为基础的。因为服装各部位的结构划分以对应人体的各部位为主要依据，所以虽然服装样式、风格千差万别，但是其基本结构大致相同。形成不同服装特点的因素，取决于服装结构方式的局部变化，以及各结构细部的处理方法的差异。因此，解剖服装，认识服装的构造，了解服装合理的组合方法对于学习服装技术至关重要。为此目的，首先了解服装的专用词汇和基本分类，并且熟悉服装各部位术语的规范和内涵是掌握服装各种技术的基础。

一、服装专用词汇规范

（一）服装专用词汇标准

按照中华人民共和国国家服装鞋帽标准，可将服装专用词汇及基本分类规定如下：

1. 服饰（clothing）

装饰人体的物品总称（包括服装、鞋帽、袜子、手套、围巾、领带、提包等）

2. 服装（garments clothes）

遮盖人体的物品总称（不包括手套、鞋、袜）

3. 时装（fashion）

流行一时的时髦服装

4. 衣服（clothes）

服装的同义词

5. 衣着（garments clothes）

服饰的通俗语

6. 成衣（ready-to-wear）

现成的服装

7. 被服（bedding and clothing）

习惯上指部队衣着的总称（包括服装、鞋帽、手套、袜子、绑腿、被褥、蚊帐等）

8. 生活服装（casual wear）

日常生活穿着服装的总称

9. 礼服（dress coat）

礼仪服装的总称

10. 套装（suit）

上、下衣同料、同色的服装

11. 劳保服装（working wear）

劳动保护服装的总称

12. 运动服装（sports wear）

体育运动时穿着服装的总称

13. 舞台服装（stag costume）

文艺演出时穿着服装的总称

14. 民族服装（national costume）

民族传统服装

15. 职业服装（business wear）

各种职业的工作服装

16. 制服（uniform）

公职人员的服装总称

17. 校服（school uniform）

学校规定的统一服装

18. 学生服(students wear)

适合学生穿着的服装

19. 布服装(cotton clothes)

棉布面料的服装

20. 毛呢服装(woolen garment)

毛料、呢绒面料的服装

21. 丝绸服装(silk garment)

丝绸面料的服装

22. 化纤服装(chemical fiber garment)

化学纤维面料的服装

23. 针织服装(knitted wear)

针织面料的服装

24. 梭织服装(woven wear)

梭织面料的服装

25. 防寒服装(warm wear)

防寒保暖服装的总称

26. 皮革服装(leather garment)

皮革面料的服装

27. 毛皮服装(fur lining garment)

毛皮作衬里的服装

28. 裘皮服装(fur garment)

裘皮毛向外的服装

29. 男装(men's wear)

成年男子穿着服装的总称

30. 女装(women's wear)

成年女子穿着装的总称

31. 青少年服装(teens' wear)

适合青少年穿着的服装

32. 少年服装(school age's wear)

适合少年穿的服装

33. 童装(children's)

儿童服装的总称

34. 小童装(preschooler's)

学龄前儿童穿着的服装

35. 幼儿装(toddler's)

幼童穿着的服装

36. 婴儿装(baby's wear)

周岁以内婴儿穿着的服装

(二)服装基本分类

从服装与着装人体的关系出发,可以分为上衣、下裳、连身衣三大类。

1. 上衣

上衣分解为衣身、衣袖、衣领等结构部分,分别对应人体的躯干、上肢和颈部。衣身、衣袖、衣领又可进一步细分,在不同款式的服装中,结构变化可以导致分片的数量和形式。

2. 下裳

下裳主要有两种形式,即裙和裤。裙子主要由裙腰和裙片组成;裤子可以分解为腰、裙或裤筒等结构,分别对应人体的躯干和下肢。各主要结构部位又可以进一步细分,款式不同也可以导致结构变化和分片数量。

3. 连身服

连身服分解为领、身、袖、腰等结构,分别对应人体的颈部、躯干和上、下肢。各主要结构部位又可以进一步细分,款式不同也可以导致结构变化和分片数量。

二、各类服装名称规范

（一）大衣名称及样式

1. 毛呢大衣（wool coat）以毛呢织物为面料的长、中、短大衣		6. 军大衣（military coat）军服式的大衣	
2. 裘皮大衣（fur coat）以动物皮毛为面料的长、中、短大衣		7. 棉大衣（cotton padded coat）以棉、棉型化纤织物为面料，内絮棉花、羽绒等的长、中、短大衣	
3. 毛皮大衣（fur lining coat）以各种毛皮为内胆的长、中、短大衣		8. 风雨衣（all-weather coat）防风防雨两用单夹外衣	
4. 皮革大衣（leather coat）以各种皮革为面料的长、中、短大衣		9. 工作大衣（work coat）工作时穿的大衣	
5. 长毛绒大衣（plush coat）以各种长毛绒织物为面料的长、中、短大衣		10. 披肩（cape）披在肩上的防风外衣	

(二)西式礼服、上衣名称及样式

1. 燕尾服 （swallowtailed coat） 男子西式礼服之一		6. 军便服 （undress uniform） 军服式的上衣	
2. 夜礼服 （evening） 女子西式礼服之一		7. 青年服 （young men's coat） 中山服领、三开袋的上衣	
3. 西服裙套 （costume） 女西服和裙子配套的套装		8. 学生服 （student's wear） 学生服领、三开袋的上衣	
4. 西服 （men's suit） 西式上装		9. 列宁装 （Lenin coat） 关、驳两用领，双排纽、斜插袋上衣	
5. 中山服 （zhong shan coat） 根据孙中山先生曾穿着的立领、贴袋衣服的式样变革而成		10. 两用衫 （sport wear） 领子可以开关的直腰身或掐腰身的上衣	

11. 夹克衫 (jacket) 衣身长度较短,紧袖口,紧下摆或类似这种款式的上衣		15. 羽绒服 (down wear) 内絮羽绒的服装	
12. 拉链衫 (zip front jacket) 前身门里襟用拉链的上衣		16. 化纤棉服 (clothing chemical) 防寒服内絮化纤棉的服装	
13. 猎装 (hunter clothing) 原打猎穿的服装,现在已发展为日常生活穿的上衣		17. 紧身棉服 (tightfitting quilted jacket) 紧身的棉上衣	
14. 衬衫 (shirt) 日常穿的衬衣			

(三)中式上衣名称及样式

1. 中西式棉袄 (Chinese and western style cotton padded coat) 中式领、西装袖的棉上衣		2. 中西式上衣 (Chinese and western style blouse) 中式衣领、西装袖的上衣	

续表

3. 中式棉袄 （Chinese style cotton padded coat） 传统中式领、连袖的棉上衣（同款式也可做单、夹上衣）		5. 旗袍 （Qipao） 传统中式领、掐腰的外衣	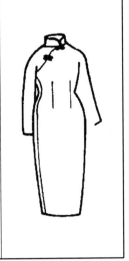
4. 中式上衣 （Chinese blouse） 传统中式领、连袖的上衣（同款式也可做单、夹上衣）			

（四）背心名称及样式

1. 背心 （vest） 无袖的上衣		3. 棉背心 （padded vest） 内絮棉、绒等的背心	
2. 西服背心 （waist coat） 与西服配套的无袖紧身短背心			

（五）裤子与睡衣名称及样式

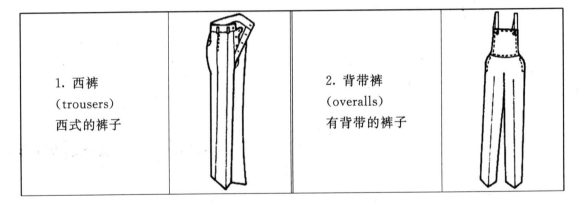

1. 西裤 （trousers） 西式的裤子		2. 背带裤 （overalls） 有背带的裤子	

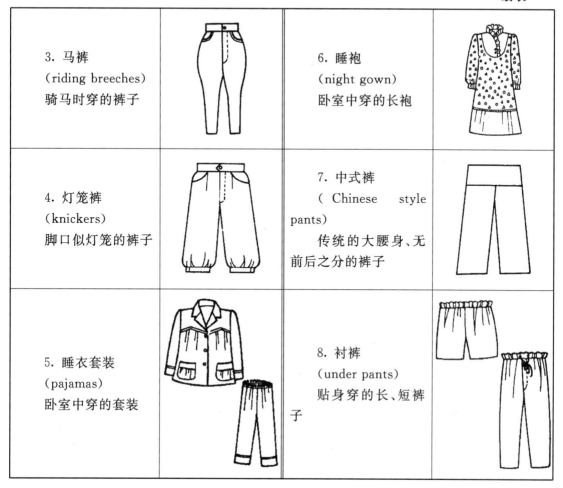

3. 马裤 （riding breeches） 骑马时穿的裤子		6. 睡袍 （night gown） 卧室中穿的长袍	
4. 灯笼裤 （knickers） 脚口似灯笼的裤子		7. 中式裤 （Chinese style pants） 传统的大腰身、无前后之分的裤子	
5. 睡衣套装 （pajamas） 卧室中穿的套装		8. 衬裤 （under pants） 贴身穿的长、短裤子	

（六）裙子名称及样式

1. 连衣裙 （one-piece dress） 上衣和裙子连在一起的外衣		3. 西服裙 （skirt） 西式的裙子	
2. 衬裙 （petticoat） 衬在裙衫里面的内裙		4. 斜裙 （flare skirt） 喇叭形的裙子（包括多片裙）	

续表

5. 褶裥裙 (pleated skirt) 褶裥款式的裙子		7. 裙裤 (divided skirt) 有裆缝的裙子	
6. 碎褶裙 (gathered skirt) 碎褶裥款式的裙子			

（七）童装名称及样式

1. 男童套装 (boy's suits) 男童穿的套服		3. 婴儿套装 (baby's suits) 婴儿穿的套服	
2. 裙衫 (girl's frock) 女童连衣裙的统称		4. 斗篷 (mantle) 有帽的披肩	

（八）泳装名称及样式

1. 游泳衣（swimsuit） 游泳时穿的衣服		2. 游泳裤（swimming trunks） 游泳时穿的裤子	
3. 比基尼（bikini） 三角裤与胸罩分开的泳装（三点式）			

（九）运动装名称及样式

1. 运动装（sportswear） 专业运动和运动休闲时的着装		2. 户外装（outdoor apparel） 户外运动时的着装	

第二节 服装基本结构及部位名称规范

一、服装结构术语规范

服装基本结构是指构成服装的要素。当服装的风格特点变化时，无论繁复与简约，无论实用与装饰，其构成的基本必要条件是不变的，不可或缺的，只不过形式变化而已。

分解服装时使服装各主要部分分别对应着装人体相应部位，由此形成基本结构。

具体针对每一件服装，其构成的各个部位，各个部件，都有其规范的名称。掌握规范的服装结构术语是学习服装技术的前提条件。在此根据国家服装鞋帽标准，将有关内容列表如下。

（一）上衣前身片各部位结构术语规范

1. 肩部（shoulder） 前后肩连接的部位 2. 领嘴（notch） 领底口末端至门里襟止口的部位 3. 门襟（top fly） 锁眼的衣片 4. 门襟止口（front edge） 门襟的边沿 5. 搭门（front overlap） 门里襟叠在一起的部位 6. 扣眼（button hole） 扣纽的眼孔 7. 眼档（button distance） 扣眼间的距离	8. 袖窿（armhole） 缩袖的部位 
9. 平驳头（notch lapel） 斜方形的驳头 10. 胸部（chest） 衣服前胸丰满处 11. 前腰省（front waist dart） 衣服前身腰部的省道 12. 肋省（underarm dart） 衣服两侧腋下处省道 13. 肚省（stomach dart） 大袋口部位的横省 14. 腰节（waist line） 衣服腰部最细处 15. 摆缝（side seam） 前后身袖窿下面的缝 16. 里襟（under fly） 钉扣的衣片 17. 底边（hem） 衣服下部的边沿部位 18. 串口（gorge line） 领面与驳头面缝合处	19. 戗驳头（peak lapel） 尖角向上的驳头 20. 假眼（mock button hole） 不剪开的装饰眼 21. 驳口（fold the for lapel） 驳头里口与领上口连折部位 22. 单排纽（single breasted） 里襟钉一排纽扣 23. 止口圆角（front and back yoke） 前身止口末端的圆头 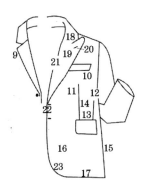

24. 领省(neck dart)

前领窝部位的省道

25. 前后披肩(front and back)

覆盖在肩部前后的部件

26. 刀背缝(french dart)

弯形的开刀缝

27. 双排纽(double breasted)

门里襟各钉一排纽扣

28. 腰带(waist band)

束腰的带子

29. 扣位(button stand)

钉纽扣的位置

30. 滚眼(welt button hole)

用面料做的扣眼

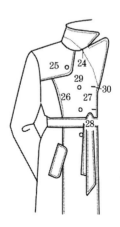

31. 肩袢(epaulet)

肩部的小袢

32. 前过肩(front yoke)

连接前身与肩缝合的部件

33. 腰袢(waist tab)

腰部小袢

34. 罗纹边(rib-knit welt)

有弹性的针织物,用于服装镶边

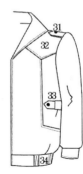

35. 门襟翻边(band)

外翻的门襟边

36. 塔克(tuck)

衣片折成连口后缉线梗

37. 横省(side dart)

腋下摆缝处的省道

38. 前肩省(front shoulder dart)

前身肩部的省道

（二）上衣后身片各部位结构术语规范

1．总肩（across back shoulders） 从左肩至右肩的总宽 2．后过肩（back yoke） 连接后身与肩缝合的部件 3．背缝（back centre line） 后身中间缝合的缝子 4．半腰带（half back belt） 装在后腰节处的部件 5．背叉（vent） 背缝下部开叉	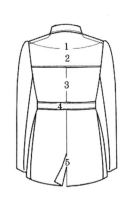
6．后搭门（back overlap） 门里襟开在后领窝处 7．领窝（neck line） 前后身与领子缝合的部位 8．小肩（shoulder line） 肩宽点至肩领点 9．后肩省（back shoulder） 后身肩部的省道 10．后腰省（back waist dart） 后身腰部的省道	

二、服装部件各部位结构术语规范

（一）上衣领子各部位结构术语规范

1．平驳领 （notch lapel） 驳头稍向下倾斜		2．戗驳领 （peak lapel） 驳头尖角向上翘	

3. 倒挂领 (ulster collar) 领角向下		9. V 领口 (V-neck line) 领口似"V"字形	
4. 中山服领 (zhong shan coat collar) 领角成八字形		10. 圆领口 (round neck line) 圆形的领口	
5. 大衣领 (coat collar) 大衣的领子		11. 方领口 (square neck line) 方形的领口	
6. 尖领 (pointed collar) 尖形的领角		12. 鸡心领口 (sweetheart neck) 领口似鸡心的形状	
7. 衬衫领 (shirt collar) 男式衬衫的领子		13. 青果领 (shawl collar) 领似青果(橄榄)的形状	
8. 圆领 (round collar) 圆形的领角		14. 燕子领 (wing collar) 领似燕子飞翔时的翅膀形状	

续表

15. 两用领 (convertible collar) 可以开关的领子		21. 挖领脚 (trim the under to cut a layer of interfacing to fit from roll line to neck seam line) 领面里口拼接的直料领脚	
16. 方领 (square collar) 方形的领角		22. 领上口 (fold line of collar) 领外翻的连折处 23. 领里口 (top collar stand) 领上口至领下口之间 24. 领下口 (under line of collar) 领子与领窝缝合处 25. 领外口 (collar edge) 领子的外沿部位 26. 领豁口 (notch) 领嘴与领尖间最大距离	
17. 中式领 (mandarin collar) 圆领角关门的立领			
18. 学生服领 (stand collar) 关门的立领			
19. 翻领 (turn-over collar) 翻在底领外面的领子 20. 底领 (collar band) 连接翻领的领子			

(二)上衣袖子各部位结构术语规范

1. 衬衫袖 (shirt sleeve) 衬衫的袖子		6. 连袖 (kimono sleeve) 衣袖相连,有中缝的袖子	
2. 圆袖 (set-in sleeve) 袖子装好后,上部成椭圆形		7. 喇叭袖 (flare sleeve) 似喇叭形状的袖子	
3. 中缝圆袖 (set-in sleeve with center) 圆袖中间有缝子		8. 灯笼袖 (puff sleeve) 似灯笼形状的袖子	
4. 前圆后连袖 (split raglan sleeve) 前袖椭圆形,后袖与肩相连		9. 衬衫袖口 (shirt sleeve opening) 有袖头的小袖口	
5. 连肩袖 (raglan sleeve) 袖与肩相连		10. 橡筋袖口 (elastic cuff) 装橡皮筋的袖口	

11. 罗纹袖口 (rib-knit cuff) 装罗纹边的袖口		15. 袖头 (cuff) 缝在衬衫袖子下口的部件 16. 抽开叉 (sleeve slit) 袖口部位的开叉 17. 袖叉条 (sleeve placket) 缝在袖叉上的条料

15,16,17 图示:

12. 半克夫袖口 (half cuff) 克夫装在大袖口上	
13. 全克夫袖口 (full cuff) 克夫装在袖口上	
14. 双袖头 (double cuff) 两翻的袖头	

18. 大袖 (top sleeve) 袖子的大片
19. 小袖 (under sleeve) 袖子的小片
20. 袖中缝 (sleeve centre line) 大袖片中间开刀缝
21. 前袖缝 (inseam) 袖子前边的缝子
22. 后袖缝 (elbow seam) 袖子后边的缝子
23. 袖口 (sleeve opening) 袖子下口边沿部位

(三)口袋等装饰细节各部位结构术语规范

1. 双嵌线袋 (double welt pocket) 袋口装有两根嵌线		2. 单嵌线袋 (single welt pocket) 袋口装有一根嵌线

3. 一字嵌袋 （wide welt pocket） 宽于一般嵌线		8. 细嵌线袋 （slender welt pocket） 挤嵌线袋	
4. 卡袋 （card pocket） 放卡片的袋		9. 锯齿形里袋 （zigzag inside pocket） 装有锯齿形的里袋	
5. 手巾袋 （breast pocket） 胸部的开袋		10. 开贴袋 （post pocket） 贴袋上有开袋	
6. 袋爿袋 （flap pocket） 装有袋爿的开袋		11. 有盖贴袋 （patch pocket with flap） 贴袋口上部有盖	
7. 眼镜袋 （glasses pocket） 放眼镜的袋		12. 老虎袋 （zhong shan coat pocket） 袋边沿活口的袋	

续表

13. 风琴袋 （accordion pocket） 袋边沿似手风琴 伸缩形状的袋		19. 侧缝横袋 （horizontal side pocket） 前裤片在侧缝处 装的横袋	
14. 压折贴袋 （out pleat patch pocket） 袋折用明线缉牢 的袋		20. 表袋 （watch pocket） 放表的口袋	
15. 暗裥袋 （inverted pleated pocket） 袋中间活口的袋		21. 后袋 （hip pocket） 裤后片的袋	
16. 明裥袋 （box pleated pocket） 袋中间两边活口 的袋		22. 扣袢 （button loop） 扣纽的小袢	
17. 侧缝直袋 （side pocket） 侧缝上部装的直 袋		23. 裤腰袢 （adjustable tab） 裤腰上装的小袢	
18. 侧缝斜袋 （slant side pocket） 侧缝上部装的斜 袋		24. 领袢 （collar tab） 领嘴处装的小袢	

25. 吊袢 (hanging loop) 挂衣服用的小袢		34. 加固布 (reinforcement patch) 　用于钉扣或贴袋口等部位的垫布 35. 老虎袋折边 (fold line of zhong shan coat pocket) 　贴袋边能掀起来的部位	
26. 下摆袢 (bottom tab) 下摆处装的小袢		36. 袋盖面 (top flap) 袋盖的正面 37. 袋盖里 (under flap) 袋盖的里子	
27. 袖袢 (sleeve tab) 袖口处装的小袢		38. 前身衬 (front interlining) 前身的衬布 39. 驳头衬 (lapel inter lining) 驳头处的衬布 40. 胸衬条 (stay tape) 　放在胸部中间的直马尾 41. 袋角衬 (reinforcement patch for pocket) 　放在衣角处的衬布	
28. 耳朵皮 (flange) 　在前身里或挂面拼接的一块面料 29. 滚条里袋 (double welt inside pocket) 　袋口处用滚条开的袋 30. 挂面 (front facing) 　装在上衣门里襟的部件 31. 滚条 (bias strip) 　包在衣服边沿处的里子斜条	32. 线袢 (french tack) 用线打成的小袢 33. 压条 (double needle stitched piping) 　压两道明线的宽滚条 		
		42. 胸衬 (chest interlining) 胸部的衬布	

43. 下节衬 （interlining be-low the waist line） 腰节以下加放的衬布	46. 盖肩衬 （domett） 肩头上加放的衬布 47. 驳头细布衬 （lapel interlining） 驳头上使用的细布 48. 帮胸衬 （bias strip） 胸部边沿加放的条料 49. 袋牵布 （reinforcement patch） 增加袋口牢度的衬布	50. 牵条 （tape） 起固定作用防止拉开的布条
44. 领衬 （collar interlin-ing） 领子的衬布		
45. 垫肩 （shoulder pad） 垫在肩头部位的部件		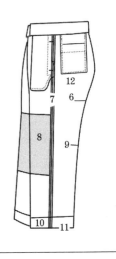

三、裤、裙各部位结构术语规范

（一）裤子各部位结构术语规范

1. 上裆 （seat） 腰头上口至横裆间的距离 2. 臀部 （hip line） 裤子穿在人体臀部最丰满处 3. 烫线迹 （crease line） 裤子前后身烫的线 4. 裤卷脚 （turn-up cuff） 裤子下口外翻的部位	5. 下脚口 （leg opening） 裤脚边沿部位	6. 横裆 （thigh） 上裆下部最宽处 7. 侧缝 （side seam） 裤子前后身缝合的外侧缝 8. 膝盖绸 （reinforcement for knees） 裤子前中裆处的里子 9. 中裆 （leg width） 裤口至臀部1/2处 10. 脚口折边 （hem）裤脚口折在里面的边	11. 贴脚条 （heel stay） 在裤子后身下口贴边的部件

12. 里襟尖嘴 （button tab at right fly） 裤里襟的宝剑头 13. 门襟 （left fly） 裤门襟处锁眼的部件 14. 裤里襟 （right fly） 钉纽扣的部件	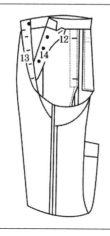	24. 腰里 （waist band interfacing） 腰头的里子 25. 腰头衬 （waist band interlining） 腰头的衬布	
15. 小裤底 （front crutch stay） 小裆部位的里子 16. 大裤底 （back crutch stay） 后裆部位的里子 17. 下裆缝 （inside seam） 裤子前后身缝合的里侧缝	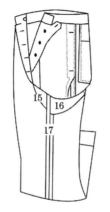	26. 裤腰省 （waist line dart） 裤子后腰部的省道 27. 雨水布 （trousers curtain） 遮盖腰头衬布的里子	
18. 腰头上口 （upper end of waist band） 腰口的边沿部位 19. 串带襻 （belt-loop） 串裤腰带的小襻 20. 腰头 （waist band） 与裤腰缝合的腰头 21. 腰缝 （waist line seam） 腰头与裤身缝合后的缝子	22. 裤裥 （waist pleat） 裤前身腰口的裥头 23. 腰头宝剑头 （extended tab） 腰头的尖角 	28. 裤袋布 （pocket piece） 装在裤上的袋布 29. 垫袋料 （pocket stay） 在袋口处垫在垫布上的条料 30. 小裆缝 （front rise seam） 裤子前身小裆缝合的缝子 31. 后裆缝 （back rise seam） 裤子后身裆缝缝合的缝子	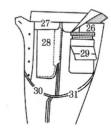

（二）裙子各部位结构术语规范

1. 暗裥 （inverted pleat） 左右相对的裥		2. 顺裥 （one-way pleat） 倒向一边的裥	
3. 碎褶 （gathered pleat） 不成形的褶			

第三节　服装技术词汇规范

一、服装符号及英文缩写规范

（一）服装部位英文缩写

1. 服装部位尺寸及英文缩写

（1）胸围："B"人体胸部水平一周围度尺寸

（2）腰围："W"人体腰部水平一周围度尺寸

（3）臀围："H"人体臀部水平一周围度尺寸

（4）领围："N"人人体颈根部围量一周围度尺寸

（5）总肩宽："S"从左肩点至右肩点的横向尺寸

1. 服装制图线位名称及英文缩写

胸围线："BL"

腰围线："WL"

臀围线："HL"

领围线："NL"

袖肘线："EL"

膝围线："KL"

胸点："BP"

颈侧点："NP"

袖窿弧长："AH"

衣长："L"

肩胛点："SS"

（二）服装技术基本词汇定义

1. 服装术语

（1）款式：服装的式样。

（2）造型：服装的整体轮廓。

（3）结构：服装的分割和组合。

（4）结构线：服装上体现造型所必需的分割线。

（5）装饰线：在服装上起美化作用的线。某些装饰线不起造型作用，某些装饰线与结构线合二为一。

2. 服装设计图

（1）结构设计图（结构图）：用线描的平面手法全面展示服装结构的示意图。一般一款服装结构图中包含正面图、背面图和局部放大图，是企业生产的必用图。

（2）款式设计效果图（效果图）：以真人模特着装形式绘制的彩色或黑白图样，用于表示服装设计式样、颜色、花形图案、材料等。同时还体现与服装设计所搭配的人的发型、妆面及鞋、帽、包等配件。效果图能够全面地展示设计师的设计意图，多用于招标、领导审查或客户挑选。

（3）局部展示图：服装局部的结构细节放大展开的图样。

（4）分解图：服装某部位各部件内外结构关系的示意图。

二、服装裁片各部位名称

(一)西服裁片各部位名称

1. 西服前、后身片各部位名称(见彩页)

2. 西服大、小袖片各部位名称

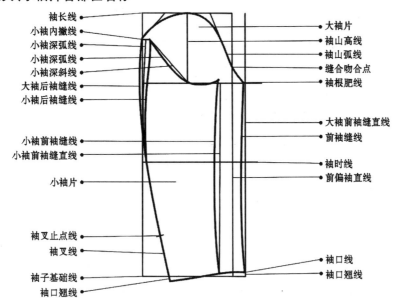

左侧标注(从上到下):袖长线、小袖内撇线、小袖深弧线、小袖深弧线、小袖深斜线、大袖后袖缝线、小袖后袖缝线、小袖前袖缝线、小袖前袖缝直线、小袖片、袖叉止点线、袖叉线、袖子基础线、袖口翘线

右侧标注(从上到下):大袖片、袖山高线、袖山弧线、缝合吻合点、袖根肥线、大袖前袖缝直线、前袖缝线、袖肘线、前偏袖直线、袖口线、袖口翘线

(二)衬衫裁片各部位名称

1. 衬衫前、后衣片各部位名称

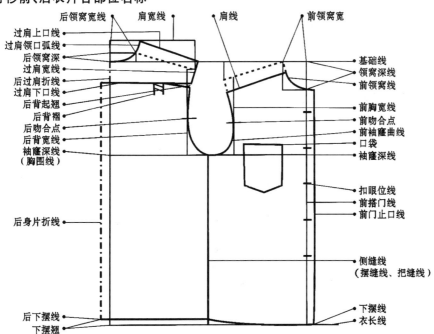

上方标注:后领窝宽线、肩宽线、肩线、前领窝宽

左侧标注(从上到下):过肩上口线、过肩领口弧线、后领窝深、过肩宽线、后过肩折线、过肩下口线、后背起翘、后背褶、后吻合点、后背宽线、袖窿深线(胸围线)、后身片折线、后下摆线、下摆翘

右侧标注(从上到下):基础线、领窝深线、前领窝线、前胸宽线、前吻合点、前袖窿曲线、口袋、袖窿深线、扣眼位线、前搭门线、前门止口线、侧缝线(摆缝线、把缝线)、下摆线、衣长线

2. 衬衫袖片各部位名称

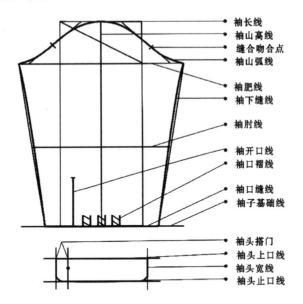

袖长线
袖山高线
缝合吻合点
袖山弧线

袖肥线
袖下缝线

袖肘线

袖开口线
袖口褶线

袖口缝线
袖子基础线

袖头搭门
袖头上口线
袖头宽线
袖头止口线

3. 衬衫领片各部位名称

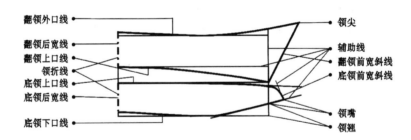

翻领外口线

翻领后宽线
翻领上口线
领折线
底领上口线
底领后宽线

底领下口线

领尖

辅助线
翻领前宽斜线
底领前宽斜线

领嘴
领翘

(三)裤装裁片各部位名称

1. 裤子腰头及门襟名称

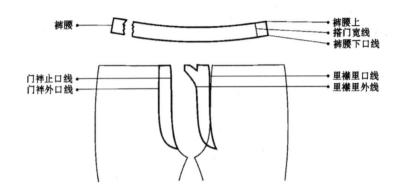

裤腰

裤腰上
搭门宽线
裤腰下口线

门襟止口线
门襟外口线

里襟里口线
里襟里外线

2. 裤子前、后裁片及各部位名称

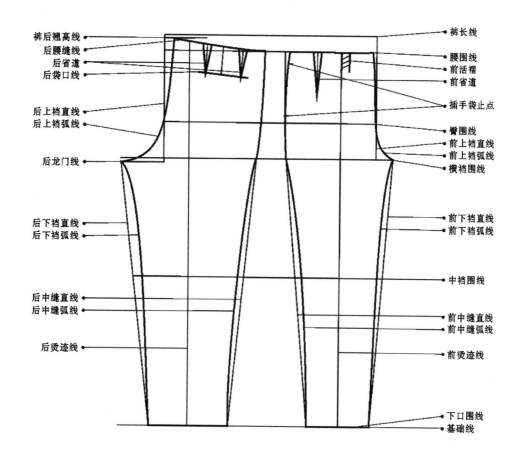

左侧标注（从上到下）：
裤后翘高线
后腰缝线
后省道
后袋口线
后上裆直线
后上裆弧线
后龙门线
后下裆直线
后下裆弧线
后中缝直线
后中缝弧线
后烫迹线

右侧标注（从上到下）：
裤长线
腰围线
前活褶
前省道
插手袋止点
臀围线
前上裆直线
前上裆弧线
横裆围线
前下裆直线
前下裆弧线
中裆围线
前中缝直线
前中缝弧线
前烫迹线
下口围线
基础线

（四）风帽、旗袍裁片各部位名称

1. 风帽裁片各部位名称

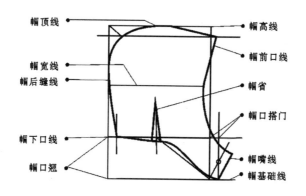

左侧标注（从上到下）：
帽顶线
帽宽线
帽后缝线
帽下口线
帽口翘

右侧标注（从上到下）：
帽高线
帽前口线
帽省
帽口搭门
帽嘴线
帽基础线

2. 旗袍前、后衣片各部位名称

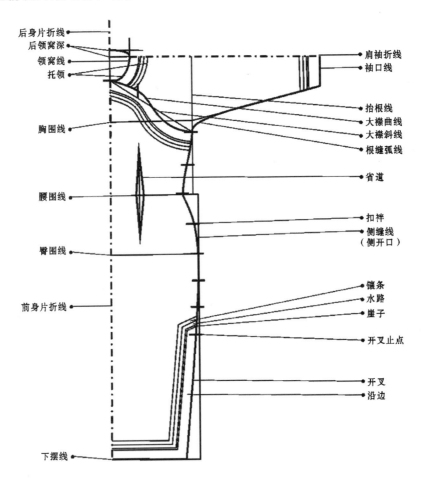

后身片折线
后领窝深
领窝线
托领
胸围线
腰围线
臀围线
前身片折线
下摆线

肩袖折线
袖口线
抬根线
大襟曲线
大襟斜线
根缝弧线
省道
扣袢
侧缝线
（侧开口）
镶条
水路
崖子
开叉止点
开叉
沿边

第四节　服装造型原理与技术原则

服装造型是在着装者体型基础之上完成的。以准确了解着装者的客观形体为基础，用服装材料包裹人体并做出适合的服装造型并非易事，需要以服装技术为手段，使普通的纺织材料蜕变为美丽的服装艺术品。

服装技术是一门古老的技术门类，然而又不断被注入新鲜的理念和内容，如浩瀚大海，又如涓涓长流，使服装学的探索者学无止境。此节以论述服装造型技术的基础理论与操作原则作为本书开头章的重点提示，并且贯穿于本书通篇之中。

一、"支撑"与"悬垂"

实施服装技术的第一步是认真分析着装者、服装材料与服装之间的关系，从中找出其必然性和规律性。正确的服装技术原理与方法便产生于其中。

首先应该看到当服装穿在人体上时各个局部基本状态有三种现象，即服装的一部分依靠人体对于服装的支撑而展现着装者局部体型；一部分靠材料的挺括、堆砌产生局部形态；另外一部分则依靠地球引力而下垂。

（一）自然支撑点与支撑面

着装人体对于服装起支撑作用的位置一般存在两种状态，即静态与动态。

1. 静态自然支撑

当人体直立时，服装的支撑面主要表现在人的双肩、前胸、后背、臀围等位置。服装与人的无间隙贴合之处，在肩点、双乳点、肩胛骨等为支撑点。服装对于人体的松量不同时，支撑点与支撑面会不同程度地改变，服装越瘦（即松量越少），支撑面（与点）往往增多，可能表现在其最小松量处，例如，当上衣的腰线位与人体贴紧时，腰节以上的任何长度余量均不可能顺垂到腰线以下，而表现为垂折上返的状态，此时，上衣除肩及前后胸、臀为支撑面以外，又增加了腰线，及腰线以下至臀围线和周围部分。人体直立时的支撑面位置是服装造型设计的主要依据。又如，合体的裙腰、裤腰在正常裆位时人体之水平腰线则为支撑面，而低腰裙或裤的支撑面则降低至人体的腹或臀的围线位置。

当人体处于非直立姿态时，支撑面（点）会相应改变。

2. 动态自然支撑

当人体处于一般运动状态时，人体对于服装的支撑部位会随之增加。例如，当人行走时，若穿着长衫或裙子，那么向前迈步的腿前侧，尤其是膝盖以上部位将成为临时性支撑面，支撑服装相关联部位的形状。

人体动态对于服装形成的支撑面（点）使着装者产生动态美，因此也成为服装造型设计的参考依据。

在服装造型设计中，服装在人体支撑面局部与人体的型的吻合或平服是十分重要的，尤其当服装与人体之间松量较小而支撑面增大时。运动时的人体支撑面改变服装形态的移动量的合理性体现为服装的功能性需要。

（二）服装中材料自然形态

1. 依靠材料的性能或叠加可以在服装上形成局部造型

有些较为挺括的材料可以支挺起来，虽然不会很高，但却足以定型。如果使用密褶或叠加等手段，可以在服装局部突出些，成为整体造型的组成部分。例如，小泡泡袖、荷叶边等，即使不用任何特殊手段，双层的衣领照样可以竖立在脖子周围。

2. 服装在人体支撑面（点）以外的部分必然呈自然下垂状态

服装下垂部分的状态与材料性能有关。例如，柔软的丝绸轻飘下垂，重磅绸缎则悬垂感更强，挺挺的毛织物顺垂而下，毛呢可以笔直状下垂，不飘，不乱。

服装下垂部分的状态与材料用量的多少有关，相同样式的大衣或连身裙，当下摆摆幅小、用料少时，材料下垂部分基本顺直，而当下摆摆幅加大到一定程度，下垂的褶相互挤拥时，可以使服装静态呈 A 字形。

（三）支撑创新与材料特性

根据上述造型基础的分析，提高服装造型能力的方法亦基于人为地创造新的对于服装的支撑点和支撑面，从而实现服装的理想造型。在人为地创造支撑点和支撑面的同时，亦形成了材料的全新状态。这种方法是服装设计师有效提高服装造型能力的基本手段之一。

1. 人为支撑点与支撑面

增加人体对于服装的人为支撑。例如，在人体外加穿文胸、臀垫、胖袄（戏剧艺术中常用）、裙撑等。又如，表演服装需特殊造型或某些产品的推广会人物形象设计时必须在设计服装造型的同时，首先解决穿着此服装前的人造支撑问题。

2. 强化材料的挺括与悬垂

根据服装造型需要，在服装的下垂或上举部分增加其挺括程度或强化其悬垂程度是

有效的设计手段。直接增加材料挺括程度的方法常常以敷衬、加里布来实现，在特殊需要时，可以更大力度使用。例如，为造出历史剧中帝王的丝质服装庄严高贵之型，内衬往往用毛呢材料。又如，加大褶裥的方法也可以使服装的造型更丰满。在中国传统服装中袖口、下摆加饰边、绣花都起到支挺、定型和造型作用。

为强化服装的悬垂效果时，方法亦很多。例如，在布料上抽纱，在皮革上刻花纹，在裘皮上切口，或在裙摆边中加重坠等。改变布料纱向的方法也奏效。只要工艺巧妙，造型与细节之美即可获得一举多得之效。

3. 平衡与匹配

在使用人为手段增加造型设计能力时，在基本手段上可以无穷拓展，可以追求时尚，但一定要遵守适度的原则，因为过度的、牵强的手段肯定会打破服装的平衡，得不偿失。为此，选择最恰当的支撑材料，选择最巧妙的工艺手段，并且将着装的对象——人与这二者结合得最匹配，才可以使服装造型设计生动而自然。

二、服装技术原则

（一）剪裁、缝纫与熨烫技术原则

1. 剪裁实现"打散"

几乎所有服装材料都具有平展性和可塑性，最适合用于服装造型的纤维材料尤其如此。改变材料的形态也是服装设计师有效提高服装造型能力的基本手段之一。

将平展的服装材料按照人体尺寸和服装结构的需要裁剪成裁片是最通用的打散组合方式。服装结构分片的多与少往往是形成服装风格的重要方法。中国传统服饰追求完整之美，最大限度地保持服装结构的完整性，追求最少分割；西方服饰则追求合体造型，甚至夸张理想造型，因此不惜将服装随心所欲地分割，力图最大限度地贴身、合体，分割线在完成生动造型的同时，分割线也被赋予了装饰的作用。

2. 缝纫建立"重构"

无论传统的手针缝纫还是机器缝纫，其过程与作用并无改变，均为用线将各个裁片按照规定秩序组合起来，使由于剪裁打散了面料而形成的裁片重新构筑起既适合着装者体型的，又符合着装者审美的服装造型。

缝纫是剪裁的后序技术，其技术实施目的必须与剪裁的终极目的相一致，技术原则需要建立在与剪裁相辅相成，并且为之补充的基础之上，因此，缝纫的技术要点是利用缝纫的平伏、吃势、皱褶、收省等方式以及各种针法之可能，选择最适当的方法，实行最合理的工序，体现出每一条线的塑形作用和装饰作用。

3. 熨烫改变"形"与"态"

在现代服装设计中，中、西服装结构的融合是必然趋势。追求服装完整性与合体性的设计需要追求分割的恰如其分，即用适当的分割完成理想的合体。因此需要在基本造型手段中以熨烫改变裁片的平展性，即将平面的裁片"推"、"归"、"拔"熨烫成符合人体局部结构特征的复合曲面效果。

在"推"、"归"、"拔"熨烫中，需要选择适合的专用工具，并且把握熨斗的温度、熨烫的时间、熨烫的压力和湿度，同时还需要根据不同的裁片以及相对于人体的不同局部结构特征把握规范的动作和程序完成。"推"、"归"、"拔"熨烫的技术含量和技术要求是很高的，其造型效果是十分有效和理想的。

众所周知，服装缝纫完成之后的整件熨烫对于服装的造型是必不可少的技术程序。俗话说"三分做，七分烫"，足以见得熨烫的显著效果和重要意义。整件熨烫的技术含量很高，并且对于设备的要求也很高。目前，以熨烫设备的高科技、新性能追求服装的高品质已为众多企业所认同。

（二）综合技术原则

1. 协调与独特原则

服装技术的关键部分，如剪裁、缝纫、熨烫等绝非割裂实施，依次进行，而是互相穿插，交替实行；互为补充，相辅相成。因此，对于各方面技术的学习也不可以割裂地、孤立地进行。往往当技术全面之时，各单项技术不仅有长足的长进，而且产生独到之处，似乎一通百通，反之则不可能精准和深入。如同所有门类的工艺技术一样，服装造型的完成靠各项技术的协调一致，不分轻重；单项技术人才靠技术的综合训练方得以成就。

服装技术具有很强的系统性、体系性，除上述部分之外还有许多环节和内容，而且无论多么不显著的细节都暗含着窍门。为此，下面的章节将予以较全面的展开。

2. 规范与灵活原则

对于服装技术的学习必须依循规范和灵活的双原则。因为所有技术的规范是前人经验的总结，是技术的根基，是质量的保证。规范技术最具有科学性与合理性。在技术实施的过程中，灵活便成为技术的生命。根据服装不同的类别、样式、材料等和不同的生产方式，服装技术是灵活运用的，富于变化的，而且是不断发展的。灵活即承认发展，尊重、重视发展。在规范和灵活之中体现着对于服装技术认识论的正确性。

第二章　服装人体测量技术

第一节　着装人体结构特征

各种服装技术运用于服装造型,而服装造型的依据是着装者——人。因此,在服装设计与服装技术的全过程中,人(着装者)是第一要素,对于人(着装者)的诸问题是需要首先研究的,是头等重要的,而且始终处于核心地位。

对于着装者——人的研究分为两方面,一是人的客观存在,二是人的主观意识。

人的客观存在有两种状态,即静态与动态。服装穿在人身上,首先要符合人的静态需要,同时又必须达到人的动态要求。

一、静态人体结构特征

人体主要由坚挺的 206 块骨骼框架组成,骨架外覆有结实的肌肉和丰满的脂肪,最外面包有富于弹性的皮肤。服装穿在皮肤之外,所以常被称之为第二皮肤。

人的体型结构可以简单概括为:三腔、四肢、一柱。

(一)三腔

三腔为:头腔、胸腔和盆腔,三腔的型组成人躯干的基本体型。

1. 头腔

头腔的型呈椭圆形,除颜面部分颧骨下方(两腮)有稍丰满的肌肉和脂肪外,其余均表现为较强的骨感。头发是浓密的。

2. 胸腔

胸腔呈倒梯形,以对称排列的肋骨组成胸廓,背部肩胛骨略突出,但肌肉平服,背阔肌、斜方肌完整均匀;胸部显示出人体的重要凸起,无论女性的乳房,还是男性的胸大肌,均形成人体的主要特征和性差特征。

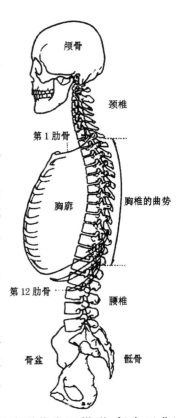

3. 盆腔

盆腔的骨腔形状为正梯形,但由于盆腔后方的尾椎方向与下肢结合处巨大的臀大肌的包裹,使臀部丰满成为人体后背最突出的特征,前腹部有突出的髂前上棘。腹壁正中线两侧有腹直肌,由剑突处下方划分成 8 块小肌肉,使腹部略呈丰满状。盆腔形状是男女性差又一明显之处,由于生理原因,男子为漏斗形,女子为梯形;男子的腰臀围度差小,女子腰臀围度差大。

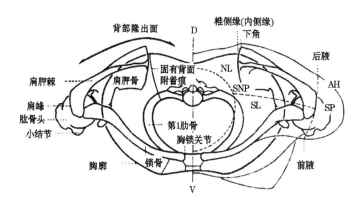

胸郭和肩胛骨的隆出面（俯视）

图中标注：背部隆出面、椎侧缘(内侧缘)、下角、后腋、肩胛棘、肩胛骨、固有背面附着痕、NL、SNP、AH、肩峰、肱骨头、小结节、SL、SP、第1肋骨、胸锁关节、胸廓、锁骨、前腋、D、V

三腔内部保护着人体的重要脏器,当人发胖时,三腔外面脂肪均匀地加厚,仅在骨盆前方,即腹部可以沉积较多的脂肪,并凸显出来。

（二）四肢

四肢为左右上肢和左右下肢。

四肢呈两两对称状,其外形主要由肌肉的外形所决定。除了手、脚彰显骨感之外,四肢的骨骼粗壮、密实,可以负重荷。在骨骼外面,附着的肌肉是结实的、块状的,肌肉的外形是突出而富于变化的。

1. 上肢

上肢的上段,即上臂表面覆盖着三角肌、肱二头肌、肱三头肌等,前臂有肱桡肌、桡侧腕屈肌、尺侧腕屈肌等。

2. 下肢

下肢的形状与上肢极为相似,下肢的上段,即大腿部分呈圆柱形。有大腿前肌群、后肌群和内侧肌群等包裹在股骨周围;下肢的下段,即小腿部分呈锥柱形。组成形式亦为前侧显出笔直的胫骨,而小腿后面上部的腓肠肌圆钝呈球状所致。

（三）脊柱

脊柱由三十三块椎骨组成,分为颈椎、胸椎、腰椎、骶椎、尾椎五部分。中间的椎管中有脊髓液。

脊柱将三腔连接起来形成一体,是身躯的支柱。脊髓是人体的中枢神经系统,支配着人体的所有活动。

整体观察时,脊椎的曲线表现着直立人体的重心,从侧面呈S状。脊柱的弯曲形状是描述人体背部的形状特征。

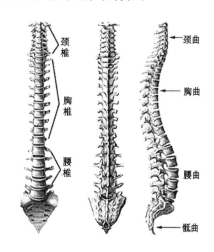

脊柱前面观　后面观　侧面观

（图中标注：颈椎、胸椎、腰椎、颈曲、胸曲、腰曲、骶曲）

1. 颈椎

颈椎由七节椎骨组成,从脖颈后面可以清楚地摸到椎骨的棘突,脖颈前方有胸锁乳突肌,两侧肩部有斜方肌上部肌纤

维,使肩部饱满。由于颈椎自上而下节节加大,而且逐渐向后倾,因此形成脖颈部上细下粗的圆柱形。

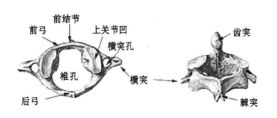

寰椎上面观　　　　枢椎后面观

2. 胸椎

胸椎有十二节,由于它的自然生理弯曲,使胸椎自上而下的走势稍向内偏移。

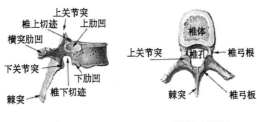

胸椎右侧面观　　　　胸椎上面观

3. 腰椎

腰椎有五节,是脊柱最粗壮的一段,而且最垂直。腰椎上连胸腔,下连盆腔,在整个身躯部分呈独立支撑状,因此正常的形体中腰部是最窄(细)的一段,同时也可以成为肥满型人体最为臃肿、肥肉累积之处。

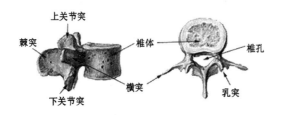

腰椎右侧面观　　　　腰椎上面观

4. 骶椎

骶椎为五节,呈宽扁状,连接紧密,与其之上各椎骨结构不同,骶椎与髋骨及两侧大转子(股骨头)的组合,使盆腔所处位置的臀部形状成为梯形。

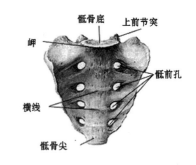

骶骨前面观

5. 尾椎

尾椎为一节,自上而下呈外翘之状。

尾骨前面观

(四)静态人体结构图示

了解静态人体的目的是确定服装造型的依据。当使用布料于人体上塑造完成服装的造型时,必须使服装的各部位结构与着装者形体各部位相对应、相吻合。并且通过服装造型使着装者体型得以美化、理想化。

人的静态体型特征是一切服装造型的基础。

1. 人体骨骼与肌肉正视图(服装测量点示意图)

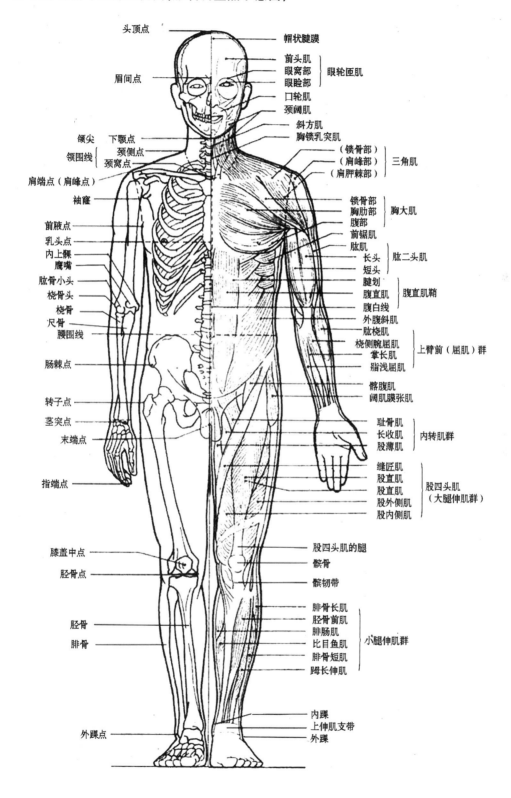

2. 人体骨骼与肌肉背视图(服装测量点示意图)

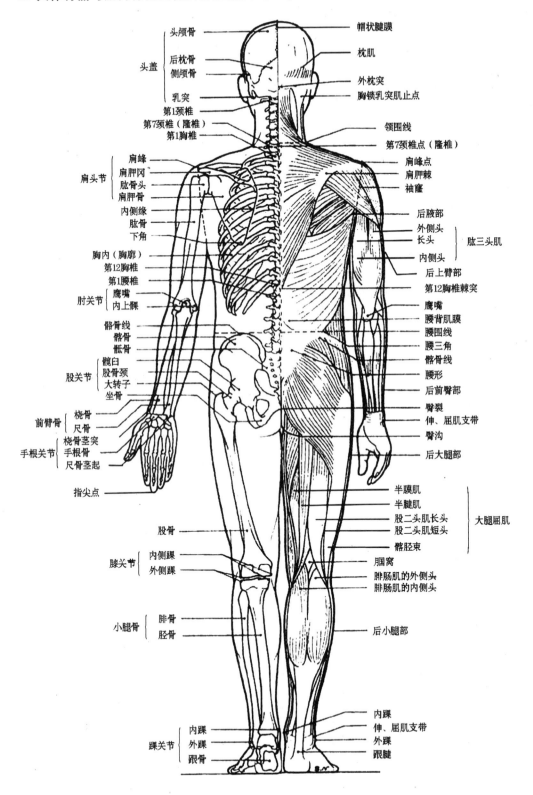

头盖
　头颅骨
　后枕骨
　侧颅骨
　乳突
第1颈椎
第7颈椎(隆椎)
第1胸椎

肩头节
　肩峰
　肩胛冈
　肱骨头
　肩胛骨
　内侧缘
　肱骨
　下角

胸内(胸廓)
第12胸椎
第1腰椎

肘关节
　鹰嘴
　内上髁

髂骨线
髂骨
骶骨

股关节
　髋臼
　股骨颈
　大转子
　坐骨

前臂骨
　桡骨
　尺骨

手根关节
　桡骨茎突
　手根骨
　尺骨茎起

指尖点

股骨

膝关节
　内侧踝
　外侧踝

小腿骨
　腓骨
　胫骨

踝关节
　内踝
　外踝
　跟骨

帽状腱膜
枕肌
外枕突
胸锁乳突肌止点
领围线
第7颈椎点(隆椎)

肩峰点
肩胛棘
袖窿
后腋部
外侧头
长头
内侧头
后上臂部
第12胸椎棘突
鹰嘴
腰背肌膜
腰围线
腰三角
髂骨线
腰形
后前臀部
臀裂
伸、屈肌支带
臀沟
后大腿部

肱三头肌

半膜肌
半腱肌
股二头肌长头
股二头肌短头
髂胫束
腘窝
腓肠肌的外侧头
腓肠肌的内侧头

大腿屈肌

后小腿部

内踝
伸、屈肌支带
外踝
跟腱

3. 人体骨骼侧视图(服装测量点示意图)

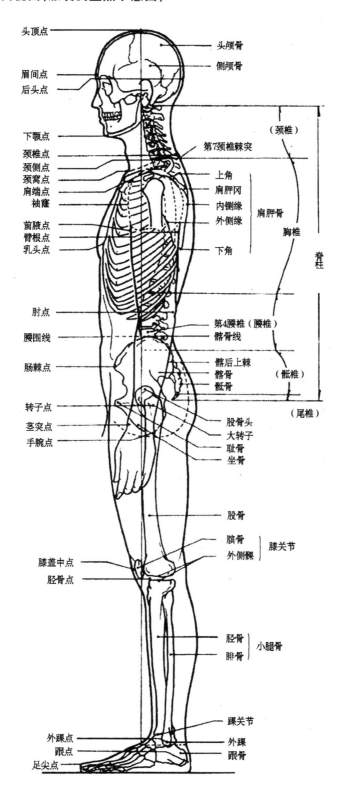

头顶点 —— 头颅骨
—— 侧颅骨

眉间点 ——
后头点 ——

下颚点 ——
颈椎点 —— 第7颈椎棘突 —— (颈椎)
颈侧点 ——
颈窝点 —— 上角
肩端点 —— 肩胛冈
袖窿 —— 内侧缘 }肩胛骨
外侧缘
前腋点 —— 胸椎
臂根点 ——
乳头点 —— 下角
脊柱

肘点 ——
腰围线 —— 第4腰椎(腰椎)
髂骨线
肠棘点 —— 髂后上棘
髂骨
骶骨
(骶椎)

转子点 —— (尾椎)
茎突点 —— 股骨头
手腕点 —— 大转子
耻骨
坐骨

股骨

膑骨
外侧踝 }膝关节
膝盖中点 ——
胫骨点 ——

胫骨
腓骨 }小腿骨

踝关节
外踝点 —— 外踝
跟点 —— 跟骨
足尖点 ——

4. 人体肌肉侧视图(服装测量点示意图)

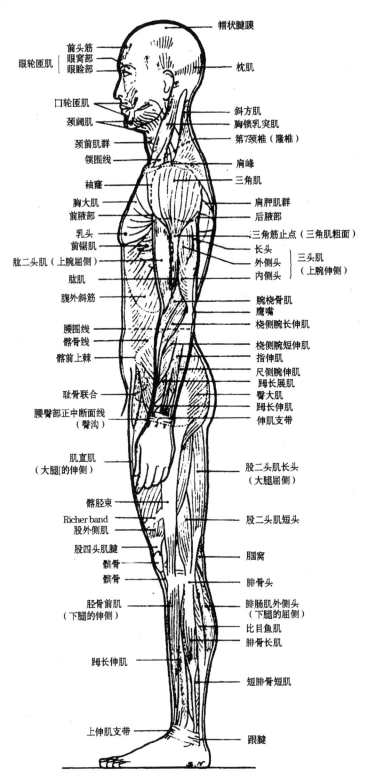

帽状腱膜
前头筋
眼窝部
眼睑部
眼轮匝肌
枕肌
口轮匝肌
颈阔肌
斜方肌
胸锁乳突肌
第7颈椎（隆椎）
颈前肌群
领围线
肩峰
袖窿
三角肌
胸大肌
肩胛肌群
前腋部
后腋部
乳头
三角筋止点（三角肌粗面）
前锯肌
长头
肱二头肌（上腕屈侧）
外侧头   三头肌
肱肌
内侧头   （上腕伸侧）
腹外斜筋
腕桡骨肌
鹰嘴
腰围线
桡侧腕长伸肌
髂骨线
桡侧腕短伸肌
髂前上棘
指伸肌
尺侧腕伸肌
踇长展肌
耻骨联合
臀大肌
腰臀部正中断面线
踇长伸肌
（臀沟）
伸肌支带
肌直肌
股二头肌长头
（大腿[的伸侧）
（大腿屈侧）
髂胫束
Richer band
股二头肌短头
股外侧肌
股四头肌腱
腘窝
髌骨
髌骨
腓骨头
胫骨前肌
腓肠肌外侧头
（下腿的伸侧）
（下腿的屈侧）
比目鱼肌
腓骨长肌
踇长伸肌
短腓骨短肌
上伸肌支带
跟腱

二、动态人体特征

人体的动作依靠脊柱和关节为支点完成。四肢关节均为球窝关节，由球状的关节头和关节窝构成，这样的结构使整个关节有三个运动轴，可以完成屈、伸、内收、外展以及环转的运动，所以四肢是人体相对最灵活的部分。

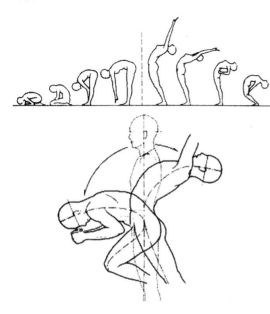

（一）头、颈

1. 头部

依靠枕骨髁与寰椎契合的水平关节使人的头部可以实现左、右转动，通过颈椎的整体活动可以使头的运动幅度增大。

2. 脖颈

人的颈椎各关节为平面关节，属微动的关节，这决定了单个颈椎的活动角度并不大。但当整体运动时，依靠各关节运动的传递，使颈部显出明确的外形变化。

（二）四肢

1. 上肢

人体上肢可以垂直并上举，以肩关节为

中心，纵向划圈 220 度（向后方向受到限制）；也可以做水平屈伸，即水平划圈 180 度（向后方向受到限制）。上臂的肱骨和前臂的尺骨连接处有鹰嘴，屈臂时可见一明显的突起。前臂可在肘关节处做屈伸，腕可在腕关节处屈伸和一定的内收、外展。指关节也可以灵活的屈伸。

2. 下肢

人体下肢的活动方式和上肢相近，但活动范围较上肢小，主要用来支撑身体。当然，人的先天个体差异和后天专门训练可以使肢体的活动范围明显加大。

（三）躯干

人体躯干部分的运动主要依靠脊柱完成，椎骨后部有棘突一定程度上限制了躯干的向后的运动。胸椎的各关节面几乎与额状面平行，故胸部以侧体运动为主；腰椎的关节面与矢状面平行，决定了腰部的运动主要为屈体，即弯腰。但脊柱的整体运动又可以使身体转动。在研究服装技术的前提下，应该依靠人体科学研究走出一般人的印象误区。例如，人的颈部变化幅度很小，是头部的活动带给人颈部动的误导；又如，人的腰部活动量是有限的，但前屈、侧屈和转动时胸腔和盆腔的位置变化较为显著，加之两腔体位置关系的改变和重心平衡的需要，四肢和头腔亦随之变化，所以引起了牵之动百之效；再如，人体下腰后可以成环状，主要的活动伸展并非仅靠腰部，而在于四肢与躯干的关节处韧带与肌腱的协调作用。

正确认识人体的动态特征为服装结构设计和各部位松量确定提供了可靠的依据和周密的思路。

第二节　服装人体测量基础

一、人体测量工具

（一）人体手工测量工具

1. 软尺

软尺是一种质地柔软的尺子，一般由伸缩性小的玻璃纤维制成。主要用于测量人体尺寸和裁片的长度。其两侧分别印有公制和英制或其他计量单位的刻度，长度一般为150厘米。

2. 定位绳带

定位绳带被用于准确测量"前、后腰节"部位尺寸。用细绳带系在中腰最细部位，前后保持平衡，在人体上便可获得确切而稳定的测量基础定位。

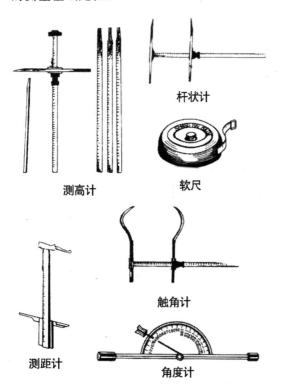

测高计　　软尺

测距计　　触角计　　角度计

定位绳带可以自制，用具有一定弹性、较窄的薄型编织绳带剪成90厘米长，在其两端缀缝5~8厘米的尼龙搭扣，在定位绳带的表面沿宽度中线缝制或画一条醒目的标志线即可。

3. 角度计

角度计是测定肩斜度、背面倾斜度等身体各部位角度的仪器。

4. 测高计

测高计是用于测量人体"身长"、"总体高"等各种纵向长度的工具。由管状主柱和横臂组成，横臂的一侧固定于主柱上，可根据需要上下自由调节。

5. 测距计

测距计是测量人体两点之间距离的工具。

6. 触角计

触角计是用于测量人体曲面部位宽度的活动式测量器。

7. 杆状计

杆状计是用于测量人体较大部位宽度的活动式测量器。

8. 滑动计

滑动计是用于测量手、脚等小范围宽度的活动式测量器。

（二）人体自动化测量工具

1. 可变式人体截面测量仪

用于测量人体水平横截面和垂直横截面的工具。将并排的细小测定棒水平地接触人体表面，从而得到测定棒所形成的横截面的形状。通过分析横截面可求得人体型特征。

2. 人体轮廓线摄影机

从人体前面、侧面摄下1/10缩比的轮廓线的图像，以便从各个侧面的照片中观察体型。

3. 莫尔体型描绘仪

使用波纹等高线对人体体型进行计测的仪器。其原理是使用两台摄影机同时操作，在人体表面形成莫尔波纹，然后根据波纹的间隔、形态的差异而观察体型。

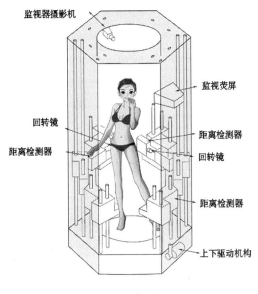

监视器摄影机

监视荧屏

回转镜

距离检测器

距离检测器

回转镜

距离检测器

上下驱动机构

莫尔体型描绘仪

二、人体测量准备

量体所得的尺寸，不仅是剪裁的主要依据，也是检验产品质量的重要内容之一。测量员在进行量体时，必须力求准确。只有准确的量体才能指导裁剪和缝制，从而保证产品的质量。相反，必然会影响产品质量，造成不必要的返工，甚至产生次品，造成损失。一件衣服的尺寸是否符合体型，是否适合消费者需要，在很大程度上取决于量体的质量。因此，测量员除注意体形外，还必须熟练地掌握测量技术。

（一）测量对象状态要求

1. 着装

在测量时被测量者应穿着较薄的针织类贴身服装，穿上与所需制作的服装相配套的鞋，才能使人体重心适当改变，使服装的尺寸更为合理、准确。如果为普通制衣需要而测体，被测量者应穿上平日最习惯穿着的鞋。测量礼服类服装尺寸时被测量者必须穿高跟鞋。

2. 站姿或坐姿

测量长度尺寸时，应注意被测量者站立姿势是否正直、自然，两臂自然弯曲，双手自然下垂。如果被测量者因站时紧张而僵直，必须稍等片刻，待其恢复自然状态再行测量，避免长度尺寸测量后不真实、不准确。当需要测量对象采取坐姿时，同样需要坐正、坐直、自然、双目平视前方。

3. 呼吸

测量横度或围度尺寸时，应注意被测量者是否保持正常的呼吸，同时应注意量尺的前、后横度是否呈水平状，避免横度尺寸测量后不准确。

4. 放松皮带

测量裤腰尺寸时最好让被测者放松皮带再行测量，避免尺寸量瘦，影响穿着。

5. 松量

遇冬季做夏季衣服，夏季做冬季衣服，夏末做秋季衣服，或者以后准备套毛衣、绒衣等不同要求，都要考虑适当增减松度尺寸，避免尺寸不合适。一般套一件薄毛衣松度加放 2 厘米，套一件厚毛衣加放 3 厘米。

6. 性差

测量女性着装者时需重视胸部细密尺寸的获取。例如，胸高（乳点至侧颈点的距离）、胸宽（左右乳点间距）和腹部的细密尺寸，又如，腹围尺寸组中的上腹围、中腹围、下腹围尺寸和臀部的体态特点等。

测量男性着装者时需重视男士的肌肉较发达者，其左右肩头端点位置不如女性明确，应仔细定位；男性穿着裤装时习惯将裤腰带系于中腰线以下，因此利用定位腰绳准确找到中腰线定位至关重要；男性的脖颈测量也应细密、周到，特别对于喉结突出、肌肉发达的男士应分别测量其颈根围度尺寸和颈中围

度尺寸,以适应服装领围规格中"上口"尺寸和"下口"尺寸的确定。

7. 儿童

测量儿童尺寸的部位比成人尺寸部位较少,其特点是儿童的肩部结构和腰部结构所决定的尺寸测量难度较大,儿童的肩部尚未发育成熟,应仔细找到其肩点位置,切忌将肩宽尺寸预测过大;儿童的胸腔骨骼也处于发育之中,腹部显得较为凸起、臀部瘪平、重心与成人不同,因此测量儿童的腹部尺寸及相关细部尺寸显得尤为重要;儿童的头部比例较大,测量其头围尺寸不可过紧,而且脖较短,颈围尺寸不可过于追求合体,必须以获取穿着舒适的部位尺寸为原则。

8. 工具

工具必须完整无损,功能齐全,软尺不可因卷曲而导致变形,而应保证其顺垂状态。

(二)测量对象诉求差异

除注意上述事项外,测量员还应作好参谋,更好地为顾客服务。

1. 年龄

不同年龄的人,对服装式样的要求也不同。例如,青年人爱穿式样新颖美观的服装,特别是年轻姑娘喜欢穿最新款的时装;老年人爱穿朴素、宽大的服装;儿童的服装要显出其天真活泼的特点。

2. 体型

不同体型的人对于服装式样的要求也有所不同,必须因人制宜。例如,有的人高大,有的人矮小;有的人胖些,有的人瘦些;有的

人方脸,有的人圆脸或尖脸;还有些人发育不正常,如挺胸、驼背、端肩、溜肩等不同体型。这就要求服装工作者去调整体型的缺陷。要使身材高大的人穿起衣服来显得魁梧、强壮;使身材矮小的人显得小巧玲珑;使体胖的人显得大方丰满;使体瘦的人显得窈窕秀丽;对上身长、下身短的人就要适当地把腰部的位置提高,调整身体比例。体胖的人不宜用横条衣料,体瘦的人不宜用竖条衣料,腿细长的人不宜穿短裙子,腿短的人最好穿短裙子,方脸、圆脸、尖脸最宜选择与脸型差别的领口式样。溜肩的人穿衣要多加些垫肩,女性乳房低的要垫高。总之,必须用各种方法弥补体型的缺陷,使不同体型的人都能穿上称心如意、美观大方的衣服。

3. 地域、季节

不同的地区、气候、季节,人们对衣着的式样、材料质地、色彩方面的需求也有所不同,一般北方人习惯穿宽大的式样,寒冷的季节较长,衣料色泽比较深;南方人喜穿适体的服装,炎热季节较长,衣料色泽比较浅。在色彩上,冬季多穿暖色调吸光较强色彩的服装;春秋季节因气候比较温和,不冷不热,人们则多喜欢穿中性色调的服装;夏天则多穿反光较强,使人感到凉爽的浅色调服装。从质料上,冬天多穿用棉、毛、呢、绒之类的原料,夏天多穿用丝、麻、绸、纱、布之类的薄料。

总之,根据人的年龄、性别、性格、体型不同和地区、气候、季节自然环境的不同,反映在服装要求上的特点,测量员要因地制宜,因人制宜,更好地满足着装者的需要。

第三节　服装人体测量技术规范

使用标准的工具和规范地测量以获得人体的基本部位数据是全面了解和认识人体的基础。

一、服装人体测量基本内容

在人体各部位进行的服装测量都有不同

的术语、名称，归纳起来主要可分为三大类，即"高"（或"长"）、"围"和"宽"。

（一）"高"（或"长"）

"高"、"长"基本上是一个意思，主要是指人体的高、矮和服装的长、短等。

在人体上分别称为体高、身高、乳高、膝高、背长、臂长等；在服装上分别称为衣长、袖长、领长、裤长、裙长、前腰节长、后腰节长、下裆长、开叉长、肩高、领高、帽高、袋高、袖山高、袖肘弯高等。

1. 男体长度测量位置示意图（侧视）

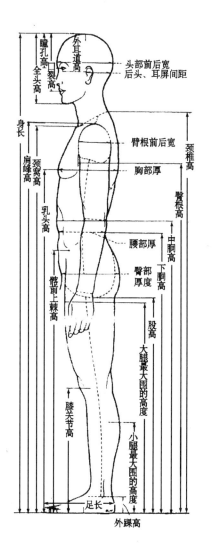

2. 女体长度测量位置示意图（侧视）

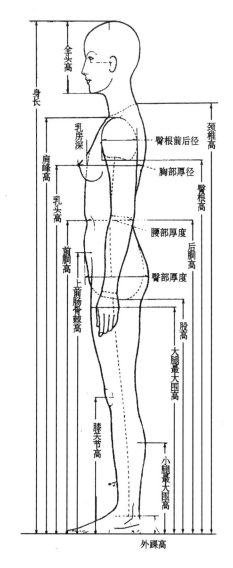

（二）"围"

"围"是指人体各部位水平方向一周的尺寸。

在人体上分别称为颈围、胸围、腰围、臀围、臂围、肘围、腕围、踝围等。

在服装上分别称为领口大、上腰大、中腰大、下腰大、袖根大（肥）、袖口大、裤口大等。

1. 男体围度测量位置示意图(正视)

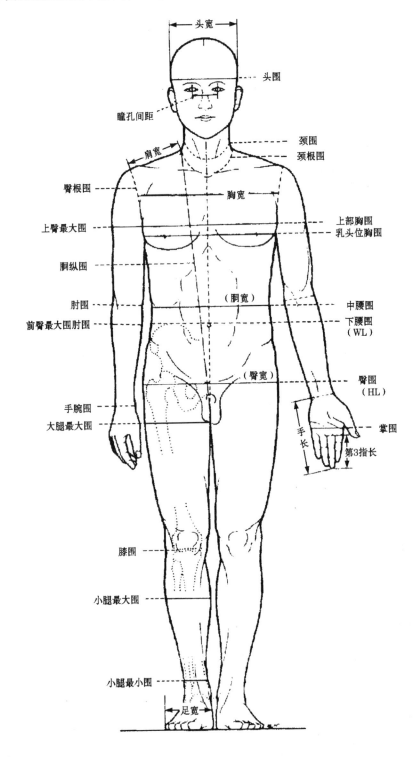

2. 男体围度测量位置示意图(背视)

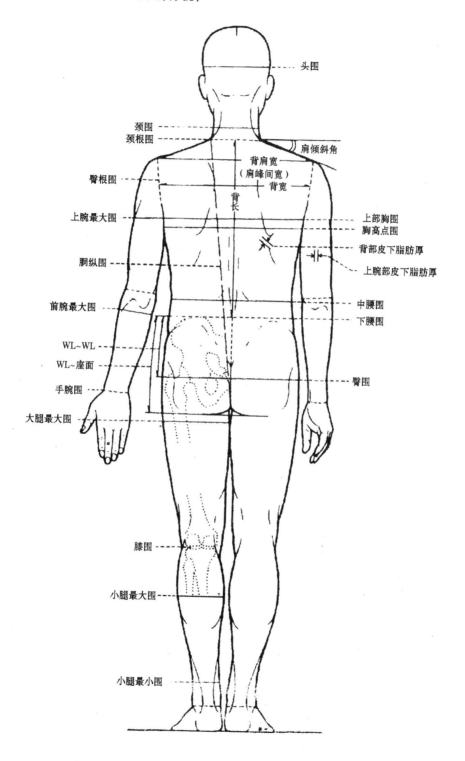

头围

颈围
颈根围
肩倾斜角

背肩宽
(肩峰间宽)
背宽

臀根围

背长

上腕最大围

上部胸围
胸高点围

背部皮下脂肪厚
上腕部皮下脂肪厚

胴纵围

前腕最大围

中腰围
下腰围

WL~WL

WL~座面

手腕围

臀围

大腿最大围

膝围

小腿最大围

小腿最小围

3. 女体围度测量位置示意图(正视)

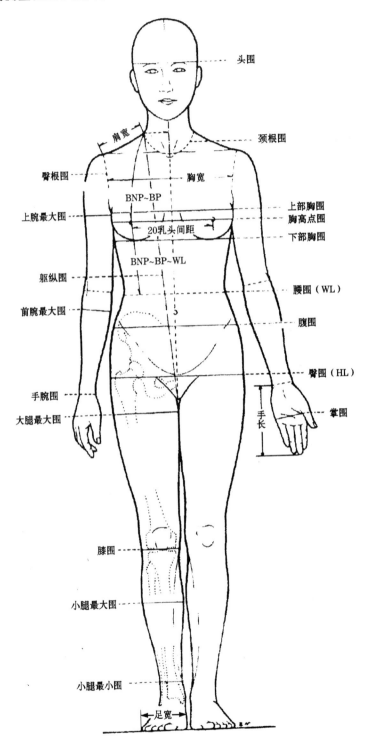

头围

肩宽

颈根围

臀根围

胸宽

BNP~BP

上腕最大围

上部胸围

胸高点围

20乳头间距

下部胸围

BNP~BP~WL

躯纵围

腰围（WL）

前腕最大围

腹围

臀围（HL）

手腕围

掌围

大腿最大围

手长

膝围

小腿最大围

小腿最小围

足宽

4. 女体围度测量位置示意图(背视)

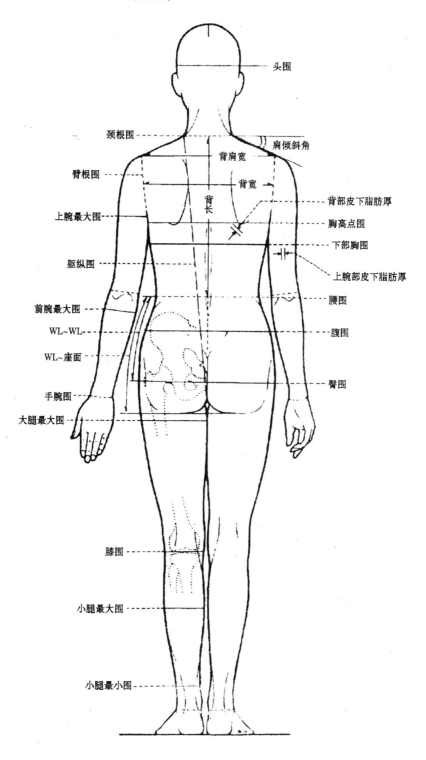

头围

颈根围

肩倾斜角

背肩宽

臂根围

背宽

背部皮下脂肪厚

背长

胸高点围

上腕最大围

下部胸围

躯纵围

上腕部皮下脂肪厚

腰围

前腕最大围

腹围

WL~WL

WL~座面

臀围

手腕围

大腿最大围

膝围

小腿最大围

小腿最小围

5. 女体围度测量位置示意图(侧视)

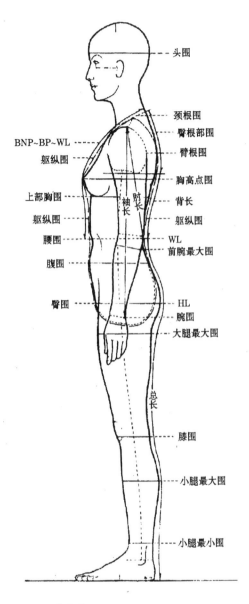

头围

颈根围

臂根部围

BNP~BP~WL

臂根围

躯纵围

胸高点围

上部胸围

背长

躯纵围

袖长

肘宽

腰围

WL

前腕最大围

腹围

臀围

HL

腕围

大腿最大围

总长

膝围

小腿最大围

小腿最小围

(三)"宽"

"宽"是指人体各部位水平方向两点之间的距离。

在人体上分别称为胸宽、背宽、肩膀宽、小肩宽、乳胸宽、乳尖宽等。

在服装上分别称为前宽、后宽、总肩宽、小肩宽、领宽、领头宽、偏袖宽、捲袖宽、袋盖宽、腰头宽、腰带宽、过肩宽、祥宽等。

二、服装人体测量内容及顺序

(一)服装人体测量主要部位

在服装成衣生产中,所需要的人体各部位数据是经过广泛量体得到的。测体的部位主要有十个,即身高、颈椎点高、坐姿颈椎点高、全臂长、腰围高、胸围、颈围、总肩宽、腰围和臀围。

在服装定制和个性服务时,所需要测量的部位较多、数据较细。在制作高级礼服时,测体的部位应更加全面。

1. 长

身高、全身长、头高、身长(衣长)、坐姿颈椎点高、乳高、全臂长、臂长(袖长)、前腰节长、后腰节长、后背长、腰围高、腿长、裤下裆、膝位高等。

2. 围

头围、颈围(领围)、胸围(上腰)、腰围(中腰)、腹围、臀围(下腰)、腕围、大腿围(裤横裆)、踝围等。

3. 宽

总肩宽(后肩横弧)、小肩宽、乳宽、胸宽(前宽)、背宽(后宽)等。

(二)服装人体测量顺序

在服装人体测量过程中,按照规范的顺序进行,对于保证测量部位的全面,以避免丢失缺项,方便各组测量数据的对照,以提高各部位数据的准确性均具有十分重要的意义。测量的顺序规范有利于提高测量速度。

人体测量顺序一般依据先整体,后局部;先纵向,后横向;先前部,后后部;先上部,后下部等原则。在实际操作时也可以依据原则和测量习惯有所差异。

三、人体各主要部位测量方法

(一)主要部位长(高)度测量方法

1. 身高

用测高仪测量从头顶至地面的垂距。

2. 颈椎点高

赤足,立姿放松,从第七颈椎点到地面的垂距。

3. 全身长(前、后)

立姿放松,从侧颈点经过胸点到地面的垂直距离为全身长(前)。

立姿放松,从同一侧颈点经过肩胛骨到地面的垂直距离为全身长(后)。

4. 头高

从一侧的侧颈点向上经过头顶最高点,再向下测量至另一侧的侧颈点部位的总长度。

5. 身长(衣长)

由左侧颈点向下通过胸部乳点,垂直量至服装下摆位置所对应的上肢或躯干某一部位的长度。

6. 坐姿颈椎点高

坐姿放松,用测高仪测量从颈椎点至地面的垂距。

7. 乳高

由左侧颈点部位向下垂直量至乳峰最高部位。

8. 全臂长

双臂自然下垂,立姿放松,从第七颈椎至一侧上臂腕骨的长度。

9. 臂长

由肩关节的外边缘处向下通过肘关节凸出点,量至腕关节的长度。

10. 前腰节长

由左侧颈点向下通过胸乳点垂直向下量至腰围最细部位的长度。

11. 后腰节长

由左侧颈点向下通过背部肩胛骨最高处垂直向下量至腰围线部位的长度。

12. 后背长

由后领中央即七节脊椎骨处向下垂直量至腰围线部位的长度。

13. 腰围高

坐姿放松,用测高仪测量从腰围点至地面的垂距。

14. 腿长

由腰围线处一侧向下经过髋骨外侧垂直量至踝骨部位的长度。

15. 裤下裆

由股下大腿根处向下垂直量至踝骨部位的长度。

16. 膝位高

站姿或坐姿,从膝盖到地面的垂直距离。

(二)主要部位围度测量方法

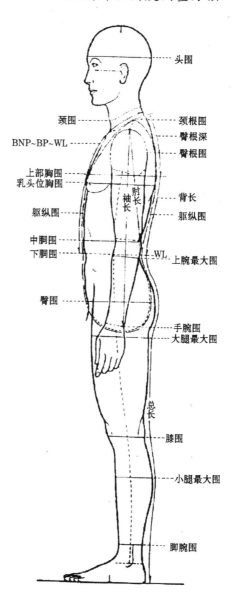

1. 头围

从前额中点（眉弓上方）开始，向左经过左耳上边缘、后枕骨窝、右耳上边缘，再回到前额中点一周的长度。

2. 颈围

自然立姿，正常呼吸，用软尺测量从喉结下 2 厘米经第七颈椎点的围长。

3. 胸围

双臂自然下垂，自然立姿，在胸最大部位水平测量一周的围长。

4. 腰围

自然立姿，在腰最细部位水平测量一周的围长。

5. 腹围

在腰围和臀围之间，向前最凸出点水平测量一周的围长。

6. 臀围

在臀部向后最突出部位水平测量一周的围长。

7. 上臂围

双臂自然下垂，在腋下沿上臂最粗处水平测量一周的围长。

8. 腕围

手腕部位水平测量一周的围长。

9. 大腿围（裤横裆）

在股下大腿最粗部位水平测量一周的围长。

10. 踝围

踝骨部位水平测量一周的围长。

（三）主要部位宽度测量方法

1. 总肩宽（后肩横弧）

取立姿，放松，用软尺测量左右肩峰点间的水平弧长。

2. 小肩宽

由左侧颈点处量至肩关节的外边缘部位。

3. 乳宽

在左右乳尖部位之间水平测量。

4. 胸宽（前宽）

在胸部两臂左、右腋窝部位之间水平测量。

5. 背宽（后宽）

在背部两臂左、右腋窝部位之间水平测量。

四、必要测量与数据分析

（一）"前、后腰节"部位测量必要性

一件衣服穿在身上是否适体落直，外形美观，首先要达到前后身的平衡、齐正，由于体格发育不同，有正常体型和非正常体型的区别，即便是正常体型，每个人局部的体型差异也是很大的。胸部和背部的局部形态非常微妙，对服装的造型影响最大。

一般服装产生的毛病，如前身门襟裥口（左右门襟不能垂直，下端重叠部分过多）、前身门襟划口（左右门襟不能垂直，下端重叠部分消失，甚至出现咧口）、豁止口、后身吊起等，除与领口、肩高剪裁有联系外，主要是前、后腰节上部不平衡。因此要达到衣服穿着在人体上的平衡，不但要测量前、后腰节位的尺寸，而且要求测量准确，尤其是女子服装。前、后腰节位尺寸的差别，能反映出体型结构的基本概况，便于裁剪时掌握体型，避免差错。

前、后腰节位的尺寸与裁剪结构肩缝位、侧缝位、胸位、腰位四大主要线条有着密切的关系。

1. 与肩缝位关系

肩缝位把衣服分开为胸部（前身）和背部（后身）对衣服形态平衡起着决定性的作用，而且衣服的问题往往发生在肩缝结构不平衡，因此肩缝是与前、后腰节尺寸密切结合的第一结构线。

2. 与侧缝位关系

在服装结构上侧缝位不但联系前后身衣

片的准确缝合,而且对肩缝平衡起一定的辅助作用。如果只有肩缝的准确,没有侧缝的准确,要达到衣服的平衡也是不可能的。因此侧缝是与前、后腰节尺寸密切结合的第二结构线。

3. 与腰位关系

是衣服结构平衡的第一水平线,它不但对侧缝的标准分割和对位起着决定性的作用,而且在人体上是比较稳定的分界位置,是测量前、后腰节位的基准线,在裁剪时联系衣服的上下左右,尤其对卡(紧)腰、断腰衣服是不可缺少的水平线,对服装的平衡是根本的要点。

4. 与"胸位"关系

胸位是衣服结构平衡的第二水平线,它一方面决定袖窿深度位置,另一方面又是侧缝的标准缝合对位线,与前、后腰节尺寸同样有密切的联系。

(二)"腹围"测量必要性

腹部是指人体腰线以下,臀围线以上部分。腹部是人体躯干上软组织最多的部位。每一个成年人在不同年龄阶段腹部的形态变化均十分明显。即便是年轻人,稍稍放松,腹直肌群便不再明显,稍稍丰满,腹部脂肪便会很快地沉积。尤其对于女性而言,腹围部位测量的准确性将决定服装造型美观与否,适合与否,舒适与否。

1. 上、中、下腹围

腹部丰满的女性,往往需要一组人体测量数据方可以表达其体型特点。将腰围线与臀围线之间的距离(人体腹部),平均分为三等份,在每一等份点处做水平测量。即可获得"上腹围"、"中腹围"和"下腹围"三个尺寸,作为服装工艺实施的依据。细部见品质,在服装人体测量中,腹部测量的细致、全面是服装高品质的保障。针对人体腹部的修饰性造型内衣是许多人在正式场合着装时必穿的。因此,在具有此类需要时,必须让测量对象穿起修身的内衣再做测体。

2. 综合处理

当腹部测量不全面、不准确时,出现在服装上的问题往往非常明显,会因量多而臃肿,量少而紧绷,甚至无法穿着。例如,有些裙子,虽然裙腰和臀围的量适合,但由于未考虑"中腹围",导致"中腹围"的量不足,造成裙装无法穿着。还有一些"上腹围"较为凸出的人体,虽然裙子的腰围、腹围和臀围较为合体,但"上腹围"的量不足,裙子在被穿着时,会向腰部堆积。在处理服装造型时,腹围数据可能会对腰围、臀围等数据产生影响,成为一个需要综合考虑的因素。

(三)服装数据和人体数据比例分析

测量服装的方法有两种,一种是量体裁衣,即按照人体的部位逐一量之,在个人定制服装生产中普遍应用,本章节主要采用了这种方法。另一种方法仅在人体上测量一个身高和一个胸围尺寸,按照人们穿着的规律和习惯,用比例公式计算出服装的各个部位尺寸。这种方法主要适用于成衣生产,待后面章节中阐述。

1. 年龄与人体比例

各年龄的人体长度比例基本上以头长为计算单位,如四岁儿童的全身长(高)度一般为五个头长,即五头体;十岁儿童的全身长为六个头长;成年男人约为七个半头长;成年女人比男人稍短一些。根据我国人体的发育特点,按照以上的标准比例分配基本上是适用的,因而服务于人身体的衣着,也不能不以此作为长度分配比例的依据。但是应该指出,衣着部位的分配比例一般不以体长(高)为标准,而是以全身长(高)为标准。因服装大都是穿在颈部以下的人体上(连帽式的服装例外),故头长可以不必计算在内。即按上述各种年龄的长度比例再各减去一个头长,可作为分配衣着部位的基本标准。

2. 身高与人体比例

服装数据与人体身高的比例关系是否和谐直接影响着服装的造型效果和穿着感观。因此,作为人体的基本数据之一是"全身长(高)"尺寸,测量此尺寸可以作为服装长度测量基础。由后颈骨(第七颈椎骨处即后领口中央点)量至脚跟(不包括鞋跟)为全身长(高)总尺寸。

有经验的技术人员在测量服装长度数据时还必须参照人体全身长(高)尺寸,按一定的比例关系推算出的经验数据进行适当调整。例如,服装的衣长尺寸并非必须通过测体直接获取。

五、特殊体型分类与测量要点

人的体格形态受年龄、性别、体质、职业以及种族遗传等种种客观条件的影响,形成了各种不同的体型。测量尺寸时必须结合被测量者的体型特点,才能做出美观、大方、穿着舒适而使人满意的服装。不能片面地把量体理解为"求得一尺寸"而忽略了对体型的观察。

体型一般分为正常体型、特殊体型两种。

(一)特殊体型分类与标识符号

1. 特殊体型特点与分类

胸、背、臀、肩、四肢等发育平衡,无显著突出之特征者为正常体型。正常体型按照胸腰差或腰臀差分为 Y、A、B、C 四种,详见本书第五章第五节。

除了正常体型以外,人体有各种各样的差异。如,肩阔、高低肩、端肩(平肩)、溜肩(八字形肩)、胸大而腰细、胸小而臀大、平胸、乳下垂、上身长下肢短、上身短而下肢长等。此外,同样肥瘦的人,还有圆体和扁体之分。其中最为典型的分为挺胸体、驼背体、腹凸体、高臀体、肥满体、消瘦体六种。

观察体型最宜站在被测量者的侧面,观察肩型最宜在被测量者的背面。

2. 特殊体型标识符号

体型代用符号,是一种形象而又简便的体型标记,在量体时不仅能缩短书写时间,而且又能使裁剪人员易于了解和掌握被测量者的体型特征。

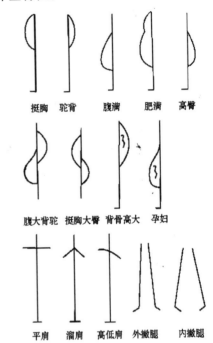

挺胸　驼背　腹满　肥满　高臀

腹大背驼　挺胸大臀　背骨高大　孕妇

平肩　溜肩　高低肩　外撇腿　内撇腿

正常体型不需用符号。根据体型不同的情况,还可用符号大、中、小、高、低、左、右等辅助手段表达更确切。

(二)特殊体型服装处理原则

1. 腹部

人到中年开始发胖,首先是腹部向前凸出,服装结构设计必须考虑如何满足凸出部分的需要。采取人体胖在哪里,衣片就加放到哪里的原则,松量不仅要放在前面,而且长度也要加放,加放量与缩短量均按不同体型酌情处理。加肚省的方法也很有效。

2. 背部

人体越肥胖,背部的脂肪也随之加厚。C 型比 B 型厚,B 型比 A 型厚,因此 C 型的背部要比 B 型长,B 型又比 A 型长,通过加大肩省的办法辅助解决。

3. 腰部

裤子一般采用前裤片放大、腰口放长与调整立档的办法以满足鼓起的腹部。

4. 臀围

胖体型人,由于腰部的扩大形成臀部相对平坦,在处理裤子的时候,后档缝的倾斜度应减小,裤后片后翘应降低。

(二)典型特殊体型测量特殊性

1. 挺胸体测量

胸部发育特别丰满凸出,后背平坦,重心靠后的体型为挺胸体。在测量长度时,应先量后身作为标准长度,然后再量前身,同时把前、后腰节长量出,量时起始位置是同一侧颈点,终结位置均在水平腰线上,前、后宽尺寸也须量准确,两者差数即为挺胸部分裁剪时应该放长的尺寸。对于乳房较高挺胸体型的测量,必须注意将乳高和乳宽(乳点距)尺寸测量准确。

2. 驼背体测量

驼背体背阔肌厚大凸出,重心靠前。测量长度时,应先量前身作为标准长度,然后再量后身,同时把前、后腰节长量出,量时起始位置是同一侧颈点,终结位置均在水平腰线上,前胸宽和后背宽尺寸也须量准确。两者差数即为驼背部分裁剪时应放长尺寸。

3. 腹凸体测量

腹部凸出,大于胸部,测量时应先量后身长度作为标准,再量前身,前后腰长,两者差数即为腹部裁剪时放长尺寸。但下摆前后必须保持平齐。

4. 高臀体测量

高臀体臀后部较高。测量时应先量前身长度作为标准,再量后身,前、后腰长,两者差数即为后臀部裁剪时放长尺寸。但下摆前后必须保持平齐。

5. 肥满体测量

肥满体体型丰满、肥胖,胸、腰部围度尺寸相似,四肢亦较壮大,骨骼轮廓不清晰。除和正常体量法相同外,应加量臂根肥尺寸。

6. 消瘦体测量

消瘦体胸平、肩窄,软弱无力,但某些测量对象(特别是老年人)可能身体某些部位较为丰满,如腹部。某些在平时穿塑形内衣的测量对象,应在测量之前穿好塑形内衣。测量时应使测量对象站姿自然,量得的各部位尺寸都应充分。

第三章　服装基础板制板技术

第一节　基础板制板基础

一、基础板制板条件

(一)基础板概念

1. 毛板和净板

在服装制板中,有毛板和净板之分。毛板指的是加放了缝份的板,反之则为净板。制板过程中,基础板通常为净板。这样会减少不必要的误差,简化计算过程。毛板多为工业用板。

2. 基础板

服装基础板特指制作单件服装所需的板型,常用于个人定制服装和工业成衣的新款样衣的制作过程。服装基础板区别于服装工业,是以净板的形式完成制板,即板型中无作缝量,各部位合理的作缝量须在排板时预留,在裁剪中实现。

(二)制板工具

1. 卷尺

卷尺是两面标有尺寸刻度的带状测量工具,长度大约为 150 厘米。用于测体和测量弧长。

2. 方格尺

方格尺为透明材料制成,用于绘制直线、平行线等。长度有 30,40,50 厘米。

3. "L"形尺

"L"形尺为直角和曲线兼用的尺子。尺面上标有不同比例的度数。

4. 曲线板

曲线板用于画领围、袖窿、裙腰等处的弧线。

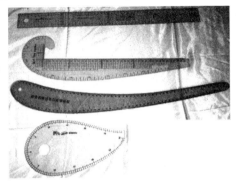

5. 软尺

软尺用于测量曲线长度,尺的中间夹有铅丝,可依据需要的曲度画出曲线。

6. 圆规

圆规用于画弧线和圆线,也用于获得相同尺寸的交点。

7. 量角器

量角器用于求肩斜度,裙摆展开量等。

8. 比例尺

比例尺用于比例制图,有 1∶4 和 1∶5 等规格。

9. 压轮

压轮是将纸样拷贝到布上的工具,通常需要和复写纸同时使用。

10. 复写纸

复写纸用于将纸样拷贝时使用。

11. 剪刀

剪刀用于剪切纸样。

12. 胶带

胶带用于纸样拼合。

13. 白坯布

白坯布用于立体制板和纸样的立体确认。

14. 大头针

大头针用于扎布样。

15. 针插

针插插针使用,可戴于手腕,方便假缝。

16. 人台

人台亦称人型台,用于立体制板和平面制板的立体确认。

17. 打板纸

打板纸亦称板纸,有牛皮纸、白色绘图纸和比较厚的样板纸。

二、制板符号

(一)基础制板符号

线条和符号	线条名称	说　明
———	基本线	细实线,制图中的辅助线
━━━	轮廓线	粗实线,制图中板型的完成线轮廓线
··········	点划线	裁片连折,不可裁开的线
- - - - -	双点划线	服装的折边部位
-------	虚　线	隐藏在下一层见不到的裁剪线或明线
⊂⊃	等分线	将某线段等分
←——→	经纱向线	布纹的经(直)纱走向
——→	顺向号	有倒顺毛面料或毛皮的毛向
✕	斜纱线	面料斜纹纱向
⊢——→‖←——⊣	距离线	裁片某部位两点或两线间的距离
◇▽▽	省道线	需要缝制的形状
└	直角号	两条线垂直相交成90度

线条和符号	线条名称	说　明
	拼接号	服装零部件拼接处
	连续号	表示纸样连续
	省略号	长度的省略标记
	裥位线	服装部位缝合时重叠的部分
	交叉线	左右交叉线

(二)特定制板符号

线条和符号	线条名称	说　明
	罗纹号	衣服下摆、袖口等处装罗纹边
	塔克线	裁片折叠后的线梗
	司马克	服装装饰,也叫打缆
	碎褶号	衣片需要收皱的部位
	明线号	缉明线
	眼位	扣眼的位置
	扣位	纽扣的位置
	开省号	省道需要剪开处
	钻眼号	裁片某部位定位点
	刀口线	裁片某部位的对刀位置
	净样号	裁片无缝头

线条和符号	线条名称	说　明
⊤⊤⊤⊤⊤	毛样号	裁片有缝头
✕	否定号	作废或取消的线条
▲	对称号	两个部位尺寸相同
⋀⋀⋀	拔伸号	裁片某部位拔开、伸长
⌒⌒	归缩号	裁片某部位归拢、缩短

三、基础板制板方法

（一）基础板制板方法分类

传统的基础板制板的方法可以分为两大类，即立体制板和平面制板。计算机制板也是一种新的制板方法。

1. 立体裁剪方法

立体裁剪法是将面料覆盖在人体或人体模型上，通过三维造型手法制成构思服装造型的方法。

2. 平面制板方法

平面制板方法常用的有比例法、原型法。

（1）比例法

比例法以成品尺寸为基数，通过比例法公式获得结构衣片的各部位数据。如，衣片的领口深和横领口宽尺寸就直接依据成衣领围计算得到。比例法方便、快捷，对于常规的、典型的、宽松的服装尤为适用。

（2）原型法

原型的制板方法是以大量测量得到的人体数据为依据，通过立体裁剪，将人体的立体造型转化为平面板型，并通过一定的公式制成使服装各部分的配比达到理想的平衡状态的造型简单的基础样板，并将其作为服装款式变化的基础型。设计和制板过程中，运用原型，可以保证在肩袖、腰身等关键部位配比保持平衡的前提下，进行服装的款式分割和造型变化。并使得变化后的服装板型误差减小，提高了制板效率。因此，原型法是目前适应工业化服装生产需要比较理想的一种制板方法。

通常，在国家原型的基础上企业根据各自的服务人群，在充分了解消费人群的体型特征之后，制定出适合服务人群的原型，在原型板的基础上，经过充分的研究和反复实验修改，直到满意为止。一旦原型板被确认下来，服装制板人员将以其作为制板的依据。企业会根据不同的服装品种，有从衬衫、裤子、裙子到西装、外套、大衣等十几种原型，为不同的款式设计提供了充分的准备，使服装生产高效便捷。

与比例法不同的是，原型法推导公式使用的是净体尺寸，而比例法用的是成品规格尺寸。比较而言，净体尺寸推导公式误差更小，比例更准确。

3. 计算机制板法

计算机制板是通过人与计算机进行交流，依靠计算机界面上提供的各种模拟工具在绘图区制出需要的样板。计算机制板是模仿人工制板法。因此，也是通过比例法和原

型法获得所需要的样板。业内人士称这种制板法为人机交互式制板法。

(二)各类基础板制板法特点

1. 立体制板与平面制板法特点

立体制板也叫立体裁剪,主要是在人台上,使用白坯布直接进行裁剪,得到裁片。将裁片再转化成板型,从而完成制板。立体制板可以非常直观的使设计师和制板师看到服装的立体效果,同时还可以当时修改确认,避免从平面到立体的环节中出现的误差。因此,立体制板是当今服装款式设计和结构设计必不可少的技术手段。

平面制板是相对立体制板而言的,是服装技术人员依据服装的造型款式、号型标准设定服装主要规格尺寸和细节尺寸,按照一定的比例公式在平面板纸上完成制板工作。与立体裁剪相比较,平面制板的难度更大,因为在平面的板型和立体的服装之间,更容易产生误差。需要服装技术人员长时间的实践,不断积累经验,使误差减小到最低。

2. 立体裁剪与平面制板优势

服装作为立体造型,运用立体裁剪的方式,其优势是非常明显的。

直接在人台上剪出想要的造型和局部款式,已经成为很多设计师的主要设计手段。通过立裁可以直接看到设计的立体效果,减少了从平面到立体的误差。不仅如此,设计师往往会在立体裁剪的同时,通过对面料的处理变化而产生新的灵感和想法。立裁的直观和准确,在某些程度上弥补了技术人员因为制板经验不足造成的在新款研制过程中的重复修改。

立体裁剪是一门重操作的技能,没有任何制板经验的人在较短的时间内也可以学会。立体裁剪可以让初学者更清楚地认识立体的人体曲线与平面的服装裁片之间的关系。通过不断的练习立裁,积累平面制板的经验。

在学习立体裁剪时,不可忽视学习平面裁剪的基本方法和制图技巧。因为立体裁剪最终还是要回到平面的制板上。立裁不是目的,只是手段,使用立体裁剪还是平面制板,要立裁人依据服装款式的特点以及产品要求等因素决定。

各种平面制板方法(短寸法、比例法、原型法、毛裁法等),是不同的历史时期在不同的服装生产的要求下,产生和发展的。伴随着成衣业的蓬勃兴起,批量生产成为服装加工的主流,服装流行和服装文化也在不断发展、变革和创新。因此,博采众长、取长补短、虚心学习、不妄自菲薄是十分重要的。

3. 立体制板与平面制板综合运用

不同的制板方法是不同生产方式和生产要求的产物,都会有其不同的优势,也必然会有其不足。因此,作为一名服装技术人员,应该同时掌握立体制板和平面制板两种技术手段,做到相互补充,取长补短。要想在当今款式变化多样、流行变化迅速的生产要求下,优质快速地完成制板任务,必须学会综合运用各种方法。比如,以平面制板的方式进行初步制板,对局部(领子居多)进行立裁,得到裁片,进行组合后,运用白坯确认的形式对板型进行修改,然后再制作样衣。

平面制板和立体制板以及不同方法的综合运用是减少误差、提高制板效率的最佳途径,也是提高制板适应性的有效手段。掌握多种制板技术将是未来服装行业对服装设计与技术人员的基本要求。

第二节　立体制板技法

一、立体裁剪工具

立体裁剪的工具有：立裁人台、坯布、剪刀、大头针、熨斗、烫台、针插、记号笔以及打板工具等。

（一）立体裁剪人台

1. 立裁人台的选择

人台是立体裁剪最重要的工具之一，专门用于专业的立体裁剪。其造型、尺寸及材料构成与服装商店中使用的展示性人台差异很大。立裁人台内部的主要材料为发泡性材料，外层用定型性较好的棉质面料包裹，便于大头针直扎进去。

设计和制板人员往往会依据不同的服装款式要求选择相应的人台。根据不同的用途，人台大致分为净体人台、工业用人台两种。净体人台主要用于服装教学、研究和礼服裁剪。工业人台则是在人台上加放了一定的松量，使它更方便试衣和假缝调整的需要。根据不同的服装产品，人台又分为男装人台、女装人台、童装人台、半身人台（用于上装）、全身人台（用于裤装）。依据服装的不同号

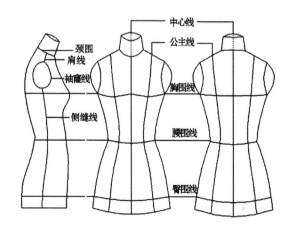

型，人台也有相应的规格尺寸，通常人台的尺寸规格和国家标准号型一致。

2. 立体裁剪人台的加工

（1）确定标示线

人台标示线是保证立裁衣片准确的重要依据，正确贴置标示线是非常重要的。贴置标示线应按一定顺序完成：前中心线、后中心线、胸围线、腰围线、臀围线、颈围线、肩线、袖窿线、侧缝线、前后公主线。在贴置时应注意，中心线应垂直于地面，围度线应保持前后水平。

（2）人台的补正

在立裁的运用中，有时根据实际的需要，要对人台的局部进行补正。例如，通过运用定型的腈纶棉等材料对人台的肩部、胸部、腰部、臀部进行尺寸上的修正，从而满足裁剪需要。有时为了检验袖子的立体效果，需要自制手臂，安装在人台上。

（二）其他立体裁剪工具

1. 坯布

坯布是经过简单处理过的本色棉布。立裁可依据服装的要求，选择不同厚度的坯布。初学者适宜选择薄厚适中的棉织坯布进行练习。随着技巧的提高，在进行难度较大的礼

服立裁时,可以选择与服装面料的质地相仿的廉价面料。

2. 剪刀

立裁剪刀可选择裁缝专用剪刀,以操作灵活轻便为原则。

3. 大头针

大头针是立裁的重要工具之一,用以固定布料,对假缝的服装进行修正。立裁专用大头针的针身细长光滑,硬度较高。

4. 熨斗、烫台

在进行立裁之前,需要将坯布用熨斗进行熨烫,保证丝道的水平垂直不变形。

5. 针插

针插是插别大头针的小工具,操作时可系于腕上方便取放大头针。

6. 记号笔

将立裁好的服装造型用记号笔顺着造型结构片的边缘线描绘下来,记录立裁裁片的形状,为制图作准备。

7. 打板工具

打板工具是将坯布上的服装裁片转移到打板纸上时所需的工具。

二、立体裁剪法规范

(一)立体裁剪基本针法

1. 单针固定

在将整块坯布与人台进行初步贴合时,用斜插大头针的方法将坯布固定在人台上,插入针长的 1/3 长度为宜,便于随时摘下进行调整。

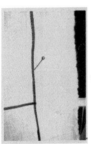

2. 双针交叉固定

将两根针从相反方向对插,使坯布不易滑动。通常在已确定不动的部位使用。例如,前后中心线、胸围线等处。

3. 抓和固定

抓和固定是将大头针顺着造型线两片相叠进行别合的方法,常用于合体性服装立裁固定。

4. 折边固定

在布片与布片之间合并时,可以将一片叠成净缝压住另一片,将大头针针头斜向别插,间距不宜过密或过大,以 3～4 厘米为宜。

(二)立体裁剪基本程序

* 确定服装款式。

* 依据设计要求和穿着对象选择相应的人台和坯布。

* 对坯布进行熨烫整理,在坯布上划出

标示线（前后中心线、胸、腰、臀围线）。

＊在人台上进行立体剪裁和假缝，初步完成服装造型。

＊对造型进行调整和修改。

＊用记号笔将修改后的服装造型结构片轮廓线划在坯布裁片上（领口、侧缝、省道、袖窿、褶印等）。

＊取下衣片，将衣片轮廓线复制到板纸上，完成服装的平面制板纸样。

三、裙子原型规范立裁

（一）立体裁剪准备

1. 确定款式

确定直身裙的款式。

2. 选择人台

选择中号标准人台。

3. 坯布准备

前后两片坯布，前、后中心线处各预留宽5厘米、长10厘米余量。

对坯布进行熨烫整理，将布边撕掉。分别在两片坯布距布边5厘米处划出前、后中心线，对应人台上的臀高标线位置在坯布上划出臀高线。

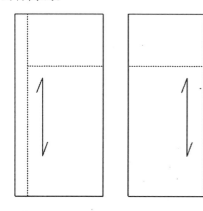

（二）立体剪裁和假缝

1. 前片

＊将坯布上的前中心线与人台上的前中心线贴合，臀围线水平贴合，保留适当的松量。可用单针固定的方法进行初步固定。

＊设置好臀围的松量后，固定侧缝。

＊将腰臀差用省道的形式别出。

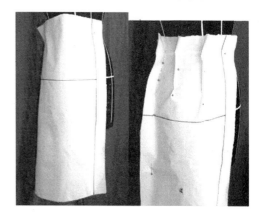

2. 后片

＊将坯布上的后中心线与人台上的后中心线贴合，臀围线水平贴合，保留适当的松量。可用单针法进行初步固定。

＊设置好臀围的松量后，固定侧缝。

＊将腰臀差用省道的形式别出。

3. 侧缝

将后片叠进后压在前片侧缝上，令臀高线以下的侧缝与地面垂直。

4. 省道

前后片的省道分别倒向侧缝，单向固定。

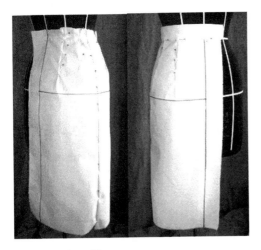

5. 完成纸样

＊标明腰线、省道、侧缝线。

＊将样片取下，还原成样板。

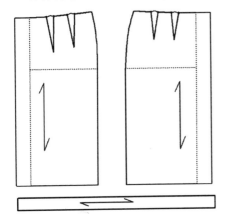

四、各种裙型立裁案例

（一）斜裙立裁

斜裙的特点是裙下摆较大，腰部无省道。

使用45°正斜材料在人台上别出裙形并剪出腰线大致形状。

1. 腰部剪口、垂褶

在裙腰线上利用剪口设定垂褶的位置与数量，形成自然的坠褶。

2. 剪齐边缘线

将裙子的腰线按照人台上标识的准确位置剪齐，再按照设计长度剪齐裙子下摆线。

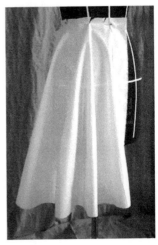

3. 腰头

用单针斜插法固定腰头片。同时进一步

调整裙褶位置与褶量。

4. 完成纸样

标明腰线、省道、侧缝线。将样片取下，还原成样板。

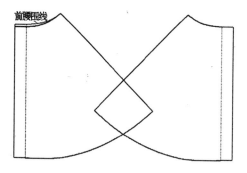

（二）鱼尾裙立裁

鱼尾裙的造型特点是上半部分裙身与体型相吻合，下半部分裙身呈散开状，似鱼尾造型。立裁时，必须根据裙子的长度与穿着者的体型特点决定鱼尾散开变化的起始点和下摆的宽度。

1. 对准前中心线

找到分片位置，并做剪口。

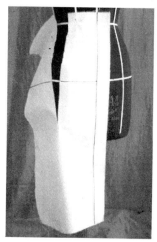

2. 在分片处捏褶、造型

先在分片处确定下摆的松量，再将分片余量别起来，直至腰线。

3. 打剪口

在分片捏褶处及腰头打剪口。

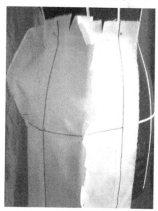

4. 修正造型

剪去捏褶余量，调整好鱼尾松量及起始点。

5. 完成纸样

标明腰线、臀围线、鱼尾松量起始线和前

开口门襟。将样片取下,还原成样板。

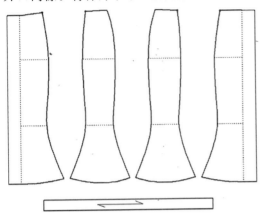

(三)荡裙立裁

荡裙是利用面料的斜丝自然下垂形成一定数量的褶皱,从而产生流线型装饰效果。还可以用于服装的领部、胸部等位置,是礼服立裁设计中常用的手法。

1. 对准后中线

用正斜料对准后中心线。

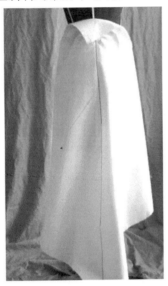

2. 捏褶

在后身中心线两侧依次捏出左右对称的三个大褶。

3. 完成造型

用直丝道条料做腰头,固定。修剪下摆弧线。

4. 完成纸样

标明腰线、褶位、丝道线。将样片取下,还原成样板。

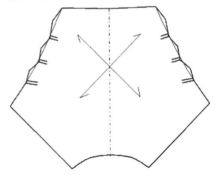

(四)各种礼服裙的立裁

利用斜裙、荡裙裁剪的方法和各种抽褶的方法，可以设计出各种造型的礼服裙。

五、白坯确认

立裁除了具有造型款式设计的作用之外，在产品开发的过程中还担任着一项重要的职能——坯布确认。坯布确认即用平面板型裁出白坯布，利用大头针别扎起来，以确认板型是否合适，这是产品开发中非常重要的一个环节。通过白坯的立体确认，来确定服装的造型、袖型、领型，分割位置以及放松量等，并进一步修改。

白坯确认也是立裁的重要内容，需要比较严谨和规范的技术手段，以确保板型修正准确无误。

(一)西服白坯确认

1. 造型确认

2. 领样确认

3. 袖型确认

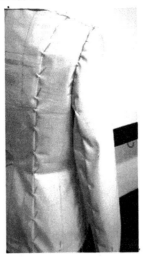

2. 比例分割确认

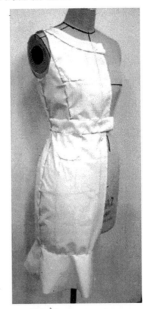

（二）时装白坯确认

1. 领型确认

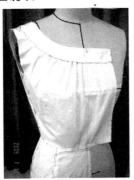

3. 造型确认

第三节　平面原型制板技法

原型法是以比例法获得人体某结构部位所对应服装某结构部位的基本样板，以此作为原型，如衣原型、袖原型等。制板时按照款式要求，直接通过对原型加放或缩减制得所需要的样板。

由于地域、文化、种族等差异，不同的国家和地区以及不同的服装研究机构都纷纷推出了自己的原型板。例如，日本文化式原型、英国原型、美国原型等。而一套科学严谨、涵盖率高的原型板需要以广泛的人体测量数据为基础，以对人体和人体数据进行深入的研究为依据，应具有较高的普及性和适用性。同时还应随着国民体质和体态的变化，不断调整原型板。例如，日本文化学院于2000年推出了新的日本文化式原型。因此，本书选择了原型中比较有代表性的日本文化式原型和英国原型作为分析和讲解内容。

在我国流行最广的一种原型。主要原因是中、日同属亚洲人，在体型和体态上比较接近。另外，文化式原型以胸围尺寸作为其他相关尺寸的推导依据，与我国常用的比例法非常相近。

文化式原型制板方法，适合亚洲人的体态扁平，起伏较小的特点。其推算公式避免了因测量带来的误差，提高了原型的适用范围，同时对体型起到了一定的修饰弥补作用。

一、日本文化式原型(原始版)

日本文化学院推出的女装原型，是目前

(一)原型纸样与人体对应关系

1. 前后衣片原型与女性躯干对应关系

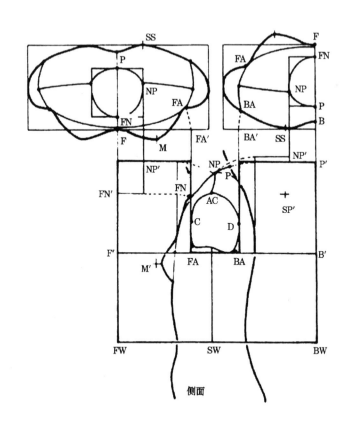

2. 前后衣片原型与男性躯干对应关系

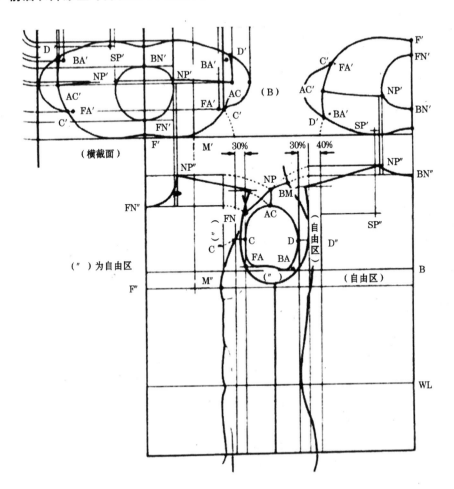

3. 标准体原型纸样围度分配

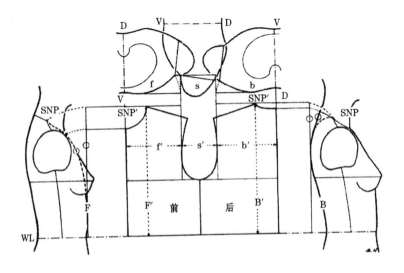

4. 肩线和肩棱对应关系

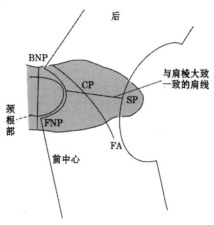

5. 下肢与裤片对应关系

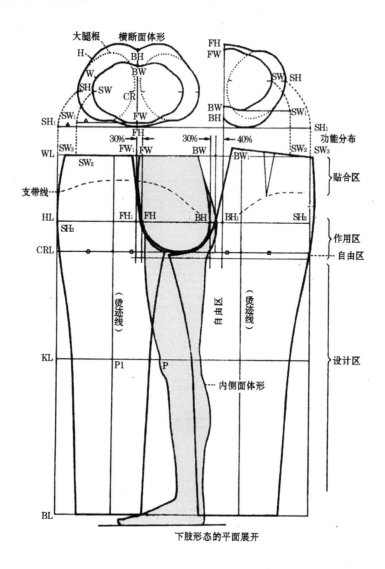

下肢形态的平面展开

(二)日本文化式女装原型(原始版)

服装制图分为结构图和细节尺寸图,结构图中的数字为制图公式序号。序号与制图公式表格相对应,细节尺寸图中的数字为细节尺寸,单位为厘米。

1. 文化式女装原型号型尺寸表

日本文化式女装原型号型尺寸表　　　　　　　　单位:厘米

160/84/64/88		
背长:38	裤长:95	裙长:60
臀长:18	袖长:52	
胸围:84	腰围:64	臀围:90
胸围放松量:10	臀围放松量:4	

2. 制图公式

制图公式表　(B:胸围　W:腰围　H:臀围)　　　　　单位:厘米

序　号	部　位	公　式	尺　寸
原 型 上 衣			
1	背　长	背长尺寸	38
2	袖深线	距上平线 B/6+7	21
3	胸　围	B/2+5	47
4	背　宽	B/6+4.5	18.5
5	后领宽	B/20+2.9	7.1
6	前领宽	后领宽-0.2	6.9
7	前领深	后领宽+1	8.1
8	前　宽	B/6+3	17
9	袖　长	袖长尺寸	52
10	袖山高	AH/4+2.5	
11	袖肘线	上平线向下袖长/2+2.5	28.5

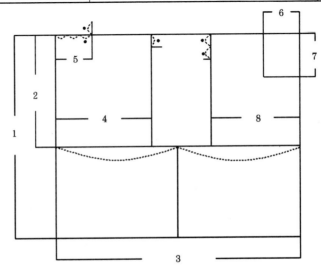

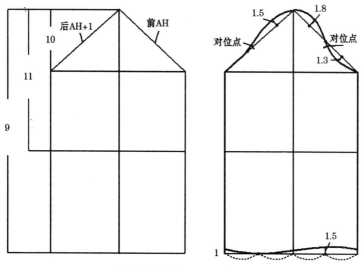

日本文化式女裙原型（原始板）

1	裙　长	裙长尺寸	60
2	臀　长	臀长尺寸	18
3	前臀围	H/4+1.5	23.5
4	后臀围	H/4+0.5	22.5
5	前腰围	W/4+省量(4.5)+0.5	21
6	后腰围	W/4+省量(4.5)−0.5	20

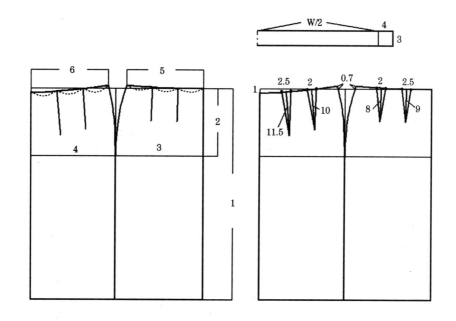

日本文化式裤原型（原始板）

1	裤　长	裤长尺寸	95
2	立　档	立档尺寸	28
3	臀　长	臀长尺寸	18
4	臀　围	H/4＋1	23.5
5	腰　围	W/4＋省 3.5	19.5
6	裤中线	臀宽中点偏前 1/3 位置	
7	漆围线	立档线至下平线 1/2 处向上	4
8	裤　口		38

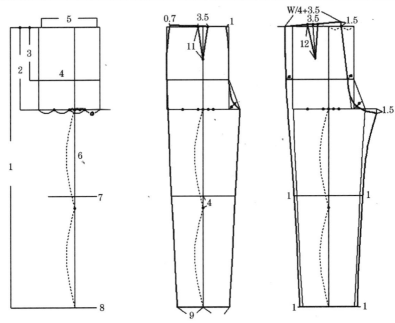

二、日本文化式女装原型 (2000 年版)

随着日本服装业的发展和国民体质的不断提高,日本人的体态也发生了很大变化。因此,文化学院于 2000 年推出了新的文化式原型,以适应服装业发展的需要。

(一)日本文化式女装原型(2000 年版)制图

1. 尺寸

号型尺寸表　　　　　　　　　　　　　单位:厘米

160/84/64/88		
背长:38	胸围:84	袖长:52
胸围放松量:10	臀围放松量:4	

2. 公式

制图公式表 （AH：袖窿曲线长）   单位：厘米

序 号	部 位	公 式	尺 寸
1	背 长	背长尺寸	38
2	袖深线	距上平线 B/12＋13.7	20.7
3	胸 围	B/2＋6	48
4	背宽线	上平线向下	8
5	背 宽	B/8＋7.5	17.9
6	前胸线高	B/5＋8.3	25.1
7	前 宽	B/8＋6.2	16.7
8	G 点宽	B/32	2.6
9	G 点高	AB 线段的 1/2 处向下	0.5
10	侧缝线	BC 线段的 1/2 处	
11	前领宽	B/24＋3.4	6.9
12	前领深	前领宽＋0.5	7.4
13	前肩角度	22 度	
14	后领宽	前领宽＋0.2	7.1
15	后肩角度	18 度	
16	前肩斜线	肩斜线交于前宽线水平向外延伸1.8厘米连线	
17	后肩斜线	前肩斜线长＋省宽（B/32－0.8）	
18	袖 长	袖长尺寸	52
19	袖山高	5/6AH	
20	袖肘线	上平线向下袖长/2＋2.5	28.5

3. 衣片原型结构图

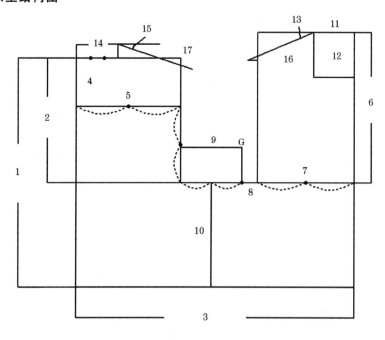

4. 前后衣片原型细节尺寸图

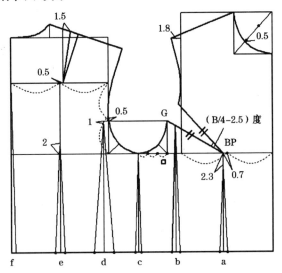

（二）日本文化式女装原型（2000 年版）腰、袖造型特点

1. 腰部省量分配

总省量＝前后身宽－（W/2＋3）

将总省量按百分比计算：

f＝7％	e＝18％	d＝35％
c＝11％	b＝15％	a＝14％

文化式新原型在省量的分配上与旧原型有很大差异，它把省量分配到板型中的六个部位，其中以 d 点（后背肋骨处）的省量最大，更符合人体特征。因为经过人体测量，这一部位的胸腰差和腰臀差是最大的。后中心线则仅有 7％ 的分配量，这一特点与亚洲人的扁平体相关联。

2. 原型比例和袖原型结构图

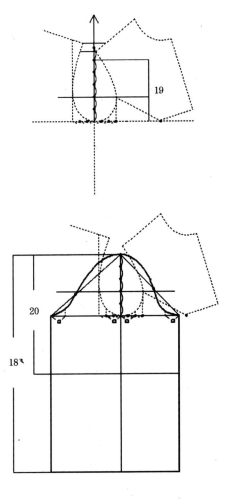

三、英式女装原型

英式女装原型反映欧洲人体型的共同特征,原型的成衣规格尺寸标准来自于英国工业标准研究所,符合欧洲标准的基本特点,具有典型性意义。

与日本文化式原型相比,英式女装原型人体测量数据非常详细,而且数据来源于国家权威机构,可靠且稳定。大量的细节尺寸,为设计者和板型师追求合体性和强调造型的设计提供了可靠的依据。

英式女装原型强调造型的完整性,更适合于套装和外套类经典造型服装的板型设计。

(一)英国女性尺寸与原型号型

1. 英国标准女性人体尺寸

在英国女装标准人体尺寸表中选择身高在160～170厘米,胸围84厘米的10号组数据作为原型制板的尺寸标准。主要目的是与日本女装原型的号型尺寸相对照,从而可以找出不同人种体型之间的差异。英式女装原板的中间号应为12号。

英国标准女性人体尺寸表

中等身高女性160～170厘米(5英尺2.5英寸～5英尺6.5英寸)　　　　单位:厘米

号型内容	8	10	12	14	16	18	20	22	24	26	28	30
胸 围	80	84	88	92	97	102	107	112	117	122	127	132
腰 围	60	64	68	72	77	82	87	92	97	102	107	112
臀 围	85	89	93	97	102	107	112	117	122	127	132	137
背 宽	32.4	33.4	34.4	35.4	36.6	37.8	39	40.2	41.4	42.6	43.8	45
胸 宽	30	31.2	32.4	33.6	35	36.5	38	39.5	41	42.5	44	45.5
小肩宽	11.75	12	12.25	12.5	12.8	13.1	13.4	13.7	14	14.3	14.6	14.9
颈 围	35	36	37	38	39.5	40.4	41.6	42.8	44	45.2	46.4	47.6
省 道	5.8	6.4	7	7.6	8.2	8.8	9.4	10	10.6	11.2	11.8	12.4
上臂围	26	27.2	28.4	29.6	31	32.8	34.4	36	37.8	39.6	41.4	43.2
腕 围	15	15.5	16	16.5	17	17.5	18	18.5	19	19.5	20	20.5
脚踝围	23	23.5	24	24.5	25.1	25.7	26.3	26.9	27.5	28.1	28.7	29.3
脚踝上围	20	20.5	21	21.5	22.1	22.7	23.3	23.9	24.5	25.1	25.7	26.3
背 长	39	39.5	40	40.5	41	41.5	42	42.5	43	43.2	43.4	43.6
前腰节长	39	39.5	40	40.5	41.3	42.1	42.9	43.7	44.5	45	45.5	46
袖窿深	20	20.5	21	21.5	22	22.5	23	23.5	24.2	24.9	25.6	26.3
腰线至膝围线长	57.5	58	58.5	59	59.5	60	60.5	61	61.25	61.5	61.75	62
腰臀高	20	20.3	20.6	20.9	21.2	21.5	21.8	22.1	22.3	22.5	22.7	22.9
腰 高	102	103	104	105	106	107	108	109	109.5	110	110.5	111
股上长(立裆长)	26.6	27.3	28	28.7	29.4	30.1	30.8	31.5	32.5	33.5	34.5	35.5
袖 长	57.2	57.8	58.4	59	59.5	60	60.5	61	61.2	61.4	61.6	61.8
袖长(针织)	51.2	51.8	52.4	53	53.5	54	54.5	55	55.2	55.4	55.6	55.8

2. 英式原型号型尺寸

英式原型号型尺寸表　　　　　　　　　　　　　　　　单位：厘米

160/84/64/88			
胸围：84	颈围：36	胸宽：31.2	背长：39.5
臀围：89	省道：6.4	背宽：33.4	腰臀高：20.3
腰围：64	袖窿深：20.5	小肩宽：12	袖长：57.8
胸围松量：10		臀围松量：4	

（二）英式女装原型制图

1. 制图公式表

单位：厘米

序　号	部　位	公　式	尺　寸
1	衣　长	衣长尺寸，从 a 点向下作垂线	65
2	背　长	背长尺寸，a 点向下。 a 点向上 1.75 得点 b，ab 为后领深	39.5
3	臀围线	腰臀高尺寸，腰围线向下	20.3
4	袖深线	袖窿深尺寸＋(3～5)，得点 c 画水平线	23.5
5	背　宽	背宽/2＋(0.5～1.5)，袖窿线上作垂线向上，ac 之间的 1/2 得到背宽线	17.7
6	后背线	1/4 的袖窿深，a 点向下做水平线得到点 d，d 点向上 2 厘米得 e，过 e 做水平线	5.1
7	后领宽	1/5 领围＋0.3。在 b 点的水平线上	7.5
8	后肩斜线	小肩宽＋(1.5～3)，交于 e 点水平线	13.5
9	胸　围	B/2＋(8～12)，前中心线与 b 点水平线相交	50
10	前领宽	1/5 领围＋(1～2)	8.2
11	前领深	1/5 领围	7.2
12	前肩斜线	前领宽点与 d 点连接线上取点 f，距离为小肩宽＋省大＋0.5 松量，f 点垂直向下 2，为实际肩点 g	18.5
13	肩　省	肩省位 1/3 小肩宽，省道尺寸	6.4
14	前　宽	1/2 胸宽＋1/2 省道宽＋1	19.6
15	侧缝线	前后宽线段之间的 1/2 处	
16	袖　长	袖长尺寸	58
17	袖山高	1/3AH(实际围量)得到 E 点	
18	后袖斜线高	1/3 袖山高距离，上平线向下，得到 C 点。将 EC 的距离还原到后袖窿线上，得 BP 点	
19	前袖斜线高	1/4 袖山高距离，袖山高线向上，得到 F 点，将 FE 的距离还原到前袖窿线上，得 FP 点	
20	前袖山斜线	前衣片袖窿上 C1－FP 的实际长度＋1	
21	后袖山斜线	后衣片袖窿上 B1－BP 的实际长度＋1	
22	袖底宽	衣片上 A1－E1＝袖片上 A－E	
23	袖底斜线	衣片上 BP－A1＝袖片上 AB	

2. 前后衣片原型结构图

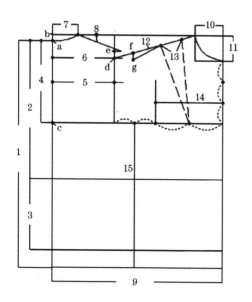

3. 前后身片原型细节尺寸图

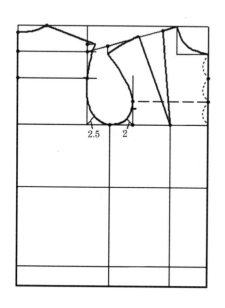

4. 袖窿原型和袖原型结构图

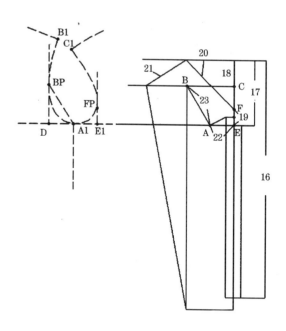

5. 袖原型细节尺寸图

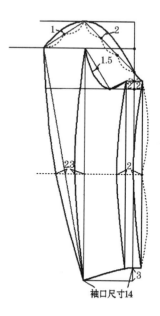

袖口尺寸14

（三）英国女装身片经典分割

以英国原型为基础,女士套装中有两种最为常见的分割形式,一种为四开身,即公主线或刀背式等侧缝在腋下的女装造型,一种是三开身式,即在腋下有一分割小片。

1. 四开身式分割

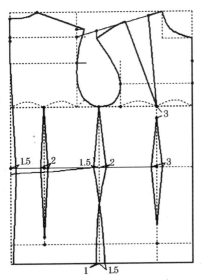

2. 三开身式分割

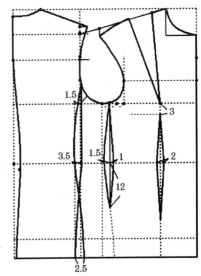

身造型（转省方法见原型应用）。

四开身的分割是女士服装中常见的分割形式，运用多片分割，不仅将胸腰差、腰臀差消化在分割线中，而且运用线条对人体进行修饰。以英国原型为例，将原型的肩省与腰省连接直通至衣边，可得到四开身的西服造型。将肩省转移至袖窿，得到刀背型的四开

三开身的造型脱胎于男西服，更强调服装的整体感和立体感。由于三片的拼接线与人体的转折线（即服装中的前宽和背宽）基本吻合，使得三开身的服装更加立体。因此，三开身式西服是男、女正装中的经典分割形式。

第四节　平面制图原型变化

运用原型基础板变化出各款板型的过程，既包含了制板技术的方法和技巧，也包含着诸多的服装设计要素。涉及从造型轮廓、比例分割，到领型、袖型、兜位、扣位等各个方面的内容。因此，原型应用的技能技巧，不仅使服装设计和技术人员简化服装制板的过程，更便于服装设计的延伸和再创造。

一位优秀的制板师最重要的是对服装造型美的感受，以及将良好的感觉转化成平面制板的能力。将一个优美的领型或服装上的分割线体现在规格尺寸的数字和平面的板型中，需要长期不断地在实践中摸索和总结。

优秀的设计师对于原型应用的熟练和创新，成为拓展设计思路、创造全新服装视觉语言的有力武器。世界上许多服装设计大师都是裁剪的高手。斜裁的发明者20世纪早期著名的设计师维奥内，声称自己是世界上最伟大的裁缝。她独创的斜裁制板方法，影响着一代又一代的服装设计师。活跃在今天时尚舞台上的"鬼才设计师"马克·奎恩也是裁剪高手。在考入圣马丁学院以前，他曾经在服装厂做过多年的缝纫工人。对于裁剪技术的熟练运用使得他的服装造型和细节常常给人以全新的感受。因此，原型的运用是服装的再设计，是服装设计的拓展和延伸。

一、平面上身原型变化

（一）省道常识

省道是将平面的面料转化为符合人体立体造型的重要手段之一。由于人体凹凸曲面的多变和复杂，为了使服装贴合在人体上，将多余的面料捏合起来就产生了省道。

省道兼具结构和装饰的双重功能，以最少的分割达到最佳的效果，是制板师和设计师不可回避的问题。运用省道多变的形式，可以使服装设计变得更加丰富多彩。

1. 形状

省道的形式多种多样，比较常用的有锥形省道、钉型省道、枣核型省道和弯形省道等。

2. 长度

以最常见的锥形省道，即"V"字形省道为例，省道长度依据人体不同部位起伏的形状各不相同。例如，同处于腰围线上的省，后背片的腰省要长于前片的胸、腰之间的省，因为后背的凸起点——肩胛骨距离腰线的位置较胸部的凸点——乳点要高些。又如，前、后裙片的腰省也因为腹部和臀部位置的前高、后低差异而导致省道前短、后长。

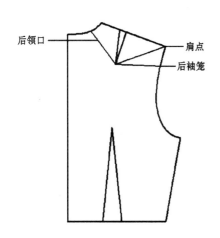

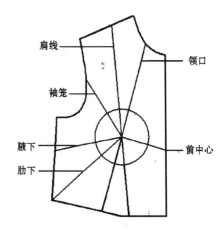

3. 数量及收省量

一个大的省道也可以分解为几个小省，或者转化为折裥、抽褶、半褶等不同形式，也可以巧妙地隐藏在各种分割线中。

当省量过大时，服装局部变形过大则打破了平衡，此时必须分散处理。省的数量必须根据造型需要而设计。

省量的大小则是由人体的凹凸差和服装造型决定的。当要突出某一部位的造型时，省量势必要加大；弱化造型差异部位间时，省量会减小或消失。

4. 位置

省道的位置是灵活多变的，可以放置在领窝、肩线、袖窿、腋下、腰围、前中心线等多个部位。因而形成肩省、胸省、腰省、领省、腋下省等。但无论省道的位置如何变化，其作用是一致的，即解决人体的前衣片胸、腰差，后衣片背、腰差（裙片和裤片）、腰、臀差（后衣片）。因此，省尖一定要朝向人体的凸起部位省道的功能才能体现出来。

设计师根据省的不同用途、不同位置、不同形式进行相应的变化和组合处理，使一件看似普通的服装丰富而精彩。一件著名品牌设计，也往往会在看似寻常中因运用省道的精妙而身价徒增。

（二）乳胸造型与省道变化

女性人体的最大特征是乳胸的凸起。在

女性服装造型中乳胸对应部位的造型是否正确成为关键技术。在乳胸的对应处,即服装前身片上段的造型设计具有很高的技术含量。

1. 胸省转移变化

原型基础板上的胸部省道可以转化为领省、褶或对称的纵向分割线。

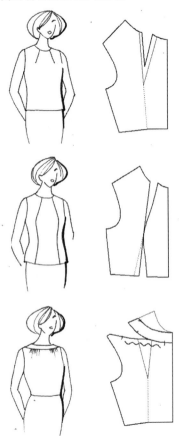

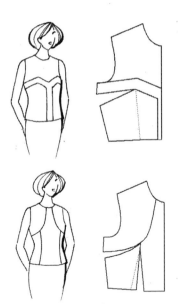

3. 腰省及变化

腰省的变化形式有打活褶、抽碎褶或者褶上做褶。

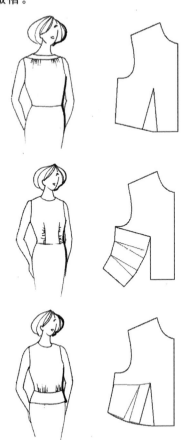

2. 腋下省及变化

腋下省可以乳点为中心转化为分割线形式。或直、或折、或呈弧线。

4. 袖窿省及变化

将袖窿省转化为横向或者纵向的分割线是方便易行且美观大方的。

（三）肩胛骨造型与省道变化

1. 肩背部省道变化原理

以肩胛骨的形状为后背片造型的依据后背省的变化多种多样。后背省道的方向（包括由省道变化为分割线的方向）不同，表达的情感、性格也是不同的。例如，垂直方向的省道表现出身材的修长。垂直方向省道位置不同，表达不同效果。位于肩缝的省道表现出向外的扩张效果；位于后领口的省道则显得更为紧凑，表现出内聚力。水平方向的省道呈现出横向的夸张性，显示臂膀的力度。

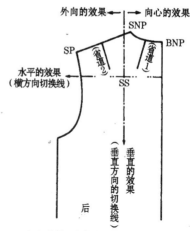

（4）省道、切换结构线美的效果的原则

2. 将后背肩省转化为纵向分割线

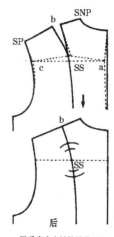

用垂直方向结构线曲面化

3. 将肩省转移至袖窿，或者再变化出横向的过肩缝

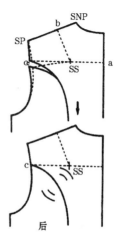

4. 将肩省转移至袖窿,形成弯曲的刀背缝等

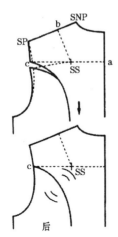

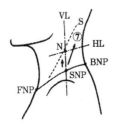

二、平面领子原型变化

领子是服装款式中重要的组成部分,起着装饰和实用的双重作用。领型的设计往往成为整套服装的焦点,其造型也成为不同风格的典型符号。

领子的基本构成元素是领口和领片,领子既可以和衣服连为一体,也可以分开制作。领型可以分为无领、立领、翻领、驳领四大类。

（一）无领领型变化

无领的设计由形状和位置决定。形状的设计较为随意,但领子的形状与位置永远是紧密关联的。

1. 领口的位置设计

位置的设计以颈根围为基础位置,其变化以横向扩展至肩点,甚至臂部,纵向延伸至胸线、腰线等位置。设计可以在规律性里寻找变化的轨迹和突破点。

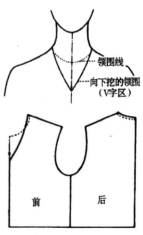

2. 创造支撑

当领口的横宽接近或超过肩点时,需要在设计上为服装设计新的支撑点,因为肩部是服装的主要支点,否则,当领口宽过肩点,又没有其他支撑点时,服装的可穿性会下降,甚至无法穿着。

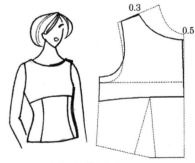

3. 领口纵向变化要点

当领口纵向打开时,领口线的设计应考虑胸部的突起量,不能只考虑到画面中的起伏,而将领口线设计得过于向里凹。

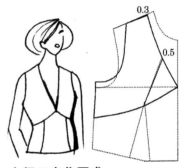

4. 大领口变化要求

另外,大领口,无论是横向开（一字领）,

还是纵向开（V字领）都会涉及领口是否服帖的问题，由于胸部的起伏，使得大领口很容易出现于胸部不贴合的现象。因此，领口都需要做裁片的处理，在肩部、前中心线等位置进行尺寸收缩，这样才能保证美观合体。而与此相反，荡领则是利用人体和裁片之间的空隙，加大两者之间的空间量形成了皱褶的形式。

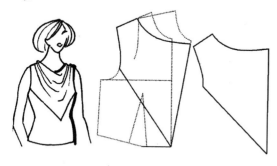

（二）立领的领型变化

立领的设计应以下颌骨与锁骨之间的距离为高度依据，结合颈根围的形状和尺寸决定立领的形式与造型。

1. 立领基本形式

1. 立领的高度通常为 3.5 厘米左右，并可以根据立领的高低设计为后高前低的形式，前后领的尺寸差在 0.5～1 厘米。

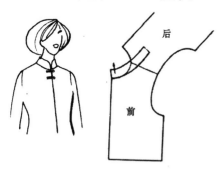

2. 立领领翘变化

立领的设计形式以领片的形状为基础，而领片的上中口和下口的尺寸之差则决定了立领与颈部的贴合程度。如领口的尺寸大时，下口与上口的数值差小则立领离开脖颈。

要想使立领的上口贴合，通常要运用起翘的方法达到目的。

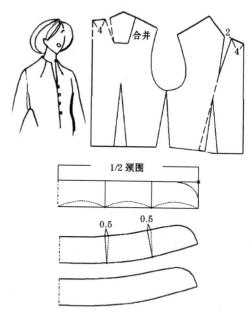

3. 立领与衣身相连

以前、后衣片领口收省的形式使领子造型符合脖颈造型特征。

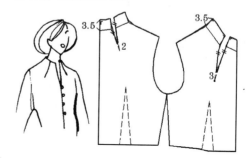

（三）翻领领型变化

翻领是在立领的基础上，增加了领子上口的外弧线长度，使其翻折下来的效果。

1. 一片式女装翻领

翻领可分为一片式的女装翻领和两片式的男士衬衫领。

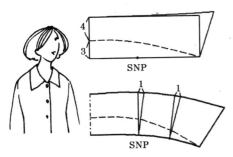

（1）女式翻领领子和领窝的对应关系

（2）靠近颈根的女式翻领

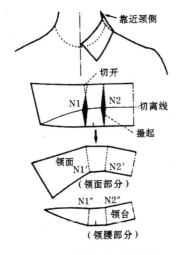

（3）离开颈根的女式翻领

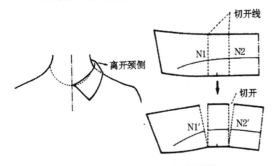

2. 男士衬衫立式翻领（翻折领）

男士衬衫领的立领部分高度一般

为 2.5～3 厘米；翻领的角度和宽度则会依据流行的特点而变化。

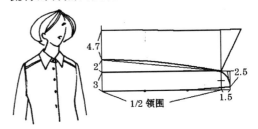

（四）驳领领型变化

驳领的结构是建立在翻领基础之上与门襟相连后一起翻折的领型。因此，驳领的结构相对比较复杂。

驳口线的倾斜角度决定领子是否服帖。

串口线的高低、驳头的宽窄比例和角度是领型造型的主要因素，也往往是套装中主要的流行细节之一。因此对于驳领细节尺寸的了解是十分必要的。

1. 驳领各部位特点及经典变化

驳领结构中的翻领部分：领座高为 3 厘米左右，翻领宽 4.5 厘米左右。

领嘴部分：传统型的驳头角度为 45 度。

驳领和翻领的长度：4 厘米和 4.3 厘米。

衬衫式驳领与西服式驳领的差异在于领座与翻领之间是否分割开来。

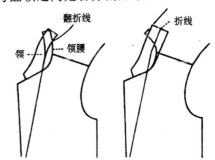

2. 平驳头西服驳领

驳头一般分为平驳头和戗驳头。

在传统的套装款式中，男装为平驳头、单排口、圆下摆。职业女装平驳头样式参考男装。

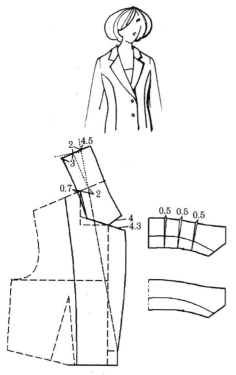

3. 戗驳头西服驳服

男式戗驳头西服为双排扣、直下摆。戗驳头的驳头和翻领宽度比多为1:2或2:3。

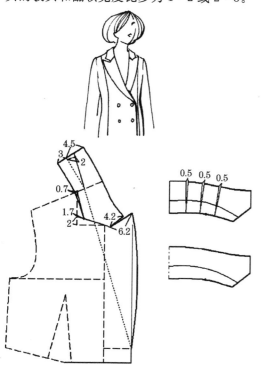

职业女装戗驳头样式也以男装戗驳头元

素为参考依据。

(五)坦领与荷叶领领型变化

1. 坦领与荷叶领领座变化

坦领与荷叶领的领子外口与肩部的弧线完全吻合,从而使领片平摊在肩部,几乎没有立领的高度。坦领与荷叶领是女装中常见的领型,其裁剪简单,造型多变,被广泛应用在衬衫、套装、大衣以及童装学生装中。

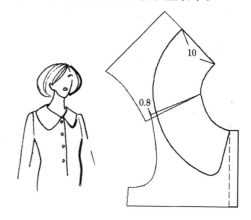

2. 坦领与荷叶领外口线形状变化

坦领的外口线可以是圆顺的弧线(也称娃娃领),也可以为前尖后方的形式(海军领)。

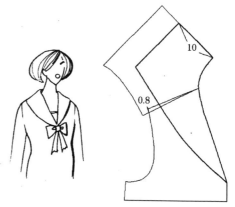

3. 坦领与荷叶领外口线长度变化

将坦领的外口线加长,则会涌出很多的皱褶,即为荷叶领。

三、平面袖子原型变化

袖子从结构上可分为装袖(一片、两片)、连袖、插肩袖、过肩袖、落肩袖。从造型轮廓上可以分为泡泡袖、羊腿袖、喇叭袖、筒袖等,从长度上可以分为长袖、七分袖、短袖。

胳膊是人体活动最频繁、活动幅度最大的部位,袖型设计不仅影响整体的服装造型,也影响到服装肩部与前、后衣片的合理匹配。如果设计师不了解肩、臂部的结构关系和袖身及肩部的尺寸配比,过分追求造型的独特与唯美,就容易破坏服装舒适、美观的基本原则,变为陈列品而非日用品。

袖型设计的关键在于袖型与胳膊的关系和谐。起决定作用的是袖窿深、袖窿宽、袖山高和袖根肥这四个数据之间的配比关系。原型袖窿深距人体腋窝2~3厘米,常规服装可改变其松量大小,下落1~5厘米;无袖的状

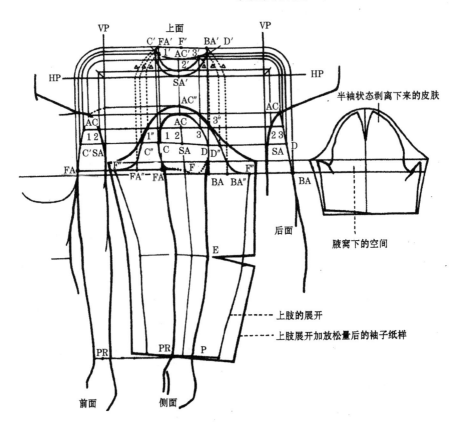

态，则需要上提 1～3 厘米。袖深的改变也会影响袖窿弧线的形状，袖根肥和袖山弧线也应作相应的调整。今天，人们的活动范围越来越大，生活内容越来越丰富，人们对服装的功能性要求也越来越高，实现服装便于活动、合体修身才是袖型的合理设计。

（一）装袖袖型变化

装袖的设计可以分为一片式与两片式，均以袖管和肩部袖窿的连接为主要结构特征，设计通常围绕着肩部造型、袖肘与肘部贴合或分离，以及袖口的形状与工艺细节而实现。

两片袖更加注重合体性造型特征，设计变化的重点在肩头与袖头。其装袖工艺要求较高，缝合时必须圆顺，袖山头的圆润饱满成为服装造型和品质的标志之一。

一片式的袖形相对宽松，板型和制作相对简单。但往往款式变化最多。依据服装肩部绱袖线位置，一片袖可以分为肩点型、落肩型和爬肩型。

以袖片与衣服肩部绱缝工艺的形式可以分为"袖包肩"和"肩包袖"，即缝边的包裹与被包裹关系。前者的袖片弧线要求必须比袖窿弧线长 3 厘米以上，后者的则要短 3 厘米。

装袖的造型最为丰富，有泡泡袖、羊腿袖、喇叭袖、筒袖等。

1. 肩点型散口、下泡袖

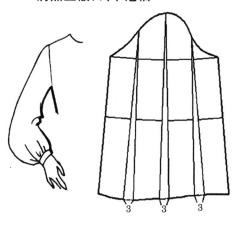

2. 爬肩型羊腿上泡袖

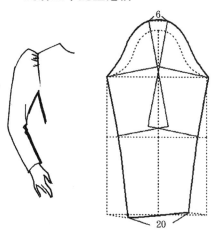

3. 喇叭袖

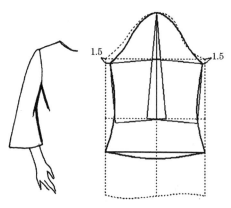

4. 肩线、袖分割线细节变化

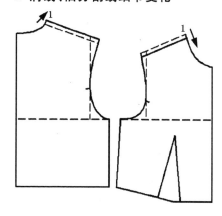

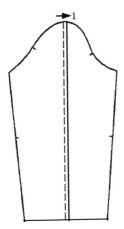

5. 落肩袖也称过肩袖

落肩袖加长了小肩斜线的长度。加长部分可以是肩线的延长线,也可和身片与袖山缝合后的角度相似。

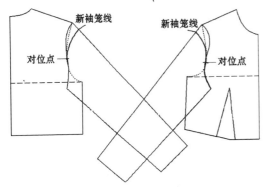

(二)连袖袖型变化

1. 连袖基本形成

连袖是最古老的袖型。袖子从衣领一直延伸至袖口,使袖与衣身形成整体,是我国传统服装的基本造型形式。因此,也被称作"中式袖"。

2. 连袖角度变化

制作连袖的板型之前,首先要将衣片的肩线和袖片的中心线向前移动,使连袖的中缝适合人体的自然前倾和上肢前摆的特点。以肩点为界,连袖可以表现出不同的角度,形成造型差异。当然,必须遵守既便于人体活动又美观的双重原则。

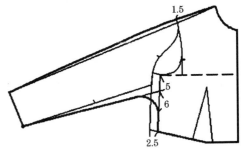

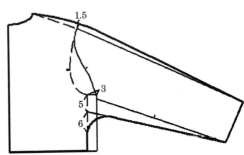

3. 连袖工艺变化

连袖的制作简单,宽松舒适,便于活动。以肩斜线的角度为特点,将袖根肥度的大小和袖口的宽窄加以匹配,设计出直筒型连袖、蝙蝠式连袖、合体型连袖。在合体型连袖中因为需要考虑胳膊的活动空间,通常在腋下加一块菱形布。

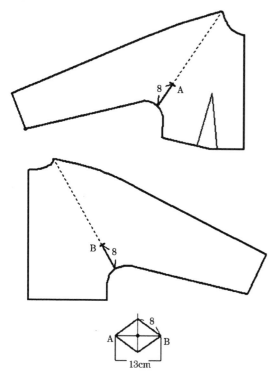

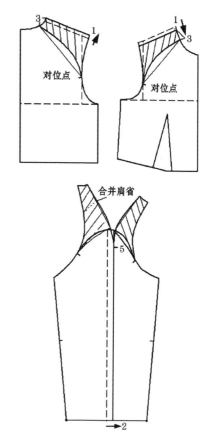

对位点

对位点

合并肩省

（三）插肩袖袖型变化

1. 插肩袖基本形式

插肩袖的袖片与身片的缲缝线在人体锁骨的对应位置，插肩袖板型以原型板的袖山延伸到领围线或肩线上为特征。

2. 袖、身缝线位置与形状变化

插肩袖的设计以袖与衣片的连接线位置为重点内容，因此，插肩袖可分为全插肩和半插肩。插肩的袖片也可以为一片或两片。不同风格和种类的插肩袖缲缝线可以呈直线、折线、曲线的造型变化。

3. 肩头造型与细节变化

插肩袖的肩头造型变化也是设计点。例如，自然肩型、宽厚肩型等。

工艺细节可以形成特点。例如，在缲缝线处加明线、崭子等装饰效果。

（四）落肩袖与爬肩袖袖型变化

1. 落肩袖袖型变化

落肩袖板型特点是肩线延长，袖山降低（袖长减短）。

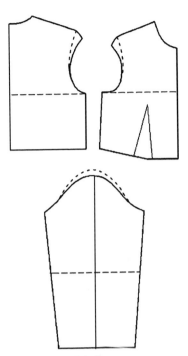

2. 爬肩袖袖型变化

(1)爬肩袖与落肩袖正好相反,减少了小肩斜线的长度。

(2)爬肩袖和落肩袖原理相同,即改变了肩与袖的分割结构。

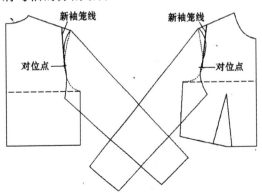

(3)爬肩袖板型特点是肩线缩短,袖山延长(袖长加长)。

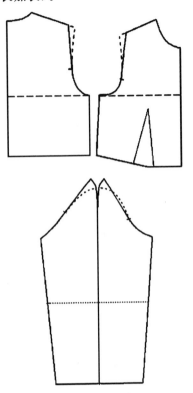

四、平面原型应用

(一)裤子原型应用

裤子的设计可以分为结构设计和轮廓设计。结构设计围绕着立裆至腰部,主要解决服装的合体性和舒适性问题。轮廓设计以裤腿为主要设计点,涉及裤子的长短、裤腿的肥瘦,并因此形成的不同的剪影轮廓。

1. 阔腿裤

将裤子前片板型和后片板型分别从裤横裆两端点顺直向下划线,在裤口处两端对称的位置同时加放相等的量。

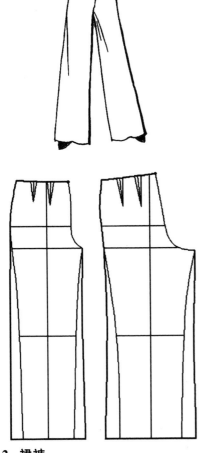

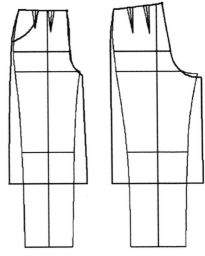

3. 牛仔裤

(1)合身是牛仔裤的特点。在裤前、后片板上最贴身位置画一条横线(一般位于膝围线之上 3～5 厘米)。

(2)然后沿此线与裤挺烫线的焦点对称收缩相同量。并在与裤口线的交点上加放出对称的量。

(3)将前后腰省变化为分割片。

2. 裙裤

裙裤的加放量在裤口上直接获得。注意因为裤口量过大而引起的其他各部位尺寸的匹配问题。尤其在横裆处前、后龙门宽度必须随之适当加放。

(二)裙子原型应用

1. 大下摆裙或斜裙

裙子的合体性、舒适性和活动适应性需要兼顾。因此,其下摆尺寸必须留出足够的余量,否则必须以开叉的形式加以补偿。最常见的方法是剪开省道以加大下摆量。

2. 育克裙

利用裙子的原型,可以转移省道、打褶等。如,育克裙等。

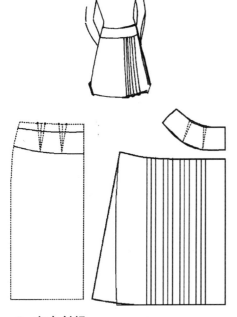

3. 育克斜裙

裙子的各个部位的变化均可以成为设计点。例如,腰头的形状、位置等。还可以将省道转移和剪板加量相结合,设计出育克斜裙。

(三)上衣原型应用

1. 上衣肩宽和袖窿同步变化

在上衣原型上加放松量是有规律可循的,即随着胸围尺寸的增加,肩宽与袖窿深度的尺寸加放成同步变化。

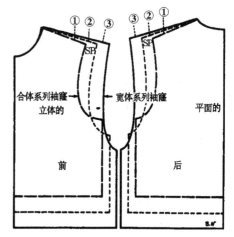

2. 帽子制板的依据(头的大小和肩宽比例)

帽子制板的相关数据不仅局限于头围尺寸,还与头高(即侧颈至头顶高度)和肩宽尺寸密切相关。

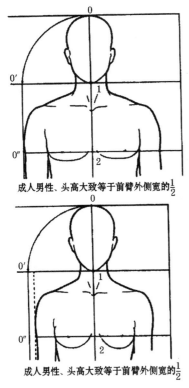

成人男性、头高大致等于前臂外侧宽的$\frac{1}{2}$

成人男性、头高大致等于前臂外侧宽的$\frac{1}{2}$

3. 风帽休闲大衣

休闲大衣上以帽式领最为普遍。帽子下口起翘与领翘的作用相似,而且需要起翘量大些,以保证帽子戴、摘的舒适感。

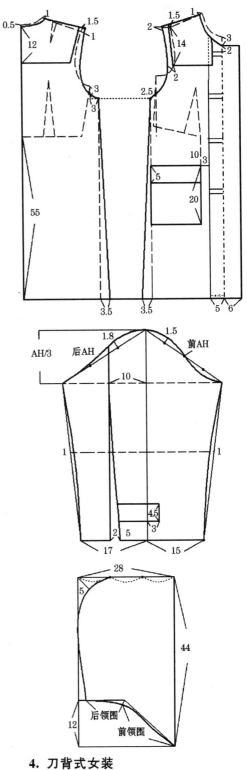

4. 刀背式女装

刀背式女装是较经典的样式,此款特点为小刀背加横省。

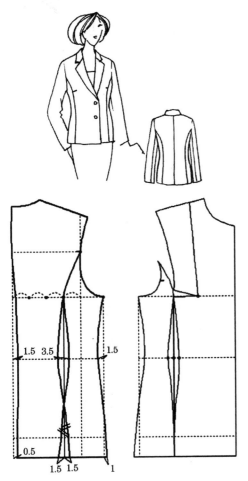

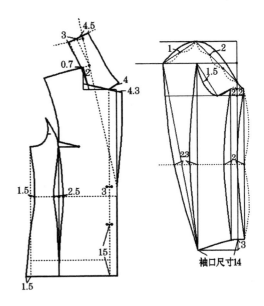

袖口尺寸14

第五节　平面比例制板技法

比例法首先设定服装成品尺寸,并以胸围、领口、腰节等关键部位的成品尺寸为依据,按照一定的比例公式将其他部位的尺寸推算出来,进行制板。

在实际制板过程中,比例法在一些服装款式比较固定、造型比较经典的服装中,比例法发挥出其较大的优势。如,男装、裤子、裙子等。在比例法制板时,对于公式的过分依赖和以成品尺寸作为推导依据,也会造成制板人员忽略人与服装的本质关系,而过分追求服装自身的比例关系,应在此过程中注意。借鉴了短寸和原型制图的方法,使比例法更加科学和具有广泛的适应性。

一、经典男装平面比例制板范例

(一)男衬衫比例法制图

1. 款式特征

男士衬衫的直身造型,平下摆,立翻领,六粒扣,左衣片有一胸兜,后片装过肩,一片袖,袖口装袖头,领、袋、袖头均缉明线。

2. 规格尺寸

单位：厘米

号　型	部　位	衣　长	胸　围	领　围	肩　宽	袖　长
170/88A	规　格	72	110	39	46	60

3. 主要部位比例尺寸

单位：厘米

序　号	部位 / 比例公式	分配比例	尺　寸
1	衣　长	衣长尺寸	72
2	腰　节	号/4	42.5
3	前落肩	$B/20-0.5$	5
4	袖深线	$B/10+8$	19
5	前领宽	$2/10N-1$	6.8
6	前领深	$2/10N$	7.8
7	前肩宽	$1/2S-0.5$	22.5
8	前　宽	$1.5/10B+4$	20.5
9	前胸围	$B/4-1$	26.5
10	后领宽	$2/10N+0.5$	7.1
11	后肩宽	$1/2S+0.5$	24
12	后落肩	$B/20-1.5$	4
13	背　宽	$1.5/10B+5$	21.5
14	后胸围	$B/4+1$	28.5
15	袖　长	袖长-袖头宽	54
16	袖根肥	$1.5/10B+6$	23.1
17	袖山高	$AH/2$	10.8
18	袖　口	袖口大+褶量	25
19	领　大	$N/2-0.5$	19

4. 男衬衫衣片结构图和细节尺寸图

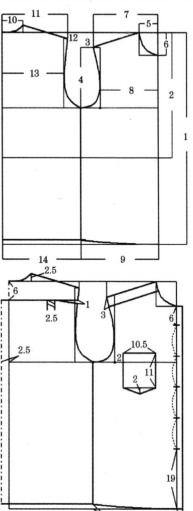

5. 男衬衫袖子结构图和细节尺寸图

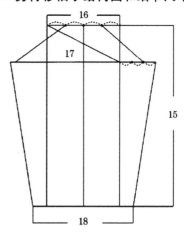

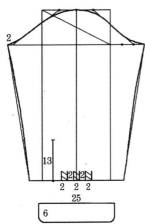

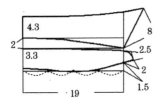

6. 男衬衫领子结构图和细节尺寸图

（二）男西服比例法制图

1. 款式特征

平驳头，单排两粒扣，下摆圆角，前片有腰省。

2. 规格尺寸

单位：厘米

号　型	部　位	衣　长	胸　围	肩　宽	袖　长	袖　口
170/88A	规格	75	106	46	59	14.6

3. 主要部位比例尺寸

单位：厘米

序　号	部位 / 比例公式	分配比例	尺寸
1	衣长	衣长尺寸	75
2	腰节	号/4	42.5
3	前落肩	B/20	5.3
4	袖深线	B/10+8.5	19.3
5	前领宽	前宽1/2	10.2
6	前领深	定寸	11
7	前肩宽	1/2S+1	24
8	前宽	1.5/10B+4.5	20.4
9	前胸围	3.5/10B～3.5+1.5	35.1
10	袖窿翘	5～5.5	5
11	后领翘高	上平线向上	2.3
12	后领宽	2/10N−0.3	8.1
13	后肩宽	1/2S+0.5	24
14	后落肩	B/20	5.7
15	背宽	1.5/10B+4	21.2
16	袖长	袖长尺寸	60
17	袖肘线	1/2袖长+3	33
18	袖山高	B/10+5.5	16.1
19	袖根肥	1.5/10B+5	20.9
20	袖口	袖口尺寸	14.6

4. 男西服衣片结构图和细节尺寸图

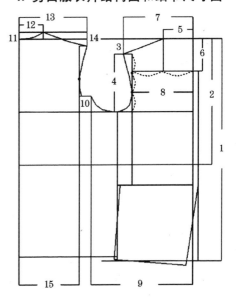

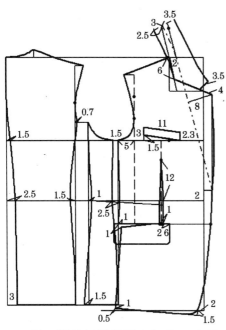

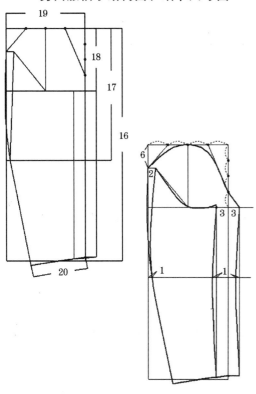

5. 男西服袖子结构图和细节尺寸图

（三）马甲比例法制图

1. 款式特征

V 字形领，收腰，五粒扣，前衣身四个挖

兜，前后有腰省。

2. 规格尺寸

单位：厘米

号　型	部　位	衣　长	胸　围	腰　节	肩　宽
170/88A	规　格	57	96	42.5	38

3. 主要部位比例尺寸

单位：厘米

序　号	比例公式 / 部位	分配比例	尺寸
1	衣长	衣长尺寸	57
2	腰节	号/4	42.5
3	前落肩	B/20－0.5	4.3
4	袖深线	B/10＋9.5	19.1
5	前领宽	B/20＋3.1	8.4
6	前肩宽	1/2S	19
7	前宽	1.5/10B＋2	16.4
8	前胸围	B/4－1.5	22.5
9	后领宽	同前领宽	8.4
10	后肩宽	1/2S＋0.5	19.5
11	后落肩	B/20－1	3.8
12	背宽	1.5/10B＋3	17.4
13	后胸围	B/4＋1.5	25.5

4. 马甲衣片结构图和细节尺寸图

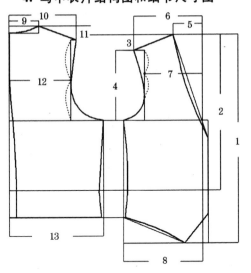

结构图

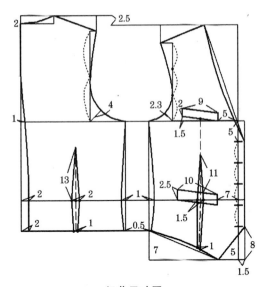

细节尺寸图

2. 规格尺寸

单位：厘米

号　型	部　位	衣　长	胸　围	领　围	肩　宽	袖　长	袖　口
170/88A	规　格	72	114	42	47	60	16

3. 主要部位比例尺寸

单位：厘米

序　号	比例公式部位	分配比例	尺寸
1	衣长	衣长尺寸	72
2	腰节	号/4	42.5
3	前落肩	B/20	5.7
4	袖深线	B/10＋8	19.4
5	前肩宽	1/2S－0.5	23
6	前领宽	2/10N－0.3	8.1
7	前领深	2/10N＋0.3	8.7
8	前宽	1.5/10B＋4	21.1
9	前胸围	3.5/10B－4＋1	36.9
10	后肩宽	1/2S＋0.5	24
11	后落肩	B/20	5.7
12	背宽	1.5/10B＋4	21.2
13	后领宽	2/10N－0.3	8.1
14	袖隆翘	4.5～5	5
15	袖长	袖长尺寸	60
16	袖肘线	1/2袖长＋3	33
17	袖山高	B/10＋5	16.4
18	袖根肥	1.5/10B＋5	22.1
19	袖口	袖口尺寸	16
20	领大	N/2－0.3	20.7

（四）中山装比例法制图

1. 款式特征

翻领，两片袖，前身四个带盖贴兜，五粒扣，收腰。

4. 中山装衣片结构图和细节尺寸图

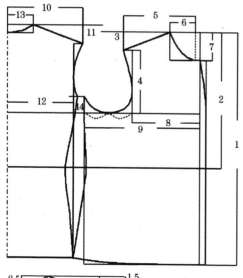

5. 中山装袖子、领子细节尺寸图

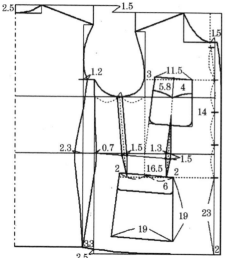

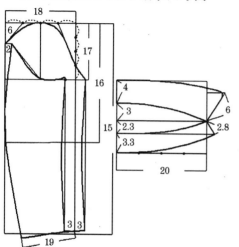

二、西裤、旗袍平面比例制板范例

（一）男、女西裤比例法制图

1. 款式特征

直筒西裤，前裤片为一活褶和一活省，侧直插兜，后片双省，挖兜。

2. 规格尺寸

单位：厘米

号　型部　位	裤　长	腰　围	臀　围	裤　口	立　裆
170/78A　规　格	103	80	102	44	28

3. 主要部位比例尺寸

单位：厘米

序　号	比例公式部位	分配比例	尺寸
1	裤长	裤长－腰头宽	99
2	立裆	立裆－腰头宽	24
3	臀高线	立裆/3	8
4	中裆	臀高线至裤口的1/2	32
5	前臀围	H/4－1	24.5
6	小裆宽	H/20－1	2.1
7	前裤口	裤口/2－2	20
8	后臀围	H/4＋1	26.5
9	大裆宽	H/10	10.2
10	后裤口	裤口/2＋2	24
11	后腰围	W/4＋1＋省	25
12	前腰围	W/4－1＋省	23.5

4. 裤子结构图和细节尺寸图

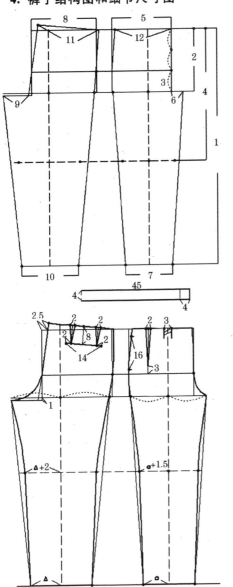

(二)旗袍的比例法制图

1. 款式特征

立领,前片右偏襟,收侧胸省,前后片收腰省,臀部合体,左侧缝装拉锁。

2. 规格尺寸

单位:厘米

号 型	部 位	衣长	胸围	领围	腰节	肩宽	袖长	臀围
160/84A	规 格	116	90	36	3 9	39	22	9 4

3. 主要部位比例尺寸

单位:厘米

序 号	比例 公式 部位	分配比例	尺寸
1	衣长	衣长尺寸	116
2	腰节	腰节尺寸	39
3	臀高	腰节线向下	17.5
4	前领宽	2/10N−0.8	6.2
5	前领深	2/10N	7
6	前肩宽	1/2 肩−0.8	18.7
7	前落肩	0.5/10B	4.7
8	袖深线	1.8/10B+0.5	17.6
9	前宽	1.8/10B	17.1
10	前胸围	B/4+0.5	24.25
11	后领宽	2/10N−0.4	6.6
12	后肩宽	1/2 肩+1.5	21
13	后落肩	0.35/10B	3.3
14	背宽	1.8/10B+0.5	17.6

序 号	比例公式 部位	分配比例	尺寸
15	后胸围	B/4−0.5	23.25
16	袖长	袖长尺寸	22
17	袖山高	B/10+2	11.5
18	领大	N/2	17.5

4. 旗袍衣片结构图和细节尺寸图

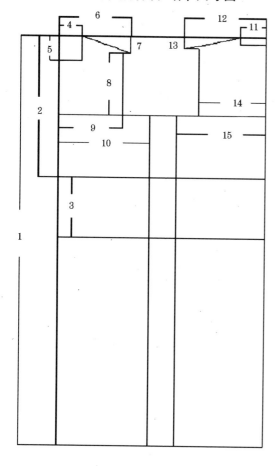

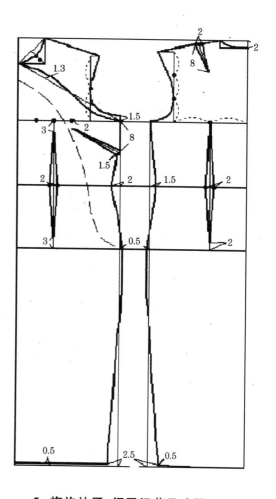

5. 旗袍袖子、领子细节尺寸图

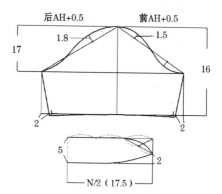

第四章 服装基础裁剪技术

基础裁剪是指将板型放置在布料上所进行的单件衣服的剪裁，或者在布料反面直接画出粉印再剪裁的过程。因此有关裁剪的知识主要有：用料率估算，板型摆放，纱向确定，排料方法等。在不同图案的布料上裁剪时，要根据图案的特点合理铺放纸板。

另外，在剪裁之前（或之后）需要在裁片上标示出缝线的印记，以便达到准确缝制的目的。标印记的方法很多，在不同布料上应该使用不同的方法。在具体裁剪时，还必须熟悉各裁片和裁片各边缘的缝边宽度，在不同种类的服装上缝边宽度是不相同的。

第一节   排料常识

一、服装用料率估算

（一）各种材料用料率差异

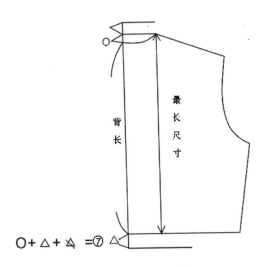

服装用料率是由穿着服装的人的身材、服装的尺寸、布料的幅宽、图案的大小、有无毛绒及图案所形成的方向性等因素决定的。

因此，每件衣服用料率的差异是很大的。最准确的方法是先在商店中选好布料，再将其幅宽标在裁剪台上，然后将纸板在台上有效宽度内排放好，找出最合理、最省布的方案，即可以得知所裁服装的用料数了。但是以上的条件在大多数情况下是不容易满足的。

1. 普通面料

对常见的服装，如衬衫、抽褶裙、喇叭裙、长裤、裙裤、睡衣、松身式连衣裙、断节式连衣裙、西服在使用不同幅宽面料时做用料率大概估算可作为服装用料率基础数据。

2. 对花对格面料

需要对花、对格的布料和因有毛而具有方向性的布料的用料率要酌情增加 $10\% \sim 30\%$。

3. 宽幅面料

如果布料的幅面较宽，则容易将纸型插排，因此有可能使用料率减少 $20\% \sim 30\%$，但是在此时决定用料率之前必须先制图，制纸型，并在同布料幅宽相同的地方摆放、比试之后，再得出准确的数值。

（二）各种服装用料估算

单位：厘米

服装种类	幅度	用料计算公式
衬衫	90	（衣长＋8）×2＋袖长＋4
	140	衣长＋8＋袖长＋4
抽褶裙 （裙摆不宽于幅宽） 紧身裙	90	（裙长＋8）×2
	140	裙长＋8
	里布90	
喇叭裙	90	（裙长＋10）×3～4（根据布料丝道和下摆宽度而变化）
	140	（裙长＋10）×1.5～2（根据布料丝道和下摆宽度而变化）
	里布90	（裙长＋7）×2（减去裙摆的喇叭量）
裤子 裙裤	90	（裙长＋8）×2
	140	裤长＋8
	里布90	（裤长＋8）×2
睡衣 松身连衣裙	90	（裙长＋10）×2＋袖长＋4＋领片宽（约10厘米）
	140	裙长＋10＋袖长＋4＋领片宽
断节连衣裙 （收腰式连衣裙）	90	（背长＋7＋裙长＋8）×2＋袖长＋5
	140	背长＋7＋裙长＋8＋袖长＋5
	衬裙90	（裙长＋5）×2
西服	90	（衣长＋8＋袖长＋6）×2
	140	衣长＋8＋袖长＋6＋领片宽（约30厘米）
	里布90	（衣长＋4）×2＋裙长＋4

此表中的计算公式以成年女子的 M 号（即中间标准体 160/84）的参考尺寸为基准。加号后面的数字是加入缝边宽度的数据。例如，在"背长＋7"中，7 是后身片中最长处除去人体背长尺寸之外的后领窝深尺寸与上下缝边宽度的总和，即 7 厘米。

二、服装板型与布料丝道要求

（一）板型上标识与关键线含义

为使板型按照要求准确地对准布料的丝道，以裁剪出合格的裁片，首先需要找到板型上的各种标识记号和几条关键线。

1. 直丝道标识

在任何服装板型上均应带有其对应裁片布料的经纱方向标识记号。

2. 毛向标识

使用带有毛向布料制作服装时，在各个结构板型上必须标明毛向符号。

3. 代表性标识

在没有标识经纱方向和毛向的板型上，所谓关键的线大多为标注布料直丝道经纱方向的代表线。例如，上衣前片门襟的前中央线、上衣后片正中的后中央线、穿过袖山顶点到袖口中点的袖中央线、领片后中央的对折线以及裤片上的竖挺线、裙片上的前、后中央线等。

4. 要求

将板型上的各种标识线和关键的线严格地对准布料的某一条经纱，丝毫不歪斜。

（二）上衣板型与布料丝道要求

一般上衣由衣身、袖子、领子、口袋组成。上衣的板型可以分为衣身前片、后片、袖片、领片、袋片等。

1. 衣片与袖片

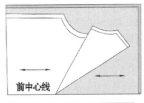

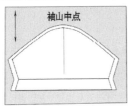

布料的直丝道（经纱方向）应该与衣片长度、袖片长度相吻合，一般衣身的前片、后片和袖片上均标注有指向长度方向的布料直丝道符号，以反映该裁片对布料丝道的要求。

普通袖片的丝道方向应该以袖山顶点至袖口的垂线为直丝道标记，当袖片板型摆放在布料上时，要以此标记对准布料的直丝道。

2. 领片与袋片

上衣的领片和袋片的丝道依款式而决定。

一般西服领领面的后中央宽度方向为布料直丝道；夹克衫、两用衫、男衬衫领片的长度（围度）方向为布料横丝道。有些时装领的领片则要求使用正斜料。此时，在领片上肯定也标注了"/"或"\"等符号作为裁剪时对应布料直丝道的方向。口袋的丝道一般应与衣身前片的丝道相一致（如果口袋装在衣身前片上）。在时装中因为口袋的装饰效果得到人们越来越多的重视，所以用带有条、格或图案的布料做上衣时，袋片的丝道往往是设计

师刻意规定的。

3. 过肩

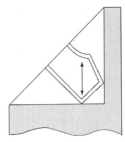

经典男衬衫的后过肩一般为直丝道。利用条、格布料制作休闲衬衫时，也可以使用正斜丝道布料。使用时先将布料按正斜丝道对折，然后再铺放纸板，铺放时注意使纸板上的丝道标记对准布料直丝道。

（三）裤、裙板型与布料丝道要求

1. 裤子板型对布料丝道的要求

裤子的裁片分为裤前片、裤后片和裤腰片等。

裤子的前片和后片的长度方向对应布料的纵向，裤腰片的长度（围度）方向对应布料的直丝道。

2. 半截裙板型对布料丝道的要求

一般两片裙的裁片可包括裙前片、裙后片以及裙腰片。

半截裙裁片丝道的要求与裤子相同，也是裙身片长度方向与裙腰片长度方向对应布料的直丝道。

斜裙的裙片长度方向一般与布料的正斜方相对应，所以在斜裙的裙片板型上均标有所对应布料纵向的符号。

各种时装裙千变万化，其裁片的丝道也会各异。因此，各种款式的半截裙板型上均带有布料直丝道标注符号。

（四）利用布料光边排料

1. 合理利用布料光边

布边具有顺直、紧密、整齐的特点，合理利用布边可以使服装排料相应简化。因此，

在裁剪时,常常将衣前片的门襟内边缘、裤前片的插袋口处对应布边。

2. 天然的直丝道标志

布边的最大作用是指示布料的直丝道,布料上所有的经纱均为与布边相平行的线,所以当摆放板型于布料之上并需要找出布料直丝道时,可以根据布边的走向找出一条与之平行的经纱对准板型上关键的线。

3. 与布边平行的线均为经纱

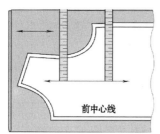

前中心线

寻找与布边平行的任意一条经纱都是很容易的。先用直尺从布边向内找到所需要的经纱上的任意一点,然后平行移动直尺,从布边上的另外一点向内量出与上次相等的距离并画出标记,最后将两次量出的两个点连线,这条线便是所要寻找的经纱。当铺放板型时,无论怎样排料,都必须将板型上关键的线对准布料上相应的经纱。因此,利用布边寻找任意一条经纱的方法是经常被使用的。

三、排料的铺布方式

一般款式的服装都体现着人体的对称美。上衣的左、右衣身对称,两袖对称,领角对称,裤子的两腿对称,半截裙的两侧对称等。在打板时,相同的衣片只需打一片,两侧对称的衣片只需打对称轴线的一侧,即半片。但是在打好板后再行裁剪时,则应该从用料位置、所裁片数等各个角度充分考虑衣片的对称问题。

（一）对折法

最容易获得对称裁片的方法就是将面料对折起来裁剪。对折的方法有以下两种。

1. 横向对折

横向对折的方法是将一侧布边提起折向另一侧布边,折线处为布幅宽度的正中线。此时即得到一侧为两条布边重叠(双层布边),另一侧是折回线的、半幅宽度的布料。此时,裁剪衣身后片非常方便,只需将半片板型的对称轴线(即后中央线)与布料的折回线一侧对齐,裁剪后便可以直接得到整片的后背衣片了。

2. 纵向对折

纵向对折的方法是将布料的两个端头重叠,从而使待裁剪的重叠布料不改变幅宽。此时摆放板型有时相对节省布料。但是当布料折叠时,不可以裁剪上衣的后背身片,只能先将用料部分计划好,待裁剪完两两对称的衣片后,方可将剩下的布料重新对折,再完成衣身后片的剪裁。

纵向对折不适合于裁剪带有方向的布料。例如,灯芯绒、长毛绒以及纵向不对称的条、格、花布等。纵向对折会使这类布料的所有对称的裁片的方向均两两相反。

（二）对铺法

为避免纵向对折对布料的限制,可以用双层对铺的方法。双层对铺法是将面料裁成等大的两块,布面相对、方向一致重起来裁剪。

1. 保证方向一致

对铺法可以保证带有方向性布料进行裁剪后,所获得的所有裁片对称而且方向一致。

2. 提高用料率

对铺法较纵向对折法的用料率高。

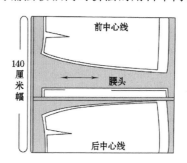

（三）局部翻折法

由服装结构、款式决定，有时需要采用局部翻折法，即非对折法。

1. 确定翻折量

两片裙的裁剪法就是将两侧布边分别提起，同时折向布幅中，根据半截裙前、后片板型的放置位置及所用布料的宽度来确定两侧不同的翻折的量。

2. 注意布边因素

局部翻折时应该注意布边的因素。要利用布边将翻折线与经纬重合，方可照顾面料的丝道。当布边在裁剪中先行剪掉时，要在其他部位先行标上布料丝道的符号，以避免可能因丝道辨认不清而出现的问题。

（四）斜裁法

在时装裁剪中，斜裁也是常见的方法。例如，斜裙、衬衫过肩、袖头、口袋等。

斜裁可以利用面料的图案，局部或全部地改变其图形方向而使服装显得活泼、生动。斜裁可以利用面料的性能，因为斜丝道具有最大的悬垂性。

1. 正斜

斜裁时首先要找到布料的正斜方向。将布料的一角掀起，使布边（或一条经纱）与一条纬纱重合，便得到了一个折叠的等腰三角形。折线方向便为 45 度正斜。并以正斜的折线为轴线裁剪出左、右对称的裁片。

2. 长度适当缩减

不同质地、不同织法布料的正斜方向的悬垂效果差异很大。因此，当进行斜裁时，板型的制作和放置必须与面料性能相符合。例如，裁剪斜裙时，考虑到面料悬垂后正斜方向会适当被拉长的因素，应该在打裙片板时，将裙片的长度适当缩减。当然其缩减量必须在反复试验的基础上加以确认。

3. 裁剪补偿

如果打板时不考虑布料悬垂的因素，待裁剪时再行弥补也是可以的。此时，可将折叠好的正斜布料平放在裁台上，用手抓住一个端角轻轻拉伸，拉伸布料时必须依靠布料的自然变化尽最大可能到位，切不可人为地使布料拉得过长。将轻轻拉伸的斜布放平，再对准折线摆放板型，便可以得到基本正确的裁片了。

4. 必要的修整

斜裁的裁片在缝制时应该得到必要的修整。例如，斜裙在绱好裙腰后，还需要通过试穿甚至垂吊数日后修整裙摆，以使之与地面等距。

四、排料铺板方法

将所裁服装所有部件的板型合理地放置在布料上，达到最大限度的紧凑，并且符合板型对布料丝道的要求，如此排料完成之后，用料率可以得到最高值。

一般单套（件）服装的排料均采用对折布料的方法，但具体排料依排料方向的差异也可以分为顺向排料法、插排法和拼排法三种。

（一）顺向排料法

顺向排料是最规范的排料方法。顺向排料的特点是指所有板型的摆放方向依各部件穿于人体后的方向而定。例如，衣身片的肩部在上，而衣摆在下，袖山在上，而袖口在下，因此，在布料上放置板型时，衣身片的衣摆和袖片的袖口应该是一致的。

1. 适合性

顺向排料最适合带有方向性的布料。例如，带有方向的长毛织物、灯芯绒、丝绒以及带有方向的印花、格、条布料等。

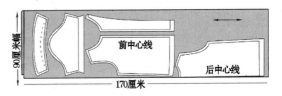

2. 用料率

顺向排料的用料率较高,在幅宽为90厘米的布料上放置衬衫板型排料,用料约为170厘米。

（二）插排法

插排法的特点是不计较板型的摆放方向,以最大限度地节省布料为原则,但是切忌忽视板型对布料丝道的要求。

1. 上衣

一般上衣的衣摆部分较宽,肩和袖窿部分较窄。在排料时,前身片和后身片的袖窿部分可以相互咬合,咬合部分的长度则为节约下来的布料的长度。如图所示,同样是用90厘米幅宽的布料排放衬衫板型,一般用料约为150厘米,可以节约布料20厘米左右。

2. 西裤

西裤的排料亦如此,裤片的下口部分较窄,前、后裤片互相交错,宽腰部分与窄口部分排一起,两两交错,使面料的使用最为合理。

使用插排法时对布料有所要求,所有带方向性的面料均不在此范畴。一般素色精纺料、不带有方向性的印花、条、格料等均可以

采用插排法排料。

（三）拼排法

拼排法的目的是节省布料。为此,将一些裁片的适当部位进行分割,然后再行拼接,以不影响服装的外观为原则。拼排法只适宜中、低档服装。

1. 拼接部位的选定

拼接部位的选定十分重要。从服装的直观效果考虑,拼接不可以在衣服的前身进行,只允许在其后身或不暴露在外的贴边处。一般为衣袖的后臂处、门襟或领里、贴边、裤后裆等。

拼接的块数也是有限定的,每一裁片允许一处至两处。例如,袖片拼接只允许一处,领里、门襟里允许两处。

2. 拼接尺寸限定

拼接的尺寸有严格的限定。例如,门襟里的接缝处距衣摆边不能小于10厘米,裤后裆与袖后弯处的拼接布宽度不得窄于3厘米,领里的拼缝处距离领角不得小于5厘米等。

3.“借身”法

“借身”法也属于拼排法的一种无缝拼接方式。当布幅宽度影响排料时,可以将衣身的前片与后片、半截裙的前片与后片的横向尺寸互相借补。例如,衣前片减少宽度1厘米时,后衣片则增加1厘米。

第二节　花布分类及排料

选用带有条、格及各种图案的花纹布料进行剪裁之前,必须详细地审视布料,辨别其花纹的种类,然后采取相应的措施,合理地、巧妙地安排布料、放置板型,这是制作出漂亮的服装的必要手段。

布料的花纹有许多种。例如,散花式的,规律性排列的,无方向性的,有上、下方向性

的,有左、右方向性的,上、下方向和左、右方向并存的,带花边图案的,等等。

一、自由散花型布料排料

自由散花型也可以分为大花型和小花型。如果是小花型的而且无明显的方向性则

不必考虑许多，可以随意剪裁，活泼、零散的朵朵、簇簇很容易使得服装生动、美丽。

（一）确定主花型方向、位置

1. 主花型方向

自由散花型纹样的布料一般无明显的方向性，但是其主花型往往又带有方向性。所以，所谓自由散花型只是排列活泼些。首先找到一组明显的主要花型，以其花头方向为布料上方向。

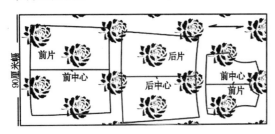

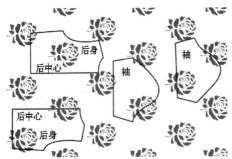

2. 主花型位置

安排好花型在服装上的位置。虽然自由散花型无强烈的规律性，但花型图案的大、小与疏、密都可以产生视觉上的均衡感，体现在服装上的视觉作用非同小可。

（二）大花形布料排料

大花型布料必须慎重对待，其方向、位置、总体感觉、局部处理等都必须照顾到。

由于服装的样式不同，布料上的图案排列也各种各样，所以在大花图案的布料上剪裁服装的方法不能一概而论。

大花型图案的布料的使用，应该以不破坏图案的整体美为原则，并且要掌握好图案与服装的平衡。

1. 安排大花位置

首先要决定图案安排在前身片的哪个位置最好。此时，要观察花型大小、间隔、前身片的尺寸。

2. 确定图案中心

如果花型图案是一组一组的，要找到图案中心，将一组图案安排在前身片的一处时，还要注意另外的几组图案落在何处，重心是否稳妥，左右、上下是否均衡。如果没有把握，可以先画出设计小样，在设计图上将花纹的位置关系标明确，观其效果。

3. 分片裁剪，追求平衡

如果花纹过大，在正常排料时，图案不能落在最理想的位置上，或缝线破坏图案或者图案的方向单一性及对称性等，应该把中心线标出来，先保证前身片上花型的最理想位置，并且注意在裁片上有些部分是在人体的正面，将左、右身片、前、后身片、袖片等裁片分别完成，使其调整到最佳状态。

4. 排料的合理性

在处理花纹在服装上的位置的同时，不仅要考虑美观，还要尽量省料，做到排料的合理性。

二、横条纹图案布料排料

在使用横纹布料时，一定要注意条纹的水平，即条纹与前、后片衣身中央线的垂直关系。此时，服装的端正、严谨的内在质量才能得以保证。

（一）寻找吻合关系

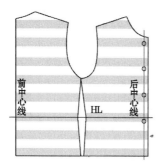

使用横条纹布料制成的服装，不可避免地使人联系人体躯干部分的横向结构线。例如，肩线、腰线等。

如果布料上的横条纹与人体的结构线相吻合，可以使人感觉到人体结构的健康，从而体现出健美的人体线条，否则会造成人体腰节过长或过短的视觉误差。

1. 醒目条纹与腰线吻合

在宽、窄不一的横条布料上，还应该找到一根最醒目的宽条纹放在腰节线位置上，方可达到预想目的。

2. 较宽的横条纹的身片与袖片吻合

在较宽的横条纹布料上，安排身片与袖片时，须注意在袖窿和袖片缝合的前胸宽点缝合处的吻合关系。

3. 保证把缝处条纹齐整

（1）把缝斜度相同

使前、后身片的侧把缝斜度相同，即前、后片具有同样的胸围、臀围局部尺寸量，以保证把缝处条纹齐整。

（2）省道下方对准

腋下省服装排料时，应确保前、后身片省道以下部分对准横条纹，省道以上部分条纹状况可忽略。

（二）设计省道位置

为保证横条纹布料的图案完整性，省道的长短、省道的具体位置、角度都必须精心设计。

在不改变服装造型的前提下，精心设计省道的位置。

1. 腋下省道适宜

由于胳膊自然下垂时可以遮住腋下的部分身片，因此使用横条纹布料剪裁最适宜直接收腋下省道。

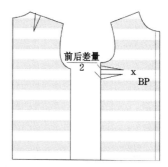

2. 宽领遮住领窝省道

当服装上配有省较宽的领片时，可以将腋下省转移到肩线或领窝处，使之恰好顺应款式中的某种机会，最大程度的隐蔽省道缝线。

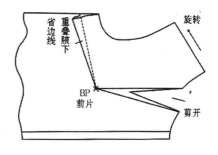

3. 省道融于松量

以平面的服装身片最大限度地满足胸部曲线的容量，降低袖窿深线，加大横向、纵向的尺寸，把胸省量消化在松量之中，使得缝合工艺被简化。

4. 收省数量服从条纹宽度

可以根据条纹的宽窄决定收省的数量，无论一个省道或两个省道，要以尽量少地破坏条纹整齐为原则。在收两个省时，应该注意省位尽量距离小些，省尖均匀对准以 BP 点为中心的位置。省尖距小于 5 厘米为宜。

三、纵条纹图案布料排料

纵条的上、下贯通,会产生与人体纵向结构之间关系的联想和心理共鸣。因此,必须恰当地使用纵条的位置,有意识地达到与人体结构或者服装结构的某种巧合。

(一)纵条纹上衣排料

1. 纵条纹中心线吻合

(1)衣身中心线吻合

衣身前片的前中央线与衣身后片的后中央线是衣身上的关键部位,这两条线是人体的脊柱位置,是整个人体形成左半身与右半身的对称轴线。因此,纵条布料上较明显的粗条应该对准前中央线和后中央线使用。

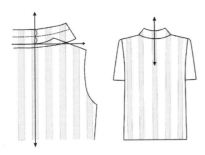

(2)袖子中心线吻合

袖子的中心线也是最为人们注视的位置。因此,袖片中心线也必须有一条明显的纵条纹。

(3)领子中心线吻合

裁剪领子时要注意领子的纵向条纹与身片纵向条纹的吻合关系。

另外,使用后中心线对接的正斜裁的领子也可以收到新颖、活泼的效果,而且免去了对格、条引起的布料不足问题。

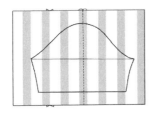

2. 纵条纹单、比片裁剪与拼接原则

(1)单片裁剪

裁剪条、格布料的正确方法是一片一片地剪裁,因为将布料折成双层时很难使上、下片的格、条完全一致,所以尽管费事、费时,也必须以保证衣服上的条、格左右对称为原则。

(2)双片裁剪

将两片布料重叠起来一齐剪裁的方法也是有的,此时必须将上、下两片布料的条、格对齐,并且用别针在几处加以固定,然后再行剪裁。

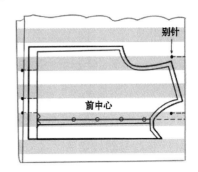

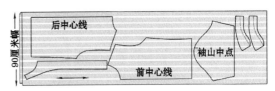

(3)拼接

如果因布料不足而使服装的不明显部位必行拼接时,也要使拼接处的条纹相吻合。

3. 身片和口袋图案的关系

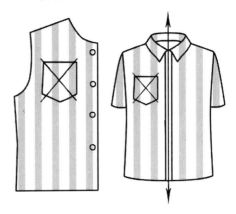

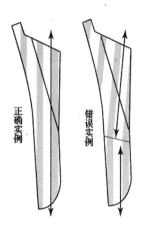

风格庄重、严肃的较传统服装上的明贴袋或口袋盖的布料丝道,应该与身片的布料丝道严格一致。例如,男西服。又如,一般衬衫的明贴袋也需要使用与身片相同的丝道,裁剪口袋布时,要首先考虑其所在身片上的位置以及此位置的条、格的分布。

在风格活泼、追求变化的各款时装中,明贴口袋或口袋盖的丝道是刻意变化的。特别是对于条、格服装,其口袋或口袋盖往往使用正斜料,以表现服装的装饰美。

4. 西服翻驳头条纹图案的处理

西服的驳头翻开后与衣领连成一体,占据了最醒目的位置。所以,其条纹的利用是否得当,关系到西服的外观质量。

当面料上的条纹不明显,而且西服的驳头边线与门襟贴边边线所形成的倾角不大时,可以使用直丝道布料剪裁驳头面和门襟贴边,无需分别找条、缝接。

在剪裁贴边和驳头面时,先照顾驳头上的边缘条纹,其次考虑门襟贴边的布料丝道,另外尽可能兼顾以方便缝制,减少缝接的原则。例如,裁剪带有明显的纵条纹布料的西服有三种方法。

(1)窄驳头、弯度不大驳头的对条方法

当驳头弯度不大时,可以将驳头边缘线对准纵向条纹,并以此安排布料直接裁出驳头面与门襟贴边的连片。此时,在门襟贴边部分的丝道稍有倾斜,但是问题不太大。

(2)倾斜角度较大驳头的对条方法

当驳头的倾斜角度较大时,必须将驳头部分与门襟贴边部分分别用边缘对准纵向条纹裁出,在第一扣位和第二扣位之间缝接。因为无论是驳头边缘还是门襟贴边边缘,都必须是最需要定型的位置,如果是斜丝道,很可能造成边缘的拉伸、松弛,而影响整件衣服的质量。

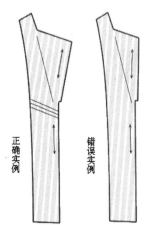

(3)边缘弯曲、倾斜驳头的对条方法

当驳头的边缘较弯曲、倾斜,且在驳头和贴边之间不能存在一条缝接的硬梗时,可先大致裁出驳头面和门襟贴边的连片,四周留有充分的余量。然后用熨斗从驳头向贴边熨烫,将裁片熨烫出曲线,使门襟贴边的条纹倾斜角度尽可能缩小。再将纸型重新放置在经过熨烫的裁片上,重新画线、修正。

(二)纵条纹半截裙排料

1. 纵条纹布料剪裁大喇叭形四片裙

(1)前、后中心线对条拼接

裁剪喇叭形的四片裙时,前、后中心线的拼接是关键,在设计好条纹的方向之后,还要认真使相拼接的两个裙片的条纹一一对应,不可马虎。当做到这一点时,无论条纹的方向有什么改变都体现着对称之美。

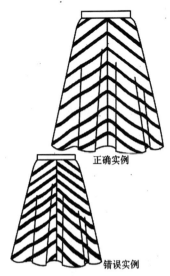

正确实例

错误实例

(2)侧缝近乎直丝道

在排料时,可以充分考虑前、后中心线的条纹方向、条纹个数和布料丝道,依此将侧缝的丝道排成近乎直丝。这样可以在用料率相同时,使裙摆尽可能的大些。

(3)单片平铺45度止斜

为了使前、后中心线条纹角度相同,且便于找到同样角度的丝道,可以在排料时采取单片平铺的方法,使前、后裙片紧挨着排放,将前、后中心线处于相同的位置,均以45度正斜角为此位置的丝道。

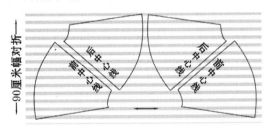

(4)前、后裙片对齐排放

前、后两片裙对齐排放,既可以省力地找准丝道,又可以使用料合理,不易出错。

2. 纵条纹布料剪裁小喇叭形四片裙

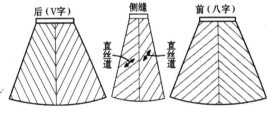

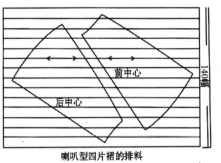

喇叭型四片裙的排料

(1)前、后中心线对条拼接

裁剪喇叭形四片裙时,要注意使半截裙前、后中心线及侧缝线处的条纹的衔接顺畅、美观。图中所示前、后中心线的条纹呈箭尾形,在实际操作中箭尾图形也可以为逆向形式。

(2)侧缝对条拼接

裁剪前,可在纸型上画好图案的方向和角度,并且使各衔接部位的条纹吻合。

3. 纵条纹布料剪裁斜裙

(1)前、后中心线处于正斜方向

半截裙的前、后中心线处于布料的正斜方向。因为布料的正斜方向具有良好的悬垂效果,所以此款半截裙具有臀部以上合体贴身,下摆宽大而不臃肿的特点。

(2)侧缝对条拼接

半截裙的前、后片缝合之处是裁剪过程中需要格外注意的,两两相缝的位置要找准条纹。

图中表示半截裙侧缝处条纹不吻合的例子,此种现象的产生是由于半截裙的前、后片板型在布料上铺放时角度不一致所造成的。

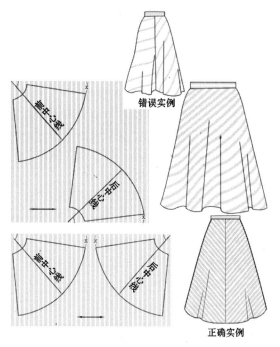

错误实例

正确实例

（3）前、后片中心线处长度缩减

半截裙的前、后片中心线处的长度尺寸，也要视面料正斜方向的悬垂后伸长的程度做适当的调整。

4. 纵条纹布料剪裁紧身半截裙

（1）充分体现条纹的完整性

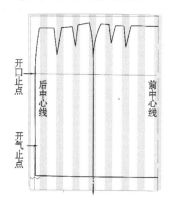

紧身裙的裁剪要点是利用条纹布料剪裁紧身半截裙时，应该以体现条纹的完整性为最终目的。以这一原则来决定省道的位置、侧缝线、后中心线的位置等。

（2）重视半截裙侧缝处条纹

为了尽可能使条纹的宽度、流向显得漂

亮，可以稍微调整省道及缝线的位置，甚至可以增加或减少臀围的尺寸松量。在半截裙侧缝处的条纹一定要处理好，使之完整、美观，这是半截裙整体美的保证。

四、方格图案布料排料

在布料上看起来是正方的图案实际上有可能格子的长和宽的尺寸不等。因此，在裁剪中必须格外注意此问题。

在完成布料条纹与服装纸型上的重要基础线对位过程中，准确地找到板型上的基础线是至关重要的。

（一）方格图案半截裙排料

1. 方格布料剪裁合体裙

用方格布料裁半截裙时，也要从两个角度考虑布料的安排。

（1）前、后中心线对准纵向条纹

一个角度为纵向对位，即将一条明显的纵向条纹与裙片的前、后中心线对准位置。

（2）人体结构线对准横向条纹

另一个角度为横向对位，即将一条明显的横向条纹对准裙片的臀围线位置。如此从纵、横两个角度考虑对于布料的安排，肯定会使半截裙获得理想的效果。

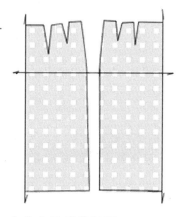

2. 方格布料斜裁斜裙

（1）无方向性

正方格图案无方向性，剪裁时应该注意

的事项与对待规律性、无方向性花型相似。

(2)裙片中心线对准方格角线

裙片中心线对准方格角线,拼接时应该保持图案的完整性、连贯性等。

(二)方格图案裤子排料

1. 方格布料裁剪长裤

(1)纵向条纹对准前、后折烫线

用方格布料裁剪长裤时,要注意布料上的图案与纸板上的关键基础线的对位。

将一明显的纵向条纹对准裤片的前、后折烫线。可以从前、后片裤口的中点找到前、后折烫线,即将裤子前、后片的纸型上裤口中点至中裆线(膝位附近)的中点连线,并使其对准布料上一条明显的、纵向的线条。

(2)醒目的横向条纹对准横裆线

将一条明显的横向线安排在裤子前、后片纸型的横裆线位置上。

前、后折烫线

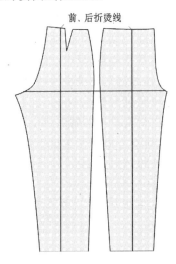

(三)方格图案上衣排料

1. 方格布料裁剪衬衫

(1)纵向条纹对准前、后中心线

格料的性质是兼纵条和横条图案的性质,纵纹也应对准身片的前、后中央线和衣领片的后中央线、袖中心线。

(2)横向条纹对准腰节线

衣身前、后腰节位置的应该对准布料横纹。

(3)多色格中以醒目格纹为准

单色格料可以任意选择一条纵纹和一条横纹对准中央线和腰线,当格料有粗、细格或多色时,要选择最粗的或者颜色最醒目的条纹为好。

(4)袖片与身片横向条纹吻合

裁剪袖片时要重视袖片横向条纹与身片横向条纹的关系。尤其是较宽的条纹处理得稍有偏差都是很显眼的。身片与袖片的对格方法如下:

A. 身片吻合点

在身片上找吻合点比较容易,从前身片的肩斜线肩头端点处,沿袖窿线向下5～7厘米,即为此点。

B. 袖片吻合处

袖片上的吻合处是根据衣身片上肩端点至吻合点的距离而决定的。具体方法是:从袖山顶点沿前方袖山线向下测量出5～7厘米,并加以适当地吃势余量,因为不同的面料绱袖子时吃势余量不同,所以具体对格时的加放余量必须视面料而定。

C. 身片基准线

在身片上的吻合点处应该表现为一道布料上的横条。因此,在裁剪带有横条或格子的布料时,可以将吻合点上画横向水平线对准布料上的最醒目的横纹,并以此线为横纹基准线。

D. 袖片基准线

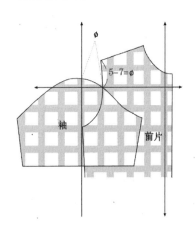

在袖片吻合点处也应该对准同样的、最醒目的横纹，并以此线为横纹基准线。

2. 方格布料裁剪衣裙套装

合体形上衣实际上是由各个裁片组合而成的曲面，有些部位的角度是很大的，必须加入省道或衣褶，所以可能导致格子的倾斜，破坏服装整体的美观。要想将所有的格子完整、顺应是不可能的，只能尽量争取兼顾造型美和格子顺应。

(1)身片和图案的吻合

为了身片的左右对称必须使前中心线与格子中心线相吻合。首先使纵向条纹的中心线与前片中心线位置重合。

因为套装上衣以造型和格料为设计目的，所以腰线位置并不重要。因此，也可以不考虑腰线与横格的吻合，而注意将胸线或者摆线与某一行格子相对应。

如果设计收腰型剪影效果的上衣，则应该将深颜色的、较显眼的格子放在中腰线处，这样会产生腰线纤细的视觉效果。

另外，衣袋上的图案与身片的图案应该完全吻合，这一点对于整体效果是非常重要的。

(2)身片与领子图案的吻合

领子在后身衣片的上方，格子的位置必须与后身片有相应的关系。如果使用横料做领面时，必须在领子的后中心线上安排与身片后中心线相对应的纵向条纹。

领子上的横条纹也应与后身片上的横条纹吻合，而且领子翻折后与身片上的条纹吻合。

当需要假缝、试样时，应该使用普通宽幅的白色平布做裁剪和假缝，待试样确定尺寸和造型的同时，也在白布上用铅笔画出所需要的格子的位置，然后拆除假缝线，按照试样并修改后的布板上的格子位置，在格子布料上进行实际裁剪。

(3)袖子上的格子位置

纵向条纹必须安排在袖子的袖山中点处，而且这一纵向条纹应与身片中心线上的纵向条纹一致。

身片与袖片相应位置的纵条纹没有必要成为一条直线。甚至有时还特意将成为直线的格子错开，利用视错原理使过于宽大的身材显得小巧些。

在袖子上较醒目的一条横向条纹应以前身片前宽位置最显眼的横条纹为参照，在袖子缝合处将这两条纹对齐。一般从肩线向下11~12厘米是身片与袖片的吻合点，以此点作为身片与袖片上对应条纹位置。

量取袖山线时，从吻合点至袖山中点的距离应该在11~12厘米基础上追加适当地吃势量。吃势的分量由布料的质量决定，一般从袖山中点至吻合点的吃势有1~1.5厘米。

(4)上衣和半截裙的图案的吻合

套装中的半截裙上的格子图案要依照上衣的格子位置而定。

半截裙的前、后中心线，要与上衣的前、后中心线赶上同样的纵向条纹。横向条纹的参照位置要视上衣的长度而定。

制作长上衣时，可以在臀围线位置上找到一条明显的横条纹，并将同样的条纹安排在半截裙的臀围线处。当上衣较短时，可以考虑上衣摆线在半截裙上的相应位置，并在相应位置上安排相同的条纹。

如此裁剪格料而达到衣服各部件图案的

吻合,格子布料用料率较素色布料多出10～20厘米。

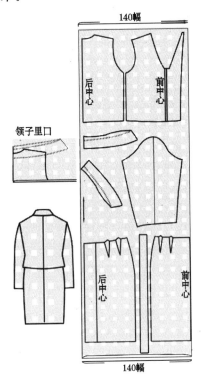

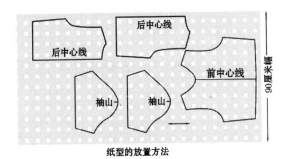

纸型的放置方法

（四）各种形式方格布料排料

1. 正方格布料排料

正方格布料可以任何一条纵线和横纹为轴,其两侧的纹样均匀、对称。

（1）以横、纵纹为基准线

在方格布料上排料时,可以以纵纹对准板型的前中心线、后中心线和袖山中心线,使整件服装具有统一美。同时,要注意前、后身片的侧缝线的横格对位,身片与袖片的横纹吻合。

（2）以空底为基准线

方格布料上的空底也是横、纵成格的。如果以横向或者纵向的任何一条空底为轴,其上下、左右条格也是对称的。因此,将纵向的格间空底对准前、后身片型的中心线和袖片板型的袖山中心线位置,也可以使整件服装具有统一的美感。

纸型的放置方法

（3）装饰性领、袋、袖头、衣边排料

用正方格布缝制斜裁裙或用其正斜料装饰衣领、口袋、袖头等做法甚为常见。将正方格打成斜边,用于衣服沿边也是别具特色的。

2. 上、下方向性图案布料排料

图案的组成虽然可以千变万化,但是具体图形若带有较强的方向性,分上、下两头,则必须在剪裁时将板型按朝向摆放一致。使用上的严格规定会导致其用料较多。

上、下方向型的布料也有两种。

（1）确定上与下两个方向的方格

方格图案也有上、下之分。这类图案的上与下是被严格区分的。使用这样的布料做成服装，必须考虑着装之后衣服的各部位、各衣片的上与下朝向，这是最基本的制衣要求。

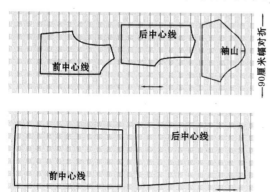

（2）无规定性有方向方格

此类图案有上、下方向性，但是在两个方向中以哪一方向为上或者为下均可。这样的花型无须考虑其固有方向，只要根据自己的喜爱、客观的视觉效果决定某一方向为上方，并且将此方向性确认为服装设计的内容。

3. 左、右方向性图案布料排料

图案的左、右两侧无对称关系，左侧与右侧具有明显的区别。

（1）利用左、右两侧图案的不对称性

利用左、右两侧图案的不对称，可设计出富于变化的、活泼的款式；用拼接的方法改变布料方向，而从整体上达到服装对称的目的，也是一种设计的手段。

（2）拼接注意事项

左、右方向型布料在需要拼接时必须注意其方向性，以保证图案的连贯和完整。

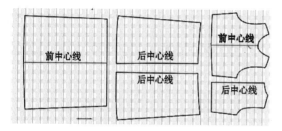

4. 既有上、下方向又有左、右方向的花型布料排料

方向性最强的花型是既有上、下方向又有左、右方向的花型，这种花型体现在方格织物上较为多见。有些是在组成格的粗、细条纹上或纵、横交叉位置上，分出上、下和左、右并存的方向性；有些则以组成格的不同颜色的条纹组合形成方向。

（1）统一方向

在裁剪既有上、下方向又有左、右方向的花型的布料时，必须保证所有的裁片严格地按照统一的方向用料。

（2）轴对称

无论怎样拼接都应该达到用料的对称效果（轴对称）。

既有上、下方向，又有左、右方向的花型变化丰富而细微，必须仔细察看并加以分析方可以辨别。

（3）拼接

注意拼接时图案的完整性和连贯性。

五、花边形图案布料排料

有些面料一侧印有条状花边形装饰图案，而另一侧是自由散状小花或者只有素色底色。

花边形图案带给设计者以约束的同时，又展开了一个无限创造的空间。

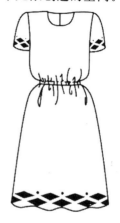

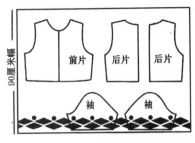

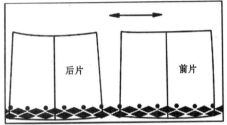

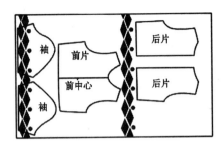

花边型图案布料的几种图案往往被设计在服装的某一部位，而形成"适合纹样"。

裁剪的重点在于正确地估算布料上各种图案的面积，掌握服装的结构线，并且科学地用料，以达到既美观又实用的目的。

花边型图案的布料更宜于设计和裁做服装、围腰巾、披肩、头巾等整体搭配的时装。

（一）适合与平衡

1. 图案与服装的平衡

首先要决定图案安排在前身片的位置。此时，要观察花型大小、间隔、前身片的尺寸，如果花型图案是一组一组的，要找到图案中心，将一组图案安排在前身片的一处时，还要注意另外的几组图案落在何处，重心是否稳妥，左右、上下是否均衡。

2. 适合纹样特点

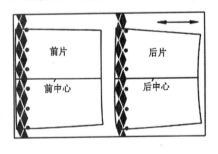

（二）裁片标志对应布料丝道

花边型布料有许多种，布料的幅宽各有不同，图案的位置也各有差异。在利用每一块带有花边的布料进行排料时，都应该谨慎地将纸板上带有图案的位置对准布料上的花边。

1. 对应布料横丝道

在布料的一侧印有纵向花边的布料上排料时，所有的裁片纸板均应将长度方向对准布料的横丝道。

2. 对应布料直丝道

在带有等间隔横向花边的布料上排料时，所有的裁片纸型的长度方向均应对准布料的直丝道。

第三节　标印记与留缝边

在裁片上标印记时常用的工具有粉纸、划粉、刮刀、压轮、铅笔、大头针及粉包等。应根据布料的薄厚、伸缩性、图案等因素决定加印记的方法。如果不能够一下子确认使用哪种方法比较好，可以在裁后剩下的废布上试一下，直到效果满意为止。

大头针及粉包

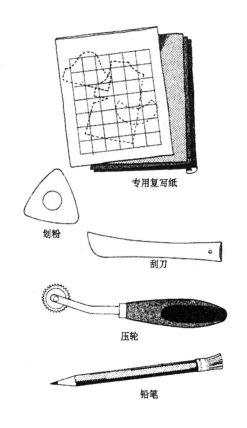

专用复写纸

划粉

刮刀

压轮

铅笔

一、在棉布、化纤布料上标印记

棉布、化纤布料等是比较容易做印记的布料。在这些布料上做印记可以采取直接的方法。例如，使用划粉划线，使用刮刀刮痕等。也可以使用粉纸复写出印记来。并且可以保持相对长的时间。

（一）划粉印记法

最简单的方法是用划粉直接在裁片上画印记，方法有两种。

1. 画单片与画双片

一般的裁片做缝印记只画单片，而省道位置、口袋位置及要求严格对称的位置要在左、右两片上都标出印记来。画做缝线印记可以按住纸板并按照其边缘线的走向直接画出粉印。

2. 画对称印记

画对称印记时有两种方法：一种是透过纸板将省尖、省宽度、口袋边、袋口起始点等位置用锥子扎在裁片上，然后掀起纸板，将这些点用划粉画清楚，并且画完整，两片印记均如此做出。另一种方法是在纸板的省尖位置剪成尖三角形小洞，三角的尖角与省尖端头吻合；在袋口起始关键位置打出圆洞等，然后拿掉纸板再连接关键点画出完成线。

需要在另一对称裁片上加印记时，将两两对称的裁片的反面相对，平放在裁案上，有印记的一片在上面，然后用拳头在印迹处轻轻锤打，于是在另一片上会落下浅浅的印迹来，但是，浅浅的印记是不容易保留的，必须用划粉在印记上重复画一遍。

3. 注意划粉颜色

使用划粉时要注意划粉与布料颜色之间的差别，如果布料是薄形的，划粉颜色应该与布料颜色相接近，以免因划粉使布料正面染出污迹；如果布料是厚形的，划粉颜色应该与布料颜色差别大些，以保证印迹清晰。

（二）粉纸印记法

粉纸是一种与复写纸功能类似的纸，并且也有单面粉纸和双面粉纸之分。

1. 单面粉纸

在使用单面粉纸做印记时，将纸板放在最上面，粉纸放在第二层，粉面朝下，裁片的正面相对放在第三、四层，最下面一层又是粉纸，粉面朝上。然后用滚轮沿纸板上的各部位线条滚动出重复的点迹，这些点便通过粉纸复印在裁片上了。

2. 双面粉纸

使用双面粉纸做印记时，可以将纸板放在最上层，裁片的反面相对放在纸板下面，在两片裁片之间放一层双面粉纸，然后用滚轮走线。粉纸有多种颜色，做印记的时候必须以尽可能不将布料正面弄脏为原则，所以选择粉纸的颜色与布料的颜色接近为好。

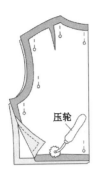

压轮

3. 刮刀(竹刀)使用原则

在容易划出痕迹的布料上,用小竹刀在裁片上划痕是最简单的做印记方法,但是要注意掌握使用竹刀的力度,如果过于用力则有可能将布料切破。

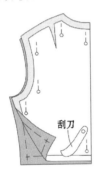

刮刀

二、在薄纱、弹性布料上缝印记

在很薄的纱或伸缩性很强的布料上标印记不可使用粉印的方法,因为布料的着粉效果很差。在此类布料上或者需要一片片裁出对称裁片的布料上标印记时,最适宜的方法是用缝线做印记。

(一)缝线印记步骤

由于布料较滑,纸型放在布料上很容易移动,所以需要采取这样的步骤:

＊裁剪之前将纸板压在毛料上,用带尖的物品或者刮刀沿着纸型边缘划出痕迹。

＊裁剪时一片一片进行。

＊沿着划痕使用细线手缝出印记。

缝印记时使用单线,线要细。在缝直线印记时针脚要大,在弯曲之处针脚要小而密

实。在拐角之处要标示准确。

纸型　反面

(二)手缝印记针法

手缝印记的针法可以根据布料的性质、图案、色泽需要而定,一般有两种针法是常用的。

1. 单一针脚手缝

单一针脚手缝特点是别针距小,留线距长。此方法一般适合于薄型材料、毛绒布料等,使用的手缝线要细。在拐角之处必须用两个针脚的交点标明。手缝印记的位置要求在纸型的边缘 0.1~0.2 厘米处,此位置也是正式车缝时的参考位置。

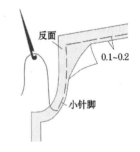

反面　0.1~0.2　小针脚

2. 长短针手缝

当布料质地稀疏时,可以采用长短针的手缝方法,即做印记时的针脚一长、一短间隔出现。这种方法以整齐、牢固为原则。在拐角处,以长针脚交叉的形式将拐角的点标示准确、清楚。

纸型

三、在纯毛料、仿毛料上标印记

纯毛料、纯毛呢料都是高档衣料,因为纯毛料上的粉印不宜久留,而且粉印的清晰性、准确性均不够高档衣服的标准要求,需要用打线"钉"的方法。

在仿毛料上标印记也常常采用这种方法。

(一)打线"钉"

1. 画出印记

在缝制纯毛料服装及所有高档服装之前均需要用线钉的方法做出准确对称的印记来。首先在裁片上用划粉或粉纸画出印记来,把所需要做印记的裁片反面朝上放平,将纸型放置其上,留出缝边。

2. 棉线沿粉印缝记

缝制线钉的缝线可以用单根粗线,也可以用双股细线。用手针穿棉线沿粉印缝记,将扎针缝线间隔3厘米左右。在缝线拐角处理时要准确。

(1)拐角处横纵线相交叉

在缝制拐角处的线钉时还可以用横纵线相交叉的方式完成。这样做出的线钉更为显眼,而且不易脱落。

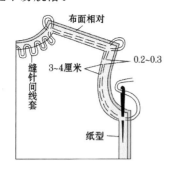

(2)拐角处打线钉

在缝至领口和袖窿弯线处时要用小针脚,每一针之间要留出线套,注意拐角处的扎针方法、留线套方式。

(3)对称裁片打线钉

在两片对称的裁片上缝制线钉时,要先

将裁片布面相对叠放,如果在后背片上打线钉时,要将后背身片布面朝内、沿后中心线对折,然后用手针穿双线沿纸型边缘缝线。

3. 剪开线套

用剪刀尖将针脚之间的线套从中点剪开。从裁片的边角处逐渐将上面的一片掀开,露出两片之间的线。此时,上面的裁片不可以掀得太高,以免使缝线从裁片上拔出。然后将剪尖伸到两片之间,剪断线根,再将剪刀平放在上片裁片的线头处,将线头齐根剪断。

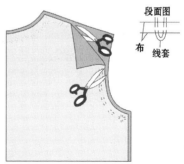

4. 压烫

用熨斗将短线头压烫平,使线成钉镶在布中,而不会在缝制过程中脱落。

（二）在裁片局部标印记

1. 常规的裁片印记

在常规的裁片上只在必要的位置标出印记，即局部印记。因为对于有缝制经验的人来说，各部位的缝边宽、窄的规定都是熟知的，可以免去所有规范的做缝印记。

2. 特殊裁片印记

在特殊地方的印记不可省略。如，裤子插手袋袋口、后兜位置、下裆线后片的双做缝处、上衣的驳口线、省道、口袋、下摆、袖口、侧把缝和袖胖肚线的双做缝、扣位、领嘴（前中心线）、后领口中线必须标示清楚印记。

3. 双做缝印记

在服装的双做缝处可以留出两倍宽的缝边。例如，毛料裤子的后裤片下裆缝边、毛料上衣的后侧把缝缝边、毛料上衣的大袖片胖肚缝缝边等处。

（1）高档服装

高档服装在双缝边处打线"钉"时，并不沿着缝合线进行，而是标在缝合线外侧，距离缝合线一个缝边宽（即标准做缝）的位置上。缝合时将具有一个标准做缝的裁片放在上面，将双做缝的裁片放在下面，然后将上面的裁片边缘线对准下面裁片的划线或线"钉"，便可以准确缝合了。

（2）一般服装

如果不是做高档服装，还可以用印记和剪口相结合的做法，在一些裁片边缘上的关键位置用做剪口的方法直接剪出。如，前、后中心线在领窝上的位置、袖山顶点、中腰线在侧把缝上的位置等均可以用剪刀尖剪成切口或三角小口，当然应该注意口子要剪得很小，不可因剪口而影响缝纫。

四、留缝边

（一）裁片边缘缝边常规要求

服装各部位的裁片缝边缝制要求和缝制方法不同，所以缝边的宽度是不一样的。平缝时，两片缝边叠放缝制的缝边宽度比坐缉缝、分缉缝窄些。当然，包缉缝则缝边要求更宽，甚至相缝合的两片的缝边宽度也是不同的，具体缝边的留取要以缝合方式和明线宽度、布料情况综合考虑而定。

1. 缝边宽度一般标准

一般情况下，衣服底边、袖口、裤口、裙边加放 3～3.5 厘米；侧缝、袖窿肩缝等处加放 1 厘米；两片袖的袖山加放 0.8 厘米。

以一般衬衫外衣、西裤为例，如果只用简单的缝合方式制作，各部位裁片边缘的缝边宽度可以规定一个一般标准。如，门襟、侧把缝、肩缝、袖缝缝边均 1 厘米，下摆贴边宽3～4 厘米，领口缝边、领子缝边 0.8 厘米等。一般在成衣生产中，为了节约用料、方便缝制可以将缝边留窄些。例如，绱袖处、袖窿线缝边宽 0.8 厘米，领口线、绱领线缝边宽 0.7 厘米，腰头缝边裤、裙腰线处缝边 0.8 厘米等。

2. 不等宽缝边

有些裁片的缝边不等宽。例如，裤前片的袋口处，往往上端头缝边为 2 厘米，而下端头缝边宽 1.5 厘米，在袋口之下的中缝缝边为 1 厘米。又如裤后片的后上裆弯上端缝边为 2 厘米，臀围端点处缝边为 1.3 厘米，龙门弯缝边为 1 厘米。

3. 不同布料缝边不同

有些缝边因布料不同而有所区别。例如，袖口贴边可以 3～3.5 厘米，高档服装的贴边往往宽些。

总之，缝边的一般宽度规律是必须掌握的，它是裁剪的前提之一。但是，各部位裁片的缝边宽度是在多种因素综合的基础上决定的,要具体问题具体分析,要灵活掌握。

(二)假缝、试样合理做缝

为了假缝的需要,可以将做缝留多些,以便在试穿时,发现问题及时调整、加放,留有修正余地。

假缝服装的做缝预留应注重使不同位置的做缝预留量不尽相同。为了保证假缝位置准确,造型方便,并且不对人体吻合部位造成影响,有些做缝不可以留得很大,并非越宽越好。例如,西服后身片的侧缝,因收腰作用明显,所以不适合留过多的量;两片袖的袖大片的外侧袖做缝也不适合预留量太多,因为此处对应胳膊肘关节,当上肢自然下垂时,袖子的弯度及袖弯位置应该与胳膊的形态保持一致。

为保证人体某些部位活动的需要,在假缝服装某些部位的常规做缝以外的余量是不允许的。例如,袖窿弯、领窝曲线等处。

(三)各部位做缝留取方法

1. 身片

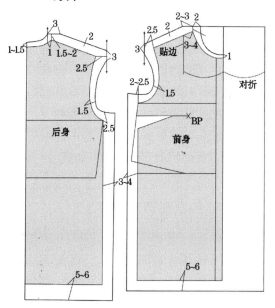

领窝的形状变化可能造成的领子问题应该预先考虑到,要留有一定宽度余量;门襟等

部位的折线处留出充分的贴边,以便贴边折好后应位于距领窝侧颈点3~4厘米处,并且在折线上方剪出剪口;领窝线的下方边线也要留出足够的余量,以做调整升、降之用;因为领子的前端头有裂开或者收紧等需要。

肩宽端点也需要留出余量来,这样前、后宽的做缝余量可随之加放。侧把缝线可以留出较大的做缝,肩线的做缝也可以留多些,因为反身型和屈身型的人在试穿衣服时总需要调整前、后身长度,使之达到平衡的目的;底边线相对于把缝线也需要加大贴边,因为会经常调整身片长度。

2. 袖子

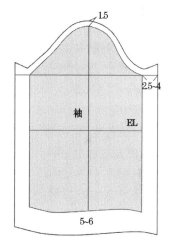

袖山边线长度是由袖窿圈长度决定的,因为身片把缝处的缝头留大了,所以影响袖子的肥度的底袖线缝头也要适当加放。如果设计的袖型是宽松式的,则更应该留出袖肥余地。在袖山上留出些做缝松量也是很必要的,但是袖山加高会增加绱袖难度,所以袖子的缝头只均匀地留出1.5厘米做缝。

必须充分留出袖口处的长度放量,因为如果试穿时需要袖山加高,必须降低袖肥线做出袖山高度,以便调整袖子长度。

制作不需要假缝的服装时,在裁剪时留出做缝的余量是没有必要的。

需要假缝的服装在裁剪过程中按照图中所标注的做缝加大的量为最大限度。

第四节　衬布分类与裁剪

衬布是服装制作中不可缺少的辅料。其基本知识有衬布的作用和分类，粘合衬的分类及各类粘合衬的使用范围，粘合衬布的裁剪等。

衬有一般衬和粘合衬之分。一般衬有棉衬、麻衬、毛衬之分，用时缝在衣料上。粘合衬是在基础底布上涂上一层粘合剂，使用时用熨斗加热后直接粘接在面布的背面即可。粘合衬较之一般衬更容易做出立体线条，同时可省去绷针、敷衬、扎驳头等手工，还可以防止缝分绽线，从而提高缝制工效。在此节中，重点阐述粘合衬的相关技术。

一、粘合衬分类

为了帮助面料定型，以防止面料的形状溃乱，在开扣眼及钉扣处、袋口边等处加入粘合衬。

粘合衬是为了加强布料的体积感，使面料变得更加挺括而丰满的衬布。

（一）粘合程度分类

粘合衬是由不同的基布和胶的组合方式决定其种类的。在此，按照粘合衬在面料上的粘合程度将其划分为两大类。

1. 完全性粘合衬

完全性粘合衬亦称永久性粘合衬，这种衬布在烫合到面料上之后很难揭开。

2. 暂时性粘合衬

暂时性粘合衬也称假粘合衬，将这种衬布烫合在面料上之后，经反复洗涤，衬布与面料就会分离。暂时性粘合衬是为了便于缝制而被用以暂时固定面料的。

（二）基布质地分类

按照粘合衬基布的质地可以将其分为纺织基布类、编织基布类和无纺基布类。

1. 纺织基布粘合衬

以梭织品作为粘合衬基布的，可以根据其原料分为毛、麻、棉、化纤等织物品种，而且根据其厚度、外观、织造方法划分成许多种。

2. 编织基布粘合衬

编织而成的粘合衬基布，均为普通下平针型，也有在普通下平针上插入横丝的织法。

梭织基布和编织基布均可统称为主物。因此，有将这两种基布组成的粘合衬称为"布底粘合衬"。纺织基布类和编织基布类粘合衬，适合用于较厚的布料和缝制较正规的、带有里布的服装，这两类衬布较为厚实、挺括。其定型作用更为明显。

3. 无纺基布粘合衬

无纺基布也称非织基布，是由化纤短纤维粘合而成的，不是用任何方式织造的"布"，非织基布也有横向可伸缩的和不可伸缩的两种。用非织基布组成的粘合衬往往因为其基布的非织造性而被称为"纸底粘合衬。"

较轻软的薄料服装适合使用无纺基布类粘合衬。这种粘合衬很薄，具有软、轻、挺的特点。

（三）粘合剂品种分类

在粘合衬基布上，涂有不同的粘合剂。每种粘合衬具有不同的性能。因此，根据不同的服装和面料有选择地使用带有不同粘合剂的粘合衬是至关重要的。

粘合衬的粘合剂可分为以下几种：

1. 永久型粘合剂

（1）聚酰酸类

具有较少量的粘合能力，烫合于面料之上后状态较柔软，但粘合力稳定。

（2）聚氯乙烯纤维类

配合有可塑性、粘合力很强的粘合剂，而且在烫合于面料之上后状态较柔韧。

（3）聚乙烯类（高密度）

适合在高温、高压下烫合，如果不具备这样的条件时，则此类粘合剂的粘接力较弱。

2. 假粘型粘合剂

（1）聚乙烯类（低密度）

在低温条件下也具有较好的粘接力，但是粘接力缺乏耐久性。

（2）醋酸乙烯共聚类（EVA）

在低温条件下可以烫合，但是其粘接力缺乏耐久性。

3. 粘合剂在基布上的涂敷方式

（1）水珠状涂敷

将规定大小的微粉状的粘合剂按照一定密度均匀地、顺序地涂敷在基布上，微粉点的大小、间隔都是均等点。

（2）无规则涂敷

将微粒状粘合剂散乱而均匀地涂敷在基布上。当粘合剂的微粒较大时，则粘接力较强。在专门的粘合衬制造厂里，人们称这种无规则的涂敷粘合剂的方式为涂灰状或者散乱状。

（3）螺旋状涂敷

粘合剂呈细丝状，涂敷时粘合剂细丝按照无规则的螺旋状或称巢丝状轨迹进行。

二、粘合衬选择与裁剪

面对多种多样的衬布，在选择时首先要考虑的因素是衣料的质地，其次是使用的部位（如领衬、袖口衬、腰头衬、下摆衬等）以及服装式样的要求。

（一）粘合衬选择要素

1. 衣料的质地

根据服装面料的薄厚、材质、颜色选择使用相应的衬布。普通的衬基布很薄、不密实，所以柔软性较好；厚衬的基布织得很密实，所以很挺实。因此要根据面料质地以及服装款式来考虑选择粘合衬的薄厚。

2. 粘合衬使用部位

选择衬布时需要考虑粘合衬的使用部位。在服装上用于大面积的部位的衬布要选择永久性粘合衬。如，大身衬、背衬等。永久性粘合衬粘接力强，可将两层布紧紧地粘接在一起，干洗后效果仍然很好。

领衬、袖口衬、下摆、兜口、腰头、垫布、领窝、门襟领底等需要来回缝的部位，可使用临时性粘合衬。

3. 粘合衬的颜色

普通粘合衬为白色，但也有浅蓝色、浅粉色、黑色、灰色等。色浅且薄的面料会透出衬布的颜色，因此粘合衬的颜色尽量与面料色相接近。

4. 粘合衬的硬度

有的粘合衬基布虽厚，但树脂涂得少，缝制后仍然柔软。有的衬看起来很柔软，但热熔后会变得很硬。所以选择粘合衬时，要掌握其粘接性。最稳妥的方法是在面料上试粘一下，直接观察其效果，再作出正确选择。

（二）粘合衬布裁剪

1. 裁剪粘合衬布依据

裁剪粘合衬布依照服装有关部位的板型或者裁片进行。

使用梭织、编织基布的"布底粘合衬"时，其丝道要与相对应的面料丝道相一致。而非织基布的粘合衬的新产品，也往往具有了方向性。也要注意其方向与面料方向相统一。

2. 裁剪粘合衬的方法

裁剪粘合衬的方法有多种。根据面料的薄厚、缝制的方式、粘接的部位而选择不同的方法。

面料较薄时，为了加强粘合衬与衣片粘接的牢固程度，将粘合衬裁片裁成稍留有缝边的形式，用缝线加固。

面料较厚时，为了使缝边处薄些，需将粘合衬裁成不留缝边的形式或者局部不留缝边的形式。

在服装门襟贴边、袖口、袋口、前胸处敷放的衬布则需要按照各部位要求及面料的薄厚，决定衬布的形状、尺寸及是否留有缝边。在裁剪衬布时，要注意胸部的衬布边缘要超过驳头折线，衬布的缝边宽度比裁片缝边窄0.2～0.3厘米，保证在烫粘衬布时熨斗上不粘有粘合剂。

第五节　里布裁剪

一、夹西服里布裁剪

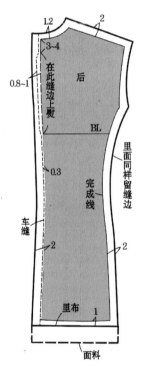

面料

西服的结构和人体结构及人体的运动密切关联。西服的穿着不仅需要美观大方，而且需要留出纵向伸展和横向伸展的运动余量。

服装面料具备一定的伸缩性，与面料相比，里布质地滑爽，但弹性较差。因此，裁剪里布时必须在面料的基础上留出余分，甚至在裁片的特殊部位还需要留出较多的余分。

（一）后身片中心线里布余分

由于双臂向前运动的需要，衣服的后背片横向伸展的量是必需的，所以在后身片中心线处里布留出余分是十分重要的。

1. 裁出里布余分

从后背中心线与胸围线交点处向上至领窝线以下3～4厘米处，里布比面布要多留出0.8～1厘米的余分来。

除此以外的所有后背中心线处的里布余分均要有0.3厘米。

2. 缝出里布活褶

当后身片为一个完整的裁片（不破背缝）时，里布的裁法也必须从胸围线以上部分加出适量的余分来。具体做法是：

首先，对折里布，将折线与裁片的后背中心线对齐；

其次，将后领窝处的里布向裁片背部中心线外侧拉出2.3厘米；

最后，在其他部位按照面布的背中心线让出0.3厘米的余分剪裁里布缝线。缝好褶后的熨烫方法亦为倒缝熨烫，将褶压向一侧。

（二）袖子里布余分

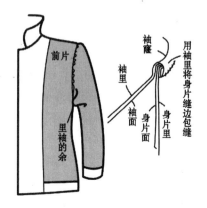

1."里松面平"原则

在所有面料裁片的边缘处如果没有特殊说明都可以留出 0.3 厘米作为里子的余分。这些余分在车缝出来后用倒缝的方法烫平,实际上所有的倒缝熨烫处都是 0.3 厘米的活褶。

2. 绱袖线腋下部分里布余量充足

绱袖线腋下部分的里布余分为袖山顶点部位余分的 3 倍。因为身片与里布的袖窿圈处需要用手针绱缝成为一体,在腋下部分,袖里的缝边呈直立状,且折回包住袖窿的缝边,所以袖里的缝边必须宽于袖子的缝边。面料越厚,则袖里的缝边越宽。直立状袖窿缝边使得较长的袖里不会松弛下垂。

如果袖里的缝边不足,则必然牵带整个袖子的底袖部分向上抽吊,因为袖口及袖子下段的袖里和袖面是缝制定型的,所以向上抽吊的量则集中反映在袖管的腋下部分,致使此处出现许多皱褶,而且无法消除。

二、半截裙里布裁剪

（一）半截裙里布裁剪原则

1. 半截裙里布的选择

半截裙的衬里要非常滑爽,具有防止裙变形和增强保暖性等作用;

选择衬里时还应该注意其是否起静电,因为静电也会影响半截裙的平整。

2. 里布剪裁注意事项

由于半截裙衬里比较柔软、容易走形,所以尽可能避免使用角度大的斜丝道作为缝线处;要整体地、全面地考虑半截裙的完成效果,尽量将半截裙的衬里做成容易缝、不变形的形状;根据设计的特殊要求或者根据面料的花型图案、质地和造型剪影效果,将半截裙的衬里剪裁成与面料裁片不相同的形状。

半截裙衬里可以拼接,裁剪时要用心排料,注意节约。

（二）剪裁基本型半截裙里布

1. 基本型短裙里布裁剪

基本型半截裙款式较合体,也称合体型裙,在此基础上可以设计出各种款式的半截裙。

裁剪不妨碍行动的短型半截裙的衬里是不需要预先单为之绘制板型的,直接使用半截裙的纸板做衬里的纸板即可。

2. 后片打褶、开气裙里布裁剪

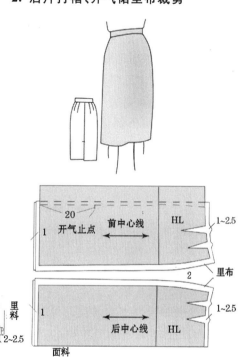

为了行走方便,紧身裙常常被设计为后身打褶或者开气的款式。

在裁剪后身打褶的紧身裙的里布时,要使用面布的纸型,除去打褶量,在各部位留出充足的缝边。在后身打褶部分,以留开气的方式解决裙里布的活动余量。

3. 前片中心线处打褶裙里布裁剪

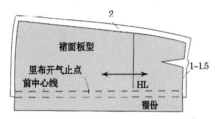

前片中心线处打褶的紧身裙既便于行动,又简洁大方。

裁剪前片打褶的半截裙的里布时,也要除去打褶的量,并利用前中心线处的缝边,缝制出前开气。里布开气和面布的褶起着同样的作用。此款半截裙后片的里布可直接使用面布的纸型裁剪,各部位的缝边要留有充足余量。

(三)裁剪四片裙、半圆裙和太阳裙里布

四片裙是常见的半截裙款式,其特点为喇叭状造型。

1. 普通四片裙里布裁剪

裁剪普通四片裙的里布时,原则上直接使用半截裙的板型加放缝边即可,此时里布与面布的形状和摆量是相同的。

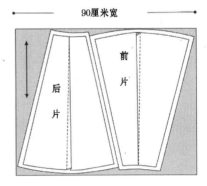

2. 较大下摆四片裙里布裁剪

四片裙的下摆较大时,为了避免半截裙过重,可以适当减小裙里的摆量,以便于行走的最小摆量为基础,将半截裙的板型折叠一部分,再铺放在里布上裁剪。

3. 半圆裙、太阳裙里布裁剪

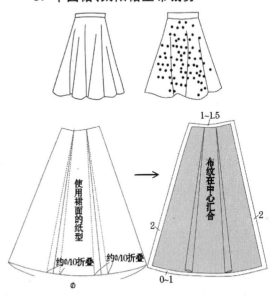

前、后中心线无拼接的半圆裙或者太阳裙下摆大、自然出褶,使人显得潇洒自如。

当半圆裙、太阳裙的布料为透明或者半透明时,必须加放里布。裁剪半截裙里布的板型也无需重新制图、制作,可以直接使用半截裙的纸型,在纸型的两侧对称位置折叠部分褶量使用。

将折叠起部分摆量的半截裙纸型铺放在里布上裁剪时,各部位的缝边要留充足。

（四）裁剪抽褶裙、打褶裙里布

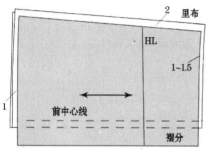

1. 里布减褶量裁剪

抽褶半截裙、打褶半截裙的特点为摆大、舒适,便于活动。裁剪抽褶裙、打褶裙的里布时,切不可以使里布与面布的褶量相同,必须适当减少褶量,否则会使得裙腰下面的褶子隆起,整个半截裙过于沉重,缺乏轻便感。

2. 里布加开气裁剪

半截裙的里布以小摆为原则,尽量减少半截裙的褶量。同时,需要在两侧缝边处加开气以便于活动。裙腰下部可以抽少许碎褶,以使裙腰的绱缝简便可行。

（五）裁剪前开式半截裙里布

1. 多种样式前开式半截裙

前开式半截裙有系扣式、系带式、掩片式、正中开门式、侧开门式等。此类半截

裙便于活动,而且富于变化,适合各种季节穿用。

2. 不露里布裁剪原则

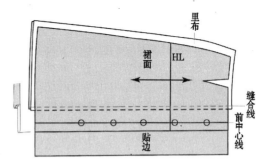

前开式半截裙的共同特点是有门襟贴边。因为在半截裙的开襟处必须以不露出里布为准则,所以门襟贴边用半截裙的面布裁剪,或者贴边与裙身本来就是连为一体的。在裁剪里布时,可以直接利用半截裙的纸板,将贴边的宽度边缘位置标出,再减去2个缝边的宽度并画平行线作为半截裙里布的前边位置。其余各部位要留足缝边余量。

（六）裁剪马面褶半截裙里布

马面是指马面裙前片中心宽约20厘米的平展部位,马面的两侧位置叠出左、右对称

的单褶、双褶或多褶的半截裙具有一种线的装饰美,而且半截裙很合身。此类半截裙的板型上标出的褶形是上下贯通的,在腰线处通过叠褶合理地消化省道的量。

1. 里布去除褶量裁剪

利用半截裙的纸型裁剪里布时,先将纸型的褶量裁掉,将裙身部分依褶两侧边线重新贴合,使褶消失,在腰线处出现省道。

2. 在里布两侧增加开气

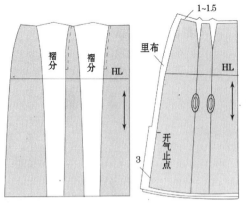

将重新贴合的纸型放置在里布上,裁剪出腰部收省的喇叭形半截裙里布。另外,为了半截裙里布与裙褶量的吻合,必须在里布的两侧开气,以便于活动,并体现裙面布的褶子的张合。

(七)裁剪塔裙的里布

塔裙是指层层抽褶衔接的半截裙,其特点为合身而摆大,具有独特的动感之美。

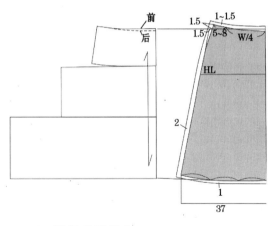

1. 塔裙分层特点

塔裙的每层长度可以根据设计者的喜爱而决定,根据视觉差和整体比例,习惯约定将近腰的一层裁短些,而将下摆层裁长些。为了使段与段的拼接处抽褶饱满,上、下层的尺寸之差为下层宽度的 1/3 左右。

2. 整体里布裁剪

塔裙的里布是不需要分段裁剪的,其形状最好为喇叭形,与塔裙的整体形状相吻合,但是尺寸以合体、方便行动为适宜。因此,塔裙的里布为前、后无拼接的喇叭裙,其下摆以 37 厘米×4 为活动的基本量,臀围部分合身并留出 5～8 厘米的余量即可。腰线处稍起翘,余量可做抽褶处理。

(八)裁剪拼片半截裙里布

拼片裙有多种形式。如,六片裙、八片裙、十片裙等,根据裙摆的大小和布料的幅宽而决定半截裙的片数。拼片裙的造型是腰小、摆大的喇叭形。

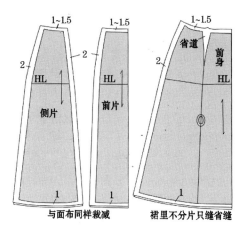

与面布同样裁减　　裙里不分片只缝省缝

1. 拼片里布裁剪

以六片裙为例，半截裙的板型上标出的经纱向为竖直的。裁剪里布时，可以直接使用半截裙的板型，裁剪出与面布相同的形状。裁剪时，要注意留足缝边的宽度。

2. 整片里布裁剪

拼片裙的里布还可以用其他方法裁剪。将半截裙的板型按拼接位置拼合，使腰线处形成省道，然后将拼合的板型放在里布上，裁剪出不用拼片的、腰部收省的喇叭形里布。

（九）裁剪顺风褶、对褶裙里布

顺风褶和多对褶裙是一种将褶子从腰线烫至下摆的定型较好的半截裙，统称烫褶裙。

顺风褶裙和多对褶裙是不会透体的，即便使用半透的面料，重叠起来的褶子都不会透出身形。

1. 里布的定型作用

用较厚的毛呢料制作的烫褶裙则需要为了便于穿着而加放滑爽的里布。加放滑爽的里布之后，不仅穿脱方便，而且可以使里布与面布之间减少摩擦，使面布摆动更为自由。里布的定型作用，加强了烫褶形成的裙型，使裙褶不容易散开。

2. 重打里布板型

烫褶裙的里布以合身型裙最为适宜。可以重新制图，制作一款合身型衬裙的板型，并在两侧加出开气，在板型各部位要留出足够的缝边宽度余量。

三、裤子里布裁剪

（一）裁剪裙裤里布

裙裤的下口是很大的，为了使其外形与半截裙相似，在裙裤上常常以打褶的方式加大裙裤的装饰效果和下口余量。

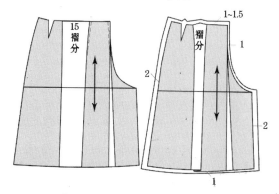

1. 减少褶量

裙裤的板型上常有褶量。以前、后裤线处打对褶的款式为例，面料前片板型上的褶量必须很充足。在裁剪里布时，这部分褶量必须适当减少。

2. 裤口限制

裁剪裙裤里布时,可以使用幅宽 90 厘米的里布,使裤口的尺寸限制在 90 厘米之内,有了这一制约,便可以将板型上的褶子侧线平行折叠,缩减到布料允许的程度。这样,裙裤的里布与面布的叠褶形式是相同的,但是褶量不同。

(二)裁剪西裤里布

带有衬里的裤子对于穿脱是十分有益的。在制作冬季外出时穿着的裤子时加缝衬里尤其重要。

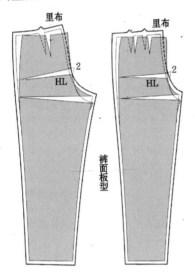

1. 普遍增加适当的余量

因为裤子衬里的材料往往是滑爽型的,所以这种布料的伸展性比起裤料来要稍差些,在裤子经常受力的地方裤衬里便很容易被撕破。因此,解决这一问题的方法不是用缝线加牢,而是要在衬里的裁剪时普遍增加适当的余量。

2. 上、下档部分余量的加放

在裤档处由于较多的做缝集中而厚的位置上很有必要增加衬里的余量。在裁剪裤子后片里布时,以横档线起点定为前、后片的吻合点,然后在臀围线与后档弯线的交点上移 2 厘米,作为衬里的臀围线的端点。

图中裤子板型横档剪开处下方部分便是衬里布加出的余量。

第五章　成衣工业制板技术

第一节　成衣工业样板分类

成衣工业制板之前需要了解成衣工业化发展阶段性特征、成衣工业批量生产过程、成衣工业样板的基本概念与作用,为成衣工业样板制作创造条件。

一、成衣工业样板意义与概念

(一)成衣工业核心技术

1. 成衣工业核心技术

19世纪初,在欧美一些国家的港口城市,精明的裁缝为了迎合船员着陆时没有足够的时间定做衣服的需要,批量生产不同尺码的套装,等船舶到达时,让船员们能够及时购买到自己需要的服装。于是,形成了成衣服装业的雏形。

工业革命时代新机器发明使服装业与其他行业一样大大提高了批量生产的能力。尤其19世纪中叶,缝纫机的使用促进了成衣业更快的发展。

第二次世界大战期间,为了大批量军用被服的生产需要,针对各种形体的标准号型也随之形成。尤其20世纪60年代后随着新观念、新工艺、新设备、新材料的发展,服装工业的规模迅速发展,生产效率也随之不断地提高。这些都必须有强大的技术作为后盾,而技术核心就是工业样板技术。

服装工业制板是提供合乎服装款式要求、面料要求、规格尺寸、工艺要求的一整套利于服装裁剪、缝制、后整理的样板或款式图的式样,以保证成衣加工企业的生产有组织、有计划、有步骤,保质保量地进行。

2. 成衣生产流程

普通成衣是通过一定批量的工业化生产,根据国家人体量标准设计号型规格,尺寸覆盖率占正常体型人群的90%以上的服装商品。成衣生产一般是根据不同季节提前3～6个月开始设计,然后制成样衣。成衣在确认样式之前,从选料开始,经过设计绘制样板、裁剪、缝制、整烫等过程,生产方式为“抱件”,即由样衣工一人“全件生产”。最后,样衣通过试穿、审验修改和确认。

在款式确认之后,便进入制作工业样板(推板)阶段。需要经过排料、裁剪、熨烫等缝制程序,进入现代化成衣“流水生产”,以标准化、规范化、(一定)规模化、机械化的分部件、分工序批量进行生产。根据成衣品种的定位不同,自动化程度、职工的技术水准、管理水平和形式以及资金的情况等条件也有所不同,流水作业生产方式可采用全程流水线式、半流水线式和捆扎式等。

(二)成衣工业样板基本概念

1. 服装工业样板

成衣工业样板是毛板,即含有缝分、折边的板型。工业样板呈一整套规格的系列化形式。

工业样板是企业从事服装生产所使用的一种模具。它是以结构设计为基础,在完成了样衣缝制并得以确认之后制作出来的。工业样板是工业化生产过程中排料、划样、裁剪和产品缝制的技术依据,是检验产品形状、规格、质量的直接衡量标准,同时也是高效而准确地进行服装工业化生产的保证。

2. 服装工业制板

服装工业制板是根据服装款式、号型标准规格、内外结构和缝制工艺的要求完成了样衣缝制并得以确认之后,在样衣的基础板上按照一定规则加放缝份和折边等而进行的一道成衣生产工序,是重要的技术环节。制板也称打板。

3. 服装工业推板

按照中间标准体尺寸打制的成衣工业板被称为"母板"。"母板"为中间号型规格。

为了使不同身材的消费者都可以购买同一款式的服装,需要将成衣制作成系列规格或不同的号型。工业推板以母板为基础,按照国家标准规定的档差(规格差)进行计算、推移和放缩,绘制出规格系列成套样板,称之为"推板"。打板、推板是技术性很强、要求很高的工作。要求做到精确、标准、齐全、一丝不苟。

(三)成衣工业样板作用

1. 误差小、保形性高

建立在科学的计算和严谨的制图基础之上的服装工业样板,始终以服装的立体造型为目标。以工业样板为模板,裁剪出的衣片误差小、保形性高。

2. 提高生产效率

服装工业样板作为工业生产的模板,是排料、画样、裁剪、缝制、检验、后整理等各个工序中不可缺少的工具,对于简化生产过程、提高生产效率发挥着巨大的作用。服装的生产效率直接影响企业的生产成本及经济效益。

3. 节省成本

在排料过程中,将不同款式或不同规格号型的样板套排在一起,使衣片能够最大限度地穿插,从而达到提高面料利用率的目的。

4. 提高生产质量

服装样板几乎贯穿于现代服装工业化生产的每一个环节,从排料、画样、裁剪、修正、缝制、定形、对位到后整理,始终起着规范和限定作用。

服装工业样板要结合面料特性、裁剪、缝制、熨烫等工艺要求制作出适用生产每一个环节的样板,即成衣工业样板。工业样板按其用途不同,主要分成裁剪样板和工艺样板。

二、成衣工业样板类别

成衣生产中裁剪用样板主要是确保批量生产中同一规格的裁片大小一致,使得该规格所有的服装在整理结束后各部位的尺寸与规格表上的尺寸相同,相互之间的款型一致。

成衣裁剪样板均为毛样板,裁剪样板主要用于批量裁剪中排料、划样等工序。

成衣裁剪样板又分面料样板、里料样板、衬料样板和部件样板。

(一)成衣面料样板

成衣面料样板是用于面料裁剪的样板。

1. 大身的样板

大身的样板包括前片(含分割各片)、后片(含分割各片)。

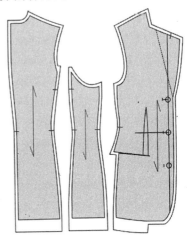

2. 袖子(含分割各片)样板

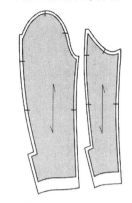

3. 领子(含分割各片)样板

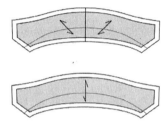

4. 挂面(含分割各片)和其他小部件样板

挂面(含分割各片)和其他小部件纸样(如,袖克夫、袋盖等),应结构准确,样板正反两面做好完整、正确、清晰的标识(如:号型、名称、数量、布纹方向、倒顺毛方向等)。面料样板一般是加有缝份或折边的毛板样板。

(二)成衣里料样板

成衣里料样板是用于里子裁剪的样板,里料样板是根据面料特点及生产工艺要求制作的。

1. 减少分割

成衣里料样板尽量减少分割,一般有前片、后片、袖子和片数不多的小部件。如,里袋布等。

2. 缝份大

成衣里子的缝份普遍比面料纸样的缝份大 0.5～1.5 厘米。

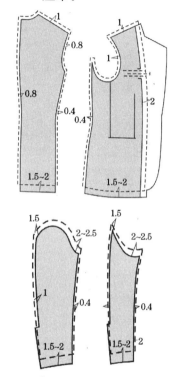

3. 长度短

在有折边的部位(下摆和袖口等),里布的长短比大身纸样少一个折边宽。因此,里布样板多数部位边是毛板,少数部位边是净板。

4. 有衬则里宽

如果里布上还缝有内衬,里布的样板就要制大些。

(三)成衣衬料及辅料样板

1. 成衣内衬样板

内衬是介于面料与里子之间主要起到保暖的作用。

毛织物、絮料、起绒布、法兰绒等常用做内衬。

由于通常绗缝在里布上，所以，内衬样板比里布样板大，前片内衬样板由前片里布和过面两部分组成。

服装生产中需要结合工艺要求有选择地使用衬料。衬布有织造衬和非织造衬、缝合衬与粘合衬之分，不同的衬料，在不同部位上使用，有着不同的作用与效果。

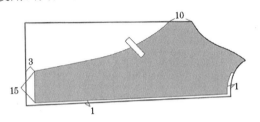

衬料的形状及属性是由成衣生产工艺所决定的，衬料是附在衣身反面，衬里样板有时使用毛板，有时使用净板。

（1）袋口衬布、领面衬布使用净板

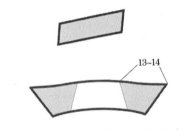

（2）驳头衬布、领底衬布使用毛板

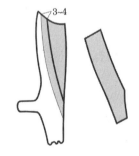

（3）袖口衬布局部使用净板，局部使用毛板

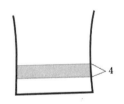

2. 成衣辅料样板

辅料样板必须具备特殊的功能，以适合裁剪各种成衣辅料。如，在夹克袖口中经常使用橡皮筋，由于宽度规定，长度需要计算，可以绘制辅助样板规定橡皮筋的长度。

辅助样板多数使用毛板。

二、成衣工艺辅助样板

用于缝制加工过程中和后整理环节的样板称为成衣工艺样板。工艺样板可以使服装加工顺利进行，保证产品规格的一致，提高产品的质量。

对衣片或半成品进行修正、定位、定形等的样板，按不同用途又可分为修正样板、定位样板、定形样板、辅助样板等。

（一）工艺修正与定位样板

1. 成衣工艺修正样板

服装工艺修正样板是用于裁片修正的模板，是为了避免裁剪、熨烫过程中衣片变形而采用的一种补正措施。如，在缝制西服之前，裁片经过高温加压粘衬后，会发生热缩等变形现象，导致左、右两片的不对称，这时，就需要用标准的纸样修剪裁片。

2. 成衣细部工艺定位样板

成衣工艺定位样板有净纸样和毛纸样之分，主要用于半成品中某些部件的定位。如，衬衫上胸袋和扣眼等的位置确定。在多数情况下，定位纸样和修正纸样两者合用。而锁眼钉扣是在后整理中进行的，所以扣眼定位纸样只能使用净样板。

（二）成衣工艺定形样板

为了保证某些关键部件外形规范、规格符合标准，在缝制加工过程所用的工艺定形样板有助于保持款式某些部位的原始设计。如，牛仔裤的月牙袋、西服的前止口、衬衫的领子和胸袋等。工艺定形纸样使用净样板，缝制时要求准确,不允许有误差。工艺定形纸样的质地应选择较硬而又耐磨的材料。工艺定形样板又分划线工艺样板、缉线工艺样板和扣边工艺样板。

1. 划线工艺样板

按定形工艺样板勾划净线,可作为缉线的线路,保证部件的形状规范统一。如,衣领在缉领外围线前,先用定形样板勾划出净线,就能使衣领的造型与样板基本保持一致,工艺划线定形板一般采用黄版纸或卡纸制作。

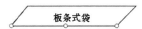

2. 缉线工艺样板

按定形工艺样板缉线,既省略了划线,又大大提高了缉线与样板的符合率。如,下摆的圆角部位、袋盖部件等。但要注意,工艺缉线定形板应采用砂布等材料制作,目的是为了增加样板与面料间的附着力,以免在缝制过程中移动。

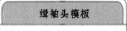

3. 扣边工艺样板

扣边工艺样板多用于单缉明线不缉暗线的零部件。如,贴袋、弧形育克等。将扣边定形样板放在衣片的反面,周边留出缝份,然后用熨斗将这些缝份向定形样板扣倒,并烫平,保持产品的规格一致。工艺扣边定形板应采用坚韧耐用且不易变形的薄铁片或铜片制成。扣边工艺定形样板多制成净板。

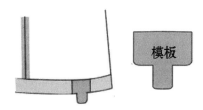

贴袋的扣边工艺定型板也可以使用薄而坚挺的纸板,其尺寸和形状与设计相同,在定型板上标明贴袋的前、后和正、反。口袋布的圆角部位需要先用手针抽缝,再熨烫。

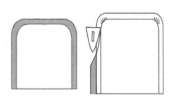

(三)成衣工艺辅助样板

1. 辅助样板种类繁多

成衣工艺辅助样板与裁剪用样板中的辅助样板有很大的不同,它只在缝制和整烫过程中起到辅助的作用。如,在轻薄的面料上缝制暗裥后,为了熨烫时正面产生褶皱,在裥的下面衬上窄条,这个窄条就是起辅助作用的样板。有时在缝制裤口时,为了保证两只裤口大小一样,采用一条标准裤口尺寸的样板作为校正,这片样板也是工艺辅助样板。

2. 成衣工艺对位样板

为了保证某些重要位置的对称性和一致性,在批量生产中常采用工艺对位样板。主要用于不允许钻眼定位的衣料或某些高档产品。对位样板一般取自于裁剪样板上的某个局部。对于衣片或半成品的定位往往采用毛样样板,如袋位的定位等。对于成品中的定位则往往采用净样样板,如扣眼位等。定位样板一般采用白卡纸或黄版纸制作。

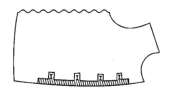

第二节　成衣工业制板条件及程序

一、成衣工业制板条件

成衣工业制板条件泛指在进行成衣工业制板之前所必须完成的几道工序。

（一）成衣结构与规格设计

1. 成衣结构设计图

在进行服装工业样板制作之前要全面审视服装设计师绘制的成衣设计图，认真研究服装的整体风格和工艺特点，充分理解设计图中所传达的造型、分割、细节、装饰、配色等特点，了解服装各部件间的组合关系，并绘制出成衣结构设计图。

2. 确定样衣尺寸

成衣设计的样衣以中号规格为准。根据国家服装号型标准中所规定的中间体的有关数据，结合服装的款式特点、产品定位、消费群状况、体型特征、穿衣习惯、号型的覆盖率等因素设定产品中间号型规格，并且对成衣各部位尺寸及组合关系进行科学、合理地设计。通过对面料的分析和成衣号型规格的量化指标，从而使产品达到美观造型的目的。

3. 确定成衣号型系列规格

以品牌需要的成衣号型系列规定和中号规格尺寸为依据，设计出各个号型的规格尺寸，并使其体型系列化，以最大限度地适应不同体型消费群的购买需求。

成衣的号型系列规格尺寸是成衣推板的依据。

（二）成衣生产工艺单制定

成衣生产工艺单是进行成衣制板的前提，是成衣生产全过程的依据，需要详细、周全而准确。

1. 自主设计、生产的品牌成衣生产工艺单

在自主设计并生产的品牌服装成衣生产工艺单上要求标注：

（1）成衣的结构平面图；

（2）面料及附料；

（3）成衣的号型及规格尺寸；

（4）重要细节说明；

（5）工艺要求等。

2. 订单加工生产成衣生产工艺单

在制定某些服装订单加工生产中，需要对客户提供的样品实物进行原样复制，任何一处的不符，均可能引起客户的不满而导致产品退货。

要使生产的产品最大限度地接近客供样品，在样板设计之前，首先要对客户提供的样衣作由整体到局部的观察和测量，通过对样衣的全面分析，了解其结构特点、工艺要求、面料的塑型特点、分割线的形状及其布局、部件配比与组合情况等，在获得一定的感性认识及相应数据的基础上，再进行样板制作。

在自主设计并生产的品牌服装成衣生产工艺单上要求标注：

（1）款式要求，即客户提供的样衣或经过修改的样衣、款式图及式样。

（2）面料要求，是指面料的性能。如，面料缩水率、面料的热缩率、面料的倒顺毛、面料的对格对条要求等。

（3）规格尺寸，即根据号型系列而制定的尺寸或客户提供生产该款服装的尺寸，应包括关键部位的尺寸和小部件尺寸等。

（4）工艺要求，即熨烫、缝制和后整理的特殊要求。如，在缝制过程中，缝口是采用包边线迹还是采用锁边线迹等不同的工艺。

成衣生产工艺单是服装工业订制的依据，也是裁剪、缝制和部分后整理的技术保

证,是生产、质检等部门进行生产管理、质量控制的参考。

(三)样衣和基础板制作

1. 制作基础样板

基础样板是依照成衣中号的规格尺寸制作的样板。基础样板形式是净板,即不含缝份的样板。

基础样板是裁剪、缝制样衣的依据。

2. 制作样衣

根据基础样板进行排料、裁剪并严格按照工艺要求制作出样衣。

通过样衣的试穿、修改、确认,计算出面料、里料、辅料的单件用量,计算出加工过程中每一道工序的耗时量,为生产及技术管理提供有效数据。

3. 检修基础样板

在样衣试穿时,通过全方位的审视,找出与设计要求或订单不相符合,或者与人体结构及运动不相适应的地方,并且及时修正;对于各部件间的配合方式及各配合关系不够严谨的部分给予改良;对于结构形式与面料性能不适应的部分适当的调整。

经过修正与调整后的基础样板称为标准样板。标准样板是成衣样板制作的依据。

二、订单生产形式与工业制板

在单纯订单加工型企业中订单形式分成三种:客户提供样品和基础板型及工艺要求;客户只提供基础板型及工艺要求和款式图而没有样品;只有样品没有其他任何参考资料。了解订单形式是确定工业制板流程的必要准备。

(一)有样品和基础板形式

既有样品又有基础板型及工艺要求的订单形式较规范,是大多数服装生产企业,尤其是外贸加工企业经常遇到的,同时也是供销部门、技术部门、生产部门以及质量检验部门都乐于接受的。

在绘制工业纸样之前有关技术部门必须按照以下流程去实施做好制板准备:

1. 订单分析

(1)包括面料分析:缩水率、热缩率、倒顺毛、对格条等;

(2)规格尺寸分析:具体测量的部位和方法,小部件的尺寸确定等;

(3)款式图分析:在订单上有生产该服装的结构图,通过分析大致了解服装的构成;

(4)包装装箱分析:单色单码(一箱中的服装不仅是同一种颜色而且是同一种规格)、单色混码(同一颜色不同规格装箱)、混色混码(不同颜色不同规格装箱),平面包装、立体包装等。

2. 样品分析

从样品中了解服装的结构:制作的工艺、分割线的位置、小部件的组合、测量尺寸的方法和大小等。

3. 确定中间标准规格

针对中间标准规格进行各部位尺寸分析,了解它们之间的相互关系,有的尺寸还要细分,从中发现规律。

4. 确定制板方案

根据款式的特点和订单要求,确定是用比例法,还是用原型法或其他的裁剪方法等。

(二)有基础板无样品形式

有基础板型、工艺要求和款式图没有样衣的订单一般常见于比较简单的典型款式,但是因为没有样品,所以增加了工业制板的难度。如,衬衫、裙子、裤子等。要绘制出合格的纸样,头脑中必须积累大量的类似服装的款式和结构组成的素材,而且还应有丰富的制板经验。工业制板必要的准备流程有:

1. 详细分析订单

包括订单上的简单工艺说明,面料的使用及特性,各部位的测量方法及尺寸大小,尺寸之间的相互配合,等等。

2. 详细分析订单款式示意图

从订单上的款式图或示意图上了解服装款式的大致结构,结合自己以前遇到的类似款式进行比较,对于有些不合理的结构,按照常规在绘制纸样时做适当的调整和修改。

3. 与客户达成共识

在有疑问的情况下绝对不能匆忙投产,不明之处多向客户咨询,不断修改,最终达成共识。

(三)仅有样品形式

1. 详细分析样品的结构

(1)分析分割线的位置、小部件的组成、各种里子和衬料的分布、袖子和领子与前、后片的配合;

(2)锁眼及钉扣的位置确定等等;

(3)关键部位的尺寸测量和分析、各小部件位置的确定和尺寸处理;

(4)各缝口的工艺加工方法;

(5)熨烫及包装和方法等;

(6)制订合理的板型、工艺说明、款式图等。

2. 面料分析

(1)分析大身面料的成分、花型、组织结构等;

(2)各部位使用衬的规格;根据大身面料和穿着的季节选用合适的里子;

(3)针对特殊的要求(如:透明的面料)需加有与之匹配的衬里;

(4)有些保暖服装(如:滑雪服)需要加有保暖的内衬材料。

3. 辅料分析

(1)拉链的规格和用处;

(2)扣子、铆钉、吊牌等的合理选用;

(3)橡皮筋的弹性、宽窄、长短及使用的部位;

(4)缝纫线的规格,等等。

(四)基础样板绘制和样衣封样

1. 绘制基础样板

绘制中号规格的纸样,这种纸样又称基础纸样或封样纸样。按照这份纸样缝制成的服装,将接受客户或设计人员的检验,并提出个性意见,确保在投产前产品的合格。

2. 样衣的裁、缝制和后整理

样衣的裁、缝制和后整理过程要严格按照纸样的大小、纸样的说明和工艺要求进行操作,确保样衣的质量完全合格。封样样衣将作为成衣生产全过程的标本。

3. 样板封样

依据样衣封样意见共同分析基础样板,从中找出产生问题的原因,进而修改中间规格的纸样,最后确定投产用的标准中间码纸样即为封样样板。合格的样板将被确认并封样,即不再修改。

4. 制订工艺说明书

制订工艺说明书是进行工业制板缝制应遵循的必备资料,是成衣生产顺利进行的必要条件,也是质量检验的标准。

第三节 成衣工业样板制作

一、成衣样板制作常识

(一)成衣制板程序与工具

1. 成衣样板制作程序

服装样板源于结构制图,但与结构制图又有明显的区别。结构图是以人体测量尺寸或成衣规格绘制的净纸样,而样板则是按照净样的轮廓,再加放缝份,折边份,备缩量(包括缝制时的自然收缩量,面料的缩水率,易脱纱衣料的多放缝等因素)后的毛样板。

成衣样板的打制程序,一般是依照裁剪

结构图的轮廓线,将图逐片地拓画在样板纸上,再按净样线条周边加放出缝头、折边、放头、缩水等所需宽度,画成毛样轮廓线,再按毛样线剪裁成片。最后按口袋、省道及其他标准打剪口、钻孔即成。

2. 成衣制板常用工具与材料

(1)绘图工具

绘图工具一般有直尺、三角尺、皮尺、曲线板、量角器、铅笔(2H、HB)。

(2)打板工具

打板工具有点线器、锥子、冲头或凿子、订书机、胶水、橡皮图章、剪刀、纱布等。

(3)打板纸

打板纸的纸要求伸缩性小、质地坚韧、纸面光洁。常用的样板纸,硬样板纸用250克左右的裱卡纸或者600克左右的黄版纸;软样板用100~300克的牛皮纸。工艺样板由于使用频繁且兼作模具,要求耐磨、结实。

(二)成衣样板设计方法

成衣样板设计方法常用的有三种。

1. 借助法

(1)借助

借助已有的或定型服装的样板的设计方法。借助法不是简单的抄袭或照搬,它是在原有品种的基础上的再创造,是仿中有创、更新和提高的过程。

(2)积累

随时摄取新产品以及有关资料、图样、照片,并且分析其造型结构以及定位特点是实行借助的前提条件。应该注意,借助某一样板的优点时都存在与现订单款式设计结构是否合理的问题,即设计产品的各种部件在组合过程中的衔接部位的尺寸要吻合,比例要合理,并做到方便操作,方便裁剪排料,节约材料。否则,费工费料,使成本增大,将直接影响企业的经济效益。

2. 展平法

直接按照客户提供的样品实物进行测量、制板的方法。适用于仅有样衣,缺少板型

和工艺要求的订单制板。

(1)测量

要求准确测量外来实物样品各部位的尺寸,并详细记录;

(2)定位制板

根据测出的样品尺寸绘制图样,进行定位制板。这种方法简单、直观,并且还要看制板人的实践经验和实际水平。

3. 取型法

取型法是针对照片以及提供部位尺寸而进行制板的一种方法。它与展平法的不同之处在于不能实际测量,而是根据合同协议上提供的检验标准推算出各部位的数据,然后按数据制图。这种方法在样板设计中是难度较大的一种。通常制板都不能是一次到位,需要经过样衣试制、修正样板、复审定位等过程。

(三)成衣样板符号

在成衣样板制作和成衣裁剪工艺中,除结构制图、基础裁剪的部分符号仍可使用外,还特有专用符号。

名称	表示符号	使用说明
正　面	□	该符号用于裁片板型提示
反　面	⊠	该符号用于裁片板型提示
向　上	⋀	该符号用于裁片板型提示
向　下	⋁	该符号用于裁片板型提示
放　缝	△＊2	角形表示放缝符号,＊号下面数字表示具体放量
缝　止	⊢●○	表示裁片某部位需要开口的位置用缝止标记
扣眼位	⊢●	表示服装的①包扣眼,②平头扣眼,③圆头扣眼位置
开线袋位	⊞	表示单开线袋位、双开线袋位的标记

续表

名称	表示符号	使用说明
装拉链		表示开口位置要用装拉链工艺进行封口处理的标记

二、成衣样板加放量

成衣样板为"毛板",成衣样板制作的关键技术是掌握由"净样"到"毛样"的加放量。加放量包括多种因素,要求全面考虑,准确掌握。主要有以下几种加放量要准确计算和掌握。

样板的加放包括放缝和缩率两个方面。

(一)缝份加放量

缝头亦称缝份、放缝、做缝。缝头加放时,在样板的主要结构缝两端或一端,对准净线标位画出缝头(包括放头),以示净线外为缝头或放头宽度。

需要全面考虑成衣样板的放缝因素。如,款式、部位、工艺、材料等。

1. 裁片缝合方式与加放量

裁片缝合方式和缝份的加放有关。

分缝(缝合后两边劈烫)加放1厘米;

倒缝(缝合后向一边倒烫)加放1厘米;

明线倒缝(倒缝上缝份大的一侧绱明线),倒缝后内层缝份窄于明线宽,外层缝份大于明线宽0.2~0.5厘米;

来去缝(反正缝或明绱暗线)一般正绱0.4厘米,反包缝份毛岔,绱暗线距光边1厘米;

包缝(分暗包明绱或明包暗绱),后片加放0.7~0.8厘米,前片加放1.5~1.8厘米;

弯绱缝(相缝合的一侧或两侧为弧线)0.6~0.8厘米;

搭缝(相缝合的一侧搭在另一侧上)加放0.8~1厘米。

(1)西服身片各部位缝合放量

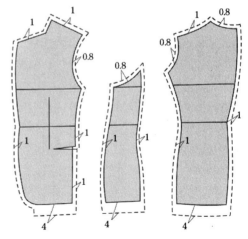

(2)西服袖片各部位缝合放量

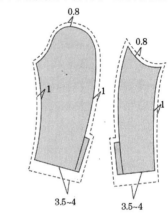

(3)西裤各部位缝合放量

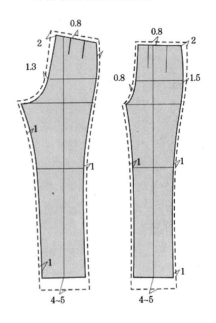

2. 裁片形状与加放量

样板的加放量与裁片的形状关系十分密切，一般曲线加放缝份要比直线的加放缝份窄一些。因为，在曲线外侧加放缝份，缝份的边缘长度要长出一些，当缝份折转时，其边缘会出现多余的皱褶而影响缝份平服，故缝份窄些为宜；在曲线内侧加放缝份，缝份的边缘长度要缩短一些，当缝份折转时，其边缘会牵吊不平，缝份越大情况越严重，故缝份不宜宽，一般 0.7~0.8 厘米。

3. 放头的加放量

在衣片上，根据人体某些容易发展变化的部位除了应加放的缝头外，再多加放些余量以备服装放大、加肥之需。如，高档产品上衣（大衣）的背缝、摆缝、肩缝、袖缝，裤子的侧缝、下裆缝及后缝等。一般在缝头之外，再多留"放头"量 1~2 厘米，根据不同部位决定不同放量。

4. 里外容的加放量

一般俗称"吐止口"、"吐眼皮"，即两层或多层缝合并翻净的缝边，必须是表层边缘"吐"出少许（底层缩进少许）。如，上衣、大衣门襟的止口。

两层或多层构合的部位（特别是小部位、小部件），如大、小口袋袋盖，中山装领子的上领和底领等，必须使表层适量大于内层里的0.25~0.3 厘米。

5. 不同原料质地的缝份加放量

质地疏松，易脱纱面料的缝份应比一般面料多放些。

（二）折边加放量

1. 下口（摆）拆边加放量

凡有折边的部位。如底摆、挂面等。

裤口折边一般加放 4 厘米，高档裤口折边加放 5 厘米，短裤口折边加放 3 厘米；

翻脚边一般加放 10 厘米；

上衣下摆折边一般加放 3~3.5 厘米，毛呢类 4 厘米，衬衫 2~3.5 厘米，大衣 5 厘米；

裙摆折边一般加放 3 厘米，大弧度裙摆折边加放 2 厘米。

袖口折边一般与底摆的加放量相同，或略窄些。

2. 开衩开口及口袋折边加放量

开衩，亦称开气折边一般加放 1.7~2 厘米；

开口（装纽扣、拉锁处）折边一般加放1.5 厘米；

明贴口袋折边一般加放：无盖式大袋3.5 厘米，有盖式大袋 1.5 厘米；无盖式小袋2.5 厘米，有盖式小袋 1.5 厘米；借缝袋1.5~2 厘米。

（三）缩率加放量

1. 缝制过程中产生的缝缩率

制作样板时要考虑原料在缝纫、熨烫过程中产生的收缩因素而加放一定的缩率，具体缩率视具体情况而定。

2. 原料的缩水率

对面料进行收缩检查：将 30 厘米见方的面料，平铺在熨台上，用蒸汽熨斗虚在面料正上方，来回 5 秒钟，进行面料收缩检查。熨烫后的面料如收缩 0.5 厘米以上，基础样板需加放适当的量。

三、成衣样板标记

（一）样板定位标记

在服装基础样板（净样）四边加放缝头、放头、折边等放量，并画、剪成成衣样板（毛样）后，还必须在样板上做出各种定位标记，以作为推板、排料画样及推刀裁剪的标位根据和缝制工艺过程中掌握部位缝制的匹配依据。定位标记对裁剪和缝制起指导作用，因此必须按照规定的尺寸和位置打准。

定位标记起着表明宽窄、大小及位置的作用。样板上的定位标记主要有打剪口、钻眼和净边三种。

1. 打剪口

打剪口也称刀眼,即样板边缘需要标记处剪成三角形缺口。剪口是在裁片的边缘处打制,一般深、宽小于等于0.5厘米。剪口标明部位的:

(1)缝份和折边的宽窄;

(2)收省的位置和大小;

(3)开衩的位置;

(4)零部件的装配位置;

(5)缝合装配时,应与其他剪口或缝裥部位相互对称;

(6)贴袋、袖头等的前边和上端;

(7)褶裥、辑裥、缝线的位置或抽褶的起止点;

(8)裁片对条、对格位置。

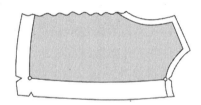

2. 钻眼

钻眼亦称打孔,即在裁片的内部需要标记处无法打剪口时,适合用冲孔工具钻眼。孔径一般在0.5厘米左右。如袋位、省位多采用打孔定位的方式。

注意钻眼位偏近缝合线少许,使得缝合后孔眼不外露。

钻眼用来标明的部件:省道、褶裥,凡收省部位需做标记,并按起止长度、形状及宽度标位。丁字省(锥形)标两端,袖窿省(折腰省)、橄榄省(枣核形)还需标中宽。活褶只标上端宽度;死褶加上终止位;通长褶裥两端标位。局部抽褶应标抽褶范围的起止点。

3. 净边

对样板中需要精确定位的局部小范围,单独剪成净样,以便排料、画样时能准确地画出位置及形状(多用于高档产品)。

(二)样板定位应用

1. 收省

(1)收省长度:钻眼一般比实际省长短1厘米。

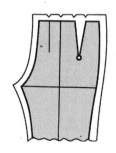

(2)橄榄省的大小:钻眼一般比实际收省的大小每边偏进0.3厘米。

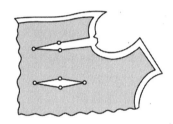

2. 袋位

装袋和开袋的位置和大小(钻眼一般比实际大小偏进0.3厘米);

暗挖袋的定位标记只对袋及其大小标位;

板条式暗袋的定位标记还需对袋板下边缝缝标位;

明袋除了对袋口及大小标位外,袋前边还应标位;

在借缝袋上只对袋口的两端标位。

3. 开口、开衩

在开口、开衩上对开口的长度始点标位，开口下端点的开口量宽度标位。

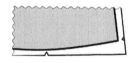

对搭门、扣位、贴边位标位。

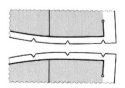

对开衩的长度始点标位。开衩的里襟与衣片相连接时，对搭门和宽度标位。

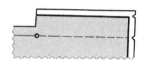

4. 对刀

在服装结构中的一些需要相缝合的主要缝子，特别是较长的缝子标明对刀位。在两片缝合时，除了要求两端比齐外，往往要求在当中某些环节、部分按定位标记对准缉线。这种定位标记叫对刀。

5. 对位

对位主要是指小部件、零部件和大身缝合时相对应的标记。如，装袖子时则需有袖山头与肩缝的对位标记；底袖缝与袖窿前腋下的对位标记。

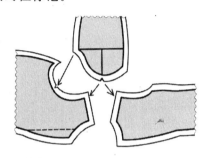

6. 其他标位

如，西服驳头终点与第一粒扣位；上衣或上衣的暗绊式门襟的暗绊止点等，也都应做好定位。

四、成衣样板标注与整理

（一）成衣样板文字标注

样板上除了定位标记外，还必须有必要的文字标记。其内容包括以下几个方面：

1. 产品型号

同一款式产品如有几种不同的型号，应在各样板上标注清楚型号，以免混淆。

2. 产品规格

样板上必须标明产品的规格，以及各个部位的小规格。

3. 样板种类

在样板上要分别标明面料的样板、衬料样板，有里布的标明里料样板，净片样板、缝纫时用的净样板、熨烫时用的扣烫样板都要分别标注清楚。

4. 样板所属

左、右片不对称的产品，要在样板上标明左、右片的正、反面。

5. 样板纱向

样板上应醒目地标上经、纬方向，特别是斜向原料的样板要标明斜丝缕。

6. 不同样板

部件样板上应标明向上或是向下、前或是后的方向标记。片数不固定的零部件，应在样板上标明每条应裁的片数。

7. 应用光边

应在样板上标明需要用光边的部件。

标字常用的外文字母和阿拉伯数字应尽量用单字图章拼盖。其余文字用楷体或仿宋体书写。

拼盖图章及手写文字要端正、整洁，勿潦草、涂改。

标字符号要准确无误。

（二）成衣样板整理

1. 检查、复核

每一个产品的样板打制完成后要认真检查、复核，避免欠缺、误差。

2. 串连、吊挂

每一件样板要在适当位置打一个10～15毫米的圆孔，便于串连、吊挂。

3. 编号

每一件衣服的净板都应实行规范的编号制度，编号应注明如下几项：年号、款号、总板数、板号等。例如，"2006－005－10－3"即表明2006年第005号款服装样板共10块，此为其中第3号板。

4. 分类

样板按品种、款型和号型规格分类，并且区别面、里、衬板型，各自集中，串连吊挂。

5. 管理

样板要实行专人、专柜、专账、专号管理。

第四节　成衣号型与体型类别

一、成衣号型标准

（一）服装号型系列标准制定

1. 服装号型系列标准的制定与原则

为了制定科学的、全国统一的服装号型系列标准，原国家轻工业部组织科研、技术人员于1974年开始，对全国21省市近40万人进行了人体体型的测量调查，于1981年制定了服装号型系列国家标准，并于1982年1月1日颁布实施，同时还颁布和试行了GB 2669—81等男女衬衫、上衣和下装重点品种的规格系列标准。

1987年原国家纺织工业部组织有关部门经过4年来对全国10个省市进行了人体抽样调查和研究，对服装号型系列国家标准进行了修订，由国家技术监督局于1991年7月17日发布，1992年4月1日实施。服装号型系列新版国家标准，分为成年男女标准和儿童标准。代号分别是男：GB 1335.1—91，女：GB 1335.2—91，儿童：GB/T 1335.3—91。男女标准为强制执行标准，而儿童标准在GB后附有"T"字母的为推荐标准（"T"为"推"字汉语拼音第一个字母）。

1997年根据我国人体体型变化及参照国外先进标准，为了弥补GB 1335—91标准的不足之处，再次对服装号型标准进行了修订，1997年11月发布，1998年6月1日实施。新版标准仍旧分男女和儿童三种标准。标准代号分别为男：GB/T 1335.1－97，女：GB/T 1335.2－97，儿童：GB/T 1335.3－97，均为推荐标准。男、女成年服装号型国家标准都改为推荐标准，并非意味着服装企业或商业企业可以不执行国家标准或随意降低标准。而是要求企业若不执行国家标准则必须执行行业或企业标准。在此，应该明确我国关于各种标准的规定原则，即企业标准应高于行业标准，而行业标准应高于国家标准。而企业应以国家标准为参照进行服装工业化生产活动。

2. 服装号型系列标准的发展

在保持1992年国家标准先进性、合理性和科学性的基础上，为了进一步和国际接轨，1998年颁布的新版国家标准对1992年颁布的标准进行了修订和补充。

男女号型标准由强制实行标准，改为非强制性的推荐标准，使标准更灵活方便。

在新标准中取消了5·3号型系列。从服装工业化生产的实际过程中可以看出，号型系列制定得越细、越复杂，就越不利于企业的生产操作和质量管理。而 5·4 系列与原国家标准相同,为了满足腰围档差不宜过大的情况,又能保证上下装配套,将 5·4 系列半档排列,组成 5·2 系列,企业可根据本企业需要制定比国家标准更细、要求更高的号型系列标准。

补充了婴儿部分的号型,使儿童号型系列更加充实、完整。即在 1992 年儿童号型标准的两段身高 80～130 厘米、135～160 厘米号型系列基础上,又增加了 52～80 厘米身高段号型。身高以 7 厘米分档,胸围以 4 厘米分档,腰围以 3 厘米分档,分别组成上装 7·4 号型系列和 7·3 号型系列。

(二)服装号型定义

《服装号型系列》对服装统一号型的制定作了详细的说明,其中包括号型定义、号型系列标志、号型应用、号型部位测量和控制部位数值等内容。

服装号型是服装长短和肥瘦的标志,是根据正常标准人体体型规律性和使用需要,选用最有代表性的部位作为标记符号。根据号型制规定,人的身高是衣着长度的依据,而胸围和腰围则是衣着肥瘦的依据。

1.“号”

“号”是以厘米表示人的总体高(从头顶垂直到地面),其中也包含坐姿颈椎点高、腰节高等各主要控制部位数值。

2.“型”

“型”是以厘米表示人体的净胸围、净腰围,其中包含净臀围、颈围、总肩宽等主要围度、宽度控制部位数值。因此上装的号型是总体高和净胸围,下装的号型是总体高和净腰围。

3. 号型系列

服装号型 5·4,5·2 系列标准中,前一个数字“5”表示“号”的分档数值。成年男子从 150～185 厘米设置范围组成系列;成年女子从 145～175 厘米设置范围组成系列。

在 5·4,5·2 系列标准中后一个数字“4”和“2”分别是以 4 厘米和 2 厘米表示“型”的分档数值,成年男子从 80 或 79 厘米开始,成年女子从 76 或 75 厘米开始,上装每隔 4 厘米分一档;下装每隔 2 厘米分一档。下装的“型”,成年男子从 67 或 66 厘米开始,成年女子从 63 或 62 厘米开始。

儿童(不分体型)分三个年龄身段高,以不同分档组成系列。婴幼儿身段高以 7 厘米分档,以 52～80 厘米设置范围组成系列,大童身段高已接近成年,则分为男女系列:大男童的“号”以 5 厘米分档,以 135～160 厘米设置范围组成系列;大女童的“号”以 5 厘米分档,并以 135～155 厘米为设置范围组成系列,同样以 5 厘米分一档;儿童“型”则以 4 厘米(胸围)、3 厘米(腰围)分档组成系列。

(三)服装号型标志与应用

1. 号型标志

在服装号型的制定中对号型在服装上的标志方法也作了统一规定,如一个人的总体高是 170 厘米,净胸围是 88 厘米,而体型比较标准的人,号型表示方法为 170/88A。

2. 号型应用

号和型的分档数值与每个人的实际高低胖瘦并不完全相符,所以对号型服装的选购,可用上、下归靠的方法。如 170 号服装,可适合总体高度 168～172 厘米的人穿着。对总体高介于两个号中间的衣着者来说,则可根据自己的衣着习惯和要求,在上下两个号中选购。对“型”的选取方法也是如此。

3. 号型配置的形式

成衣生产中,必须根据选定的号型系列编制出产品的规格系列表,这是对正规化生产的一种基本要求。一方面以此来控制和保证产品的规格质量;另一方面则结合投产批量、款式等实际情况,编制出样板所需要的号型配置。这种配置一般有三种形式。从男装设定 160～180 五个号和 80～96 五个型中选

择,其配置形式如下:

(1)号和型同步配置,其配置形式是:160/80,165/84,170/88,175/92,180/96。

(2)一个号和多个型配置,其配置形式是:170/80,170/84,170/88,170/92,170/96。

(3)多个号和一个型配置,其配置形式是:160/88,165/88,170/88,175/88,180/88。

因为选定的中心号型是170/88,所以在三种配置形式中都有170/88这一中心号型。在制作样板时,一种配置可制作一套样板,如三种配置都需要时,则要分别制作三套样板。

二、成年人体型分类

(一)四类体型划分及依据

1. Y、A、B、C体型划分

为了解决成年上、下装配套的问题,国家服装号型标准将成年人体号型分为 Y、A、B、C 四种体型,并进行了合理的搭配,四种体型是根据胸围和腰围的差值范围进行分档。

服装号型标准中的胸围是按需要设定的不变数值。在同一胸围的前提下,有许多不同腰围的人体,这就构成了胸围与腰围之间的差数。这些客观存在的差数以及相对应的人体的比值,是将国人的体型分为 Y、A、B、C 四个类型的依据。

2. 胸、腰差体现体型特征

成年人体分类(按胸腰落差的厘米数)

(单位:厘米)

体型代号	男子成人胸腰差	女子成人胸腰差
Y	22～17	24～19
A	16～12	18～14
B	11～7	13～9
C	6～2	8～4

Y 型是胸围大而腰围小的体型。

A 型是胖瘦适中的标准体型。

B 型胸围比较丰满而腰围稍粗的体型。

C 型是腰围稍粗的较肥胖的体型。

服装号型标准选取我国人体变化最活跃的部位—腰围作为体型分类的依据。

(二)四类体型关键部位差异

1. 总肩宽与颈围差异

在成年人的四类体型中,在胸围相同的条件下,许多部位的数值不一样。如,胸围同是一个数值,而总肩宽、颈围的起始数值是不同的。如下表所示。

四类体型总肩宽、颈围的数值 (单位:厘米)

体型分类部位	Y	A	B	C
总肩宽(S)	44	44.6	43.2	
颈围(N)	36.4	36.8	37.2	

从表中可以看出总肩宽从 Y～C 型呈递减的趋势,而颈围从 Y～C 型呈递增的趋势。

2. 臀围与腰围差异

型与型之间关键部位的差异把四种体形的特征表现出来。各型内部同样需要这样的差异,才能真正在满足具体需要的同时,尽可能适应较多个体的需求。在同一个型内腰部与臀部落差存在由大到小的差异,并有一个数量区间,随着腰围的增大,臀围与腰围的差数逐渐缩小,所有使依据体型特点制成的服装更适体,结构更合理,见下表。

服装号型标准仅以胸、腰落差划分成年人四种体型,虽然不包括人体各曲面的位置和人体各部位的倾斜坡度,但完全可以成为服装结构设计的科学依据。

四类成年人体型臀围与腰围的数值

(单位:厘米)

体型	男子:臀围—腰围	女子:臀围—腰围
Y	22.8—17.6	27.4—24.8
A	19.6—13.6	23.4—20
B	17.6—6.8	22.2—14.8
C	11.6—0.2	17.8—10

（三）体型比例和服装号型覆盖率

1. 各种体型比例

Y、A、B、C体型在中国人群总量中的比例 ％

体型	Y	A	B	C
比例	20.98	39.21	28.65	7.92

2. 各种体型服装号型覆盖率

（1）各种体型的身高与胸围覆盖率不同

各种体型的身高与胸围、腰围的覆盖率是不同的。

身高与胸围的覆盖率最高为170/88Y，达到11.11％；165/84A，达到8.49％；165/88B，达到5.32％；165/92C，达到5.90％。

覆盖率最低的是155/88Y和185/92Y，达到0.41％；175/76A，达到0.37％；145/72B，达到0.33％；185/104C，达到0.33％。

（2）各种体型的身高与腰围覆盖率不同

身高与腰围的覆盖率最高为170/68Y，达到5.90％；165/70A，达到4.16％；165/78B，达到2.60％；170/90C，达到2.39％。

覆盖率最低的是160/56Y，达到0.16％；165/56A和150/64A，达到0.16％；150/56B、155/56B、145/62B、145/64B、170/64B、185/88B、160/90B、165/94B，达到0.16％；180/108C，达到0.16％。

（3）各地区各种体型的身高与胸围、腰围的覆盖率不同

各地区各种体型的身高与胸围、腰围的覆盖率是不同的，其中包括东北地区，华北地区，中西部地区，长江下游地区，长江中游地区，广东、广西、福建地区，云南、贵州、四川地区。

各地区成衣市场的产品规格设计应参考中华人民共和国相关标准。

三、成人各体型成衣号型配置

（一）男子各体型成衣号型配置

1. 男子 Y 体成衣号型配置

	155		160		165		170		175		180		185	
	Y													
76			56	58	56	58	56	58						
80	60	62	60	62	60	62	60	62	60	62				
84	64	66	64	66	64	66	64	66	64	66	64	66		
88	68	70	68	70	68	70	68	70	68	70	68	70	68	70
92			72	74	72	74	72	74	72	74	72	74	72	74
96					76	78	76	78	76	78	76	78	76	78
100							80	82	80	82	80	82	80	82

2. 男子 A 体成衣号型配置

	155			160			165			170			175			180			185		
	A																				
72				56	58	60	56	58	60												
76	60	62	64	60	62	64	60	62	64	60	62	64									
80	64	66	68	64	66	68	64	66	68	64	66	68	64	66	68						
84	68	70	72	68	70	72	68	70	72	68	70	72	68	70	72	68	70	72			
88	72	74	76	72	74	76	72	74	76	72	74	76	72	74	76	72	74	76	72	74	76
92				76	78	80	76	78	80	76	78	80	76	78	80	76	78	80	76	78	80
96							80	82	84	80	82	84	80	82	84	80	82	84	80	82	84
100										84	86	88	84	86	88	84	86	88	84	86	88

3. 男子 B 体成衣号型配置

B															
	150		155		160		165		170		175		180		185
72	62	64	62	64	62	64									
76	66	68	66	68	66	68	66	68							
80	70	72	70	72	70	72	70	72	70	72					
84	74	76	74	76	74	76	74	76	74	76	74	76			
88			78	80	78	80	78	80	78	80	78	80	78	80	
92			82	84	82	84	82	84	82	84	82	84	82	84	82 84
96					86	88	86	88	86	88	86	88	86	88	86 88
100							90	92	90	92	90	92	90	92	90 92
104									94	96	94	96	94	96	94 96

4. 男子 C 体成衣号型配置

C															
	150		155		160		165		170		175		180		185
76			70	72	70	72	70	72							
80	74	76	74	76	74	76	74	76	74	76					
84	78	80	78	80	78	80	78	80	78	80	78	80			
88	82	84	82	84	82	84	82	84	82	84	82	84	82	84	
92			86	88	86	88	86	88	86	88	86	88	86	88	86 88
96			90	92	90	92	90	92	90	92	90	92	90	92	90 92
100					94	96	94	96	94	96	94	96	94	96	94 96
104							98	100	98	100	98	100	98	100	98 100
108									102	104	102	104	102	104	102 104
112											106	108	106	108	106 108

(二)女子各体型

1. 女子 Y 体成衣号型配置

Y														
	145		150		155		160		165		170		175	
72	50	52	50	52	50	52	50	52						
76	54	56	54	56	54	56	54	56	54	56				
80	58	60	58	60	58	60	58	60	58	60	58	60		
84	62	64	62	64	62	64	62	64	62	64	62	64	62	64
88	66	68	66	68	66	68	66	68	66	68	66	68		
92			70	72	70	72	70	72	70	72	70	72	70	72
96					74	76	74	76	74	76	74	76	74	76

2. 女子B体成衣号型配置

号	B													
	145		150		155		160		165		170		175	
68			56	58	56	58	56	58						
72	60	62	60	62	60	62	60	62	60	62				
76	64	66	64	66	64	66	64	66	64	66				
80	68	70	68	70	68	70	68	70	68	70	68	70		
84	72	74	72	74	72	74	72	74	72	74	72	74	72	74
88	76	78	76	78	76	78	76	78	76	78	76	78	76	78
92	80	82	80	82	80	82	80	82	80	82	80	82	80	82
96			84	86	84	86	84	86	84	86	84	86	84	86
100					88	90	88	90	88	90	88	90	88	90
104							92	94	92	94	92	94	92	94

3. 女子C体成衣号型配置

号	C													
	145		150		155		160		165		170		175	
68	60	62	60	62	60	62								
72	64	66	64	66	64	66	64	66						
76	68	70	68	70	68	70	68	70						
80	72	74	72	74	72	74	72	74	72	74				
84	76	78	76	78	76	78	76	78	76	78	76	78		
88	80	82	80	82	80	82	80	82	80	82	80	82	76	78
92	84	86	84	86	84	86	84	86	84	86	84	86	84	86
96			88	90	88	90	88	90	88	90	88	90	88	90
100			92	94	92	94	92	94	92	94	92	94	92	94
104					96	98	96	98	96	98	96	98	96	98
108							100	102	100	102	100	102	100	102

四、儿童成衣号型配置

（一）婴儿成衣号型配置

1. 身高52～80厘米婴儿上装号型系列

号	型		
52	40		
59	40	44	
66	40	44	48
73		44	48
80			48

2. 身高52～80厘米婴儿下装号型系列

号	型		
52	41		
59	41	44	
66	41	44	47
73		44	47
80			47

(二)低龄儿童成衣号型配置

1. 身高80～130厘米儿童上装号型系列

号	型				
80	48				
90	48	52	56		
100	48	52	56		
110		52	56		
120		52	56	60	
130			56	60	64

2. 身高80～130厘米儿童下装号型系列

号	型				
80	47				
90	47	50			
100	47	50	53		
110		50	53		
120		50	53	56	
130			53	56	59

(三)大龄儿童成衣号型配置

1. 身高135～160厘米男童上装号型系列

号	型				
135	60	64	68		
140	60	64	68		
145		64	68	72	
150		64	68	72	
155			68	72	76
160				72	76	80

2. 身高135～160厘米男童下装号型系列

号	型				
135	54	57	60		
140	54	57	60		
145		57	60	63	
150		57	60	63	
155			60	63	66
160				63	66	69

3. 身高135～150厘米女童上装号型系列

号	型				
135	56	60	64		
140		60	64		
145			64	68	
150			64	68	72
155				68	72	76

4. 身高135～150厘米女童下装号型系列

号	型				
135	49	52	55		
140		52	55		
145			55	58	
150			55	58	61
155				58	61	64

从号型表中可以看出，每个号都配置有不同数量的几个型，中心号则配置有全部型，其中中心号型的设置，是编制整个号型表的依据。中心号型是从人体测量调查中选出的中间标准体，服装号型表是以中间标准体的号型为中心，按各个系列的分档间隔值，向左减、向右加而依次排列成的。所以无论编制哪一种号型系列，其中心号型数值都相同，这是需要重点注意的。成年男、女体的中心号型，是指全国范围而言的，由于各个地区的情况有所差别，面对人体的测量调查工作距今已时隔十多年，所以，总的体型情况已有所变化。从目前在实际工作中所接触到的情况来看，在成年男、女体的中心号型，"型"的中心值尚可，而"号"的中心值明显偏小。所以对中心号型的设置，应根据各地区的不同情况及产品的销向而定，不宜照搬，但规定的系列不能变。

第五节　成衣规格设计

一、成衣规格设计依据

(一)成衣规格设计要点

服装号型规格设计是服装生产企业重要的技术环节,关系到产品的时常适应性和人群覆盖率。成衣规格设计通常是以国家服装号型标准或用户提供的规格标准为依据,结合具体的款式特点及市场定向,设计出服装主要控制部位的成品系列尺寸,在进行服装规格设计的过程中应当注意以下几个方面。

1. 注重消费群体型特征

成衣规格设计实际上是对商品应用范围的总体策划。因此,成衣规格设计和"量体裁衣"是完全不同的两种概念,量体裁衣所针对的是具体的人,可以作为一种个案来强化服装的个性;而成衣规格设计所面对的是某一地域、某一阶层或某一群体中的人。不能将个别的或部分人的体型和规格作为成衣规格设计的依据,必须考虑能够适应多数地区和多数人的体型和规格要求,成衣规格设计必须注重共性。

2. 灵活运用国家统一号型标准

国家服装统一号型表为企业进行服装规格设计提供了依据。但是,国家服装号型表中所规定的只是人体基本数据,而不代表服装的成品规格。所以,在具体运用中,必须依据产品的款式和风格造型等特定要求,灵活应用国家服装号型标准,即使同一号型的不同产品,也会有不同的规格设计,不能机械地套用或照搬标准。

成衣规格设计的任务,是以服装统一号型为依据,对具体产品设计出相应的加工数据。

3. 体现产品风格特点

成衣规格设计,必须依据具体产品的款式和风格造型等特定要求,进行相应的规格设计。所以规格设计,是反映产品特点的有机组成部分,同一号型的不同产品,可以有不同的规格设计,要具有鲜明的相对性和应变性。

(二)成衣规格与控制部位

1. 成衣规格主项控制部位

控制部位是指服装与人体曲面相吻合的主要部位。

上装除衣长和胸围之外,还设置总肩宽、袖长和领大共五个控制部位。

裤子除裤长和腰围之外,还设置了臀围共三个控制部位。

号型和控制部位的数值,是设计服装细部规格的依据,也是检测成品规格的依据。由于我国幅员辽阔,气候差异较大,各个地区的衣着方式和习惯也有所不同,在设计各种服装规格的时候,可以根据地区特点、衣着对象和不同款式等具体情况,因情制宜,灵活掌握控制部位数据。

2. 服装控制部位

根据各类服装品种、款型的需要,对号型的控制部位加以不同的放量后,就成为设计服装成品规格的基本部位或主要部位的依据。

号型标准中的主要控制部位是号(身高)和型(净胸围或净腰围)。号型相对应的其他控制部位有七个:颈椎高点、坐姿颈椎高点(上体长)、全臂长、腰节高、颈围、总肩宽(也可加胸背宽)、臀围。各号型一样也按四类体型分别形成系列。

儿童号型控制部位,除身高、胸围、腰围

外,也有对应控制部位,但没有颈椎高点,只有坐姿颈椎高点、全臂长、腰节高、颈围、总肩宽、臀围六个。不分体型,但组成系列。

二、各型人体服装控制部位数值

国家服装号型标准在广泛测量人体的基础上,确定人体中 10 个主要部位的数值系列,其中作为服装长度参考依据有身高、颈椎点高、坐姿颈椎点高、全臂长、腰围高;作为围度参考的依据有胸围、腰围、臀围、颈围;作为宽度参考的依据有肩宽。

数值是通过对人体进行科学的测体、量体或运用人体黄金比例进行推导、计算所取得的人体主要部位净体数值。

(一)各型男子服装控制部位数值及档差

1. 男子服装 Y 型各系列分档数值

单位:厘米

部位	测量统计数	采用数	5·4 系列	5·2 系列	身高、胸围、腰围每增减 1厘米
身　高	170	170	5	5	1
颈椎点高	144.8	145.0	4.00		0.80
坐姿颈椎点高	66.2	66.5	2.00		0.40
全臂长	55.4	55.5	1.50		0.30
腰围高	102.6	103.0	3.00	3.00	0.60
胸　围	88	88	4		1
颈　围	36.3	36.4	1.00		0.25
总肩宽	43.6	44.0	1.20		0.30
腰　围	69.1	70.0	4	2	1
臀　围	87.9	90.0	3.20	1.60	0.80

2. 男子服装 A 型各系列分档数值

单位:厘米

部位	测量统计数	采用数	5·4 系列	5·2 系列	身高、胸围、腰围每增减 1厘米
身　高	170	170	5	5	1
颈椎点高	145.1	145.0	4.00		0.80
坐姿颈椎点高	66.3	66.5	2.00		0.40
全臂长	55.3	55.5	1.50		0.30
腰围高	102.3	102.5	3.00	3.00	0.60
胸　围	88	88	4		1
颈　围	37.0	36.8	1.00		0.25
总肩宽	43.7	43.6	1.20		0.30
腰　围	74.1	74.0	4	2	1
臀　围	90.1	90.0	3.20	1.00	0.80

3. 男子服装 B 型各系列分档数值

单位:厘米

部位	测量统计数	采用数	5·4 系列	5·2 系列	身高、胸围、腰围每增减 1厘米
身　高	170	170	5	5	1
颈椎点高	145.5	145.5	4.00		0.80
坐姿颈椎点高	66.9	67.0	2.00		0.40
全臂长	55.3	55.5	1.50		0.30
腰围高	101.9	102.0	3.00	3.00	0.60
胸　围	92	92	4		1
颈　围	38.2	38.2	1.00		0.25
总肩宽	44.5	44.4	1.20		0.30
腰　围	82.8	84.0	4	2	1
臀　围	94.1	95.0	2.80	1.40	0.70

4. 男子服装 Y 型各系列分档数值

单位：厘米

部位	测量统计数	采用数	5·4 系列	5·2 系列	身高、胸围、腰围每增减 1 厘米
身　高	170	170	5	5	1
颈椎点高	146.1	146.0	4.00		0.80
坐姿颈椎点高	67.3	67.5	2.00		0.40
全臂长	55.4	55.5	1.50		0.30
腰围高	101.6	102.0	3.00	3.00	0.60
胸　围	96	6	4		1
颈　围	39.5	39.6	1.00		0.25
总肩宽	45.3	45.2	1.20		0.30
腰　围	92.6	92.0	4	2	1
臀　围	98.1	97.0	2.80	1.40	0.70

（二）各型女子服装控制部位数值及档差

1. 女子服装 Y 型各系列分档数值

单位：厘米

部位	测量统计数	采用数	5·4 系列	5·2 系列	身高、胸围、腰围每增减 1 厘米
身　高	160	160	5	5	1
颈椎点高	136.2	136.0	4.00		0.80
坐姿颈椎点高	62.6	62.5	2.00		0.40
全臂长	50.4	50.5	1.50		0.30
腰围高	98.2	98.0	3.00	3.00	0.60
胸　围	84	84	4		1
颈　围	33.4	33.4	0.80		0.20
总肩宽	49.9	40.0	1.00		0.25
腰　围	63.6	64.0	4	2	1
臀　围	89.2	90.0	3.60	1.80	0.90

2. 女子服装 A 型各系列分档数值

单位：厘米

部位	测量统计数	采用数	5·4 系列	5·2 系列	身高、胸围、腰围每增减 1 厘米
身　高	160	160	5	5	1
颈椎点高	136.0	136.0	4.00		0.80
坐姿颈椎点高	62.6	62.5	2.00		0.40
全臂长	50.4	50.5	1.50		0.30
腰围高	98.1	98.0	3.00	3.00	0.60
胸　围	84	84	4		1
颈　围	33.7	33.6	0.80		0.20
总肩宽	39.9	39,4	1.00		0.25
腰　围	68.2	68	4	2	1
臀　围	90.9	90.0	3.60	1.80	0.90

3. 女子服装 B 型各系列分档数值

单位：厘米

部位	测量统计数	采用数	5·4 系列	5·2 系列	身高、胸围、腰围每增减 1 厘米
身　高	160	160	5	5	1
颈椎点高	136.3	136.5	4.00		0.80
坐姿颈椎点高	63.2	63.0	2.00		0.40
全臂长	50.5	50.5	1.50		0.30
腰围高	98.0	98.0	3.00	3.00	0.60
胸　围	88	88	4		1
颈　围	34.7	34.6	0.80		0.20
总肩宽	40.3	39.8	1.00		0.25
腰　围	76.6	78.0	4	2	1
臀　围	94.8	96.0	3.20	1.60	0.80

4. 女子服装 C 型各系列分档数值

单位：厘米

部位	测量统计数	采用数	5·4系列	5·2系列	身高、胸围、腰围每增减1厘米
身　高	160	160	5	5	1
颈椎点高	136.5	136.5	4.00		0.80
坐姿颈椎点高	62.7	62.5	2.00		0.40
全臂长	50.5	50.5	1.50		0.30
腰围高	98.2	98.0	3.00	3.00	0.60
胸　围	88	88	4		1
颈　围	34.9	34.8	0.80		0.20
总肩宽	40.5	39.2	1.00		0.25
腰　围	81.9	82	4	2	1
臀　围	96.0	96.0	3.20	1.60	0.80

（三）各型儿童服装控制部位数值及档差

1. 80～130 厘米儿童服装号型各系列分档数值

单位：厘米

部位	测量统计数	采用数	身高、胸围、腰围每增减1厘米
身　高	10	10	1
坐姿颈椎点高	3.30	4	0.40
全臂长	3.40	3	0.30
腰围高	7.40	7	0.70
胸　围	88	88	1
颈　围	0.90	0.80	0.20
总肩宽	2.30	1.80	0.45
腰　围	2.56	3	0.75
臀　围	5.96	5	1.67

2. 135～160 厘米男大童服装号型各系列分档数值

单位：厘米

部位	测量统计数	采用数	身高、胸围、腰围每增减1厘米
身　高	5	5	1
坐姿颈椎点高	1.78	2	0.40
全臂长	1.87	1.50	0.30
腰围高	3.39	3	0.60
胸　围	4	4	1
颈　围	1.28	1	0.25
总肩宽	1.27	1.20	0.30
腰　围	2.74	3	0.75
臀　围	4.50	4.50	1.50

3. 135～155 厘米女大童服装号型各系列分档数值

单位：厘米

部位	测量统计数	采用数	身高、胸围、腰围每增减1厘米
身　高	5	5	1
坐姿颈椎点高	1.89	2	0.40
全臂长	1.70	1.50	0.30
腰围高	3.47	3	0.60
胸　围	4	4	1
颈　围	1.17	1	0.25
总肩宽	1.51	1.20	0.30
腰　围	2.40	3	0.75
臀　围	4.76	4.50	1.50

三、各类成衣规格设计范例

(一)衬衫、单服标准体规格设计

以 5·4 系列为例,将男、女衬衫及单服的关键设计部位基本尺寸列表如下。

		男衬衫	女衬衫	男单服	女单服
衣 长		74	64	72	66
胸 围		110	100	110	104
领 大	衬衫	39	35.5/36/36.5	40/41/42	37/37.5/38
	两用	40			
袖 长	长袖	57.5/58.5/59.5	52/53/54	60/61/62	54/55/56
	短袖	20/21/22	19/20/21		
总肩宽		46	40/40.5/41	45.4/46/46.6	41/41.5/42
裤 长				104	100
腰 围				90	86
臀 围				115.2/116.8/118.4/120	114.8/116.4/118/119.6

1. 衬衫

(1)男衬衫衣长分档 2,胸围分档 4,领大分档 1,总肩宽分档 1.2,长袖长分档 1.5,短袖长分档 1,长、短袖袖长组别差 1。

(2)女衬衫衣长分档 2,胸围分档 4,领大分档 1,总肩宽分档 1,长袖长分档 1.5,短袖长分档 1,长、短袖袖长组别差 1,领大组别差 0.5,总肩宽组别差 0.5。

2. 单服

(1)男单服上衣,衣长分档 2,胸围分档 4,领大分档 1,领大组别差 1,总肩宽分档 1.2,总肩宽组别差 0.6,袖长分档 1.5,袖长组别差 1。

(2)女单服上衣,衣长分档 2,胸围分档 4,领大分档 1,总肩宽分档 1,袖长分档 1.5,领大、总肩宽组别差 0.5,袖长组别差 1。

(3)男长裤腰围分档 2,臀围分档 1.7,裤长分档 3,组别差 1.6。

(4)女长裤腰围分档 2,臀围分档 1.8,裤长分档 3,组别差 1.6。

(二)毛、呢与棉服规格公差标准

以 5·4 系列为例,将毛、呢服装和棉服的公差汇集如下。

	男女棉服装			男毛、呢服装	女毛、呢服装	
	短上衣	短中大衣	长大衣		上 衣	大 衣
衣 长	±1	1.5±	±2	±1	±1	±1.5
胸 围	±2	±2	±2	±2	±2	±2
领 大	±0.7	±1	±1	±0.6	±0.6	±0.6
袖 长	±0.8	±0.1	±1	±0.7	±0.7	±0.7
总肩宽	±0.8	±0.8	±0.8	±0.7	±0.7	±0.7
裤 长	±1(5·2 系列)				±1(5·2 系列)	
腰 围	±1(5·2 系列)				±2(5·2 系列)	
臀 围	±2				±2	

(三)服装部件规格系列设计

1. 列规格系列表

在服装成衣生产中,每一个款式都涉及许多规格,而每一规格又都涉及许多控制部位和一些复杂的数据,为了将这些复杂的数据直观而有序地排列起来,便于推板使用,必须设计一个科学的规格系列表。

规格系列表中的项目除了一般的规格号型、主要控制部位的数据之外,还要对一些局部和部件的规格做出规定。如,领宽、袖口大、腰头宽、袖头宽、口袋的高度和宽度等。对于这些细节的设计几乎找不到可供参考的依据,需要依赖设计者的经验和对产品设计的整体把握。

2. 精算档差

为了对一些部件或细节做出准确的规格设计,可以采用确定两端均分中间的方法,即分别确定最小规格和最大规格的部件大小,然后将对最小规格与最大规格的部件之间的档差除以分档数,得出相邻两档之间的档差值。例如,在女夹克衫的规格设计中根据设

计意图,将最小规格的领宽设计为6厘米,最大规格的领宽设计为7.5厘米,他们之间的最大档差为1.5厘米,按照7个号型计算,则平均档差为$1.5/7≈0.2$厘米。这样处理的最大优点是便于控制两端号型中,部件与整体配比关系,避免出现不协调现象。

第六节　成衣工业推板技术

成衣工业推板技术特指根据标准的中间码纸样推导出其他规格的工业用纸样推板亦称放板,或放码。

一、成衣工业推板类别

目前国内服装行业所采用的推板方法主要有切开线放码和点放码两种。切开线放码是对衣片作纵向或横向分割,形成若干个单元衣片,然后按照预定的放缩量及推板方向移动各单元衣片,使整体衣片的外轮廓符合推板的规格要求;点放码是将衣片的各个控制点按照一定的比例在二维坐标系中移动,再用相应的线条连接各放码点从而获得所需规格的衣片。两种推板方法虽然形式上有所不同,但原理是一致的,都是求取中码样板放大和缩小的相似形。推板的具体操作有许多方法,归纳起来有以下两类:

(一)传统手工推板

1. 所有规格的样板缩放在同一张样板纸上

以中间规格标准样板作为基础,根据数学的相似形原理,按照各规格和号型系列之间的差数,将所有规格的样板缩放在同一张样板纸上,再用滚轮依次压印出各个规格衣片板型。这种方法操作简单,效率较高,是目前手工推板采用最多的方法。

2. 一次只缩放一个相邻的规格型号

以中间规格标准样板为基础,一次只缩放一个相邻的规格型号,经校准正确后,再以该样板为基础,缩放下一个相邻的型号,依此类推得到整套服装号型系列样板。这种方法用起来比较灵活,但是推板的效率比较低,所以一般仅用于号型较少的服装推板。

3. 分别连接各等分点,形成不同规格型号板型

在样纸板上先画上中间号标准样板,然后分别放、缩该规格系列中最大和最小号型的服装样板,再在最小和最大号型的缩放点之间连直线并确定相应的等分线,分别连接各等分点,形成不同型号的服装样板。这种方法的优点是便于控制特大和特小号型的样板形状,能够避免因推板中的误差造成样板变形。

(二)服装计算机CAD推板

利用计算机中安装的服装CAD系统进行推板是高科技在成衣工业的应用。把手工推板过程中建立起的推板规则编成计算机程序,操作者输入一定的指令和数据后,计算机自动计算并推画出各个规格的样板。其操作过程是先用数字化仪导入中间号型标准纸样,或是由计算机模板制作出标准样板,再选用切开线推板或点放码推板方法并根据手工推板的原则输入数据,选择所要缩放的号型规格,计算机即可自动计算并绘制出各个规格的样板。计算机推板准确、快速、直观,并可以利用服装CAD系统提供的各种测量工具,随时检验样板,以便随时纠正错误。使用服装CAD系统推板在服装企业中应用日益广泛。

二、成衣工业推板基础

（一）推板原理与方式

1. 推板原理

服装推板的原理来自于数学中任意图形的相似变化，就是以衣片相同部位的规格档差为依据，通过一定的比例对衣片进行放大或缩小而形成系列样板。推板是从某一个基本点向四周推移，其方向变化决定了推板的形式。推板不只是线的变化，而且有面积的增减，所以推板必须在二维坐标中进行。把二维坐标的交点作为基准点，在 x 轴上确定横向增减量，在 y 轴上确定纵向增减量，在 x 轴和 y 轴的数值共同决定该放码点的移动方向及移动量。衣片的形状越复杂，需要的放码点越多，反之则越少。

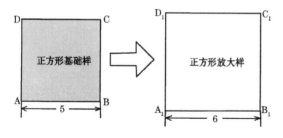

2. 推板方式

如图所示，以简单的正方形变化为例进行推板分析。欲将一边长为 5 厘米的正方形 ABCD 扩成边长为 6 厘米的正方形 $A_1B_1C_1D_1$，二者之间的档差为 1 厘米通过几种不同的坐标选定可以形成不同的推板方式。

（1）图（a）将坐标原点设置于 A 点，AB 边设为 x 轴，AD 边设为 y 轴，根据边长差数，x 轴扩展 1 厘米确定 B_1 点，在 y 轴扩展 1 厘米确定 D_1 点，分别过 B_1 和 D_1 点作 AB 和 AD 的平行线，两线交于 C_1 点。

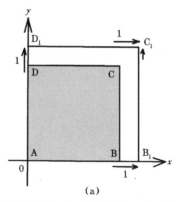

(a)

（2）图（b）是在正方形 ABCD 的中心位置设定坐标原点，沿坐标轴的四个方向都要增长，每边的增加量为 1/2 档差即（6－5）/2＝0.5 厘米。

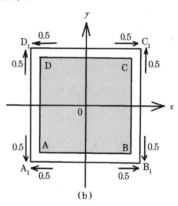

(b)

（3）图（c）将坐标原点设定在 AB 边的中心位置，那么 A、B 点分别沿 x 轴向外扩展 1/2 档差即（6－5）/2＝0.5 厘米。而 C、D 点分别沿 y 轴向外扩展，档差数值 1 厘米。

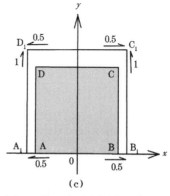

(c)

（4）图（d）将坐标原点设置在 AB 边线上距离 A 点的 1/4 处，A 点沿 x 轴向左扩展 1/4 档差＝0.25 厘米，B 点沿 x 轴向右扩展

3/4 档差＝0.75 厘米。C、D 点均沿 y 轴向外扩展,档差数值 1 厘米。

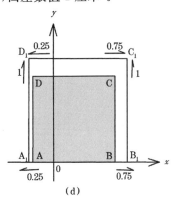

(d)

分析以上四种图形的扩展方式,虽然方法不尽相同,但最终结果是相同的。其中图(a)的方法最为简单。所以在实际的工业推板中,应尽可能将坐标轴设置在与服装样板的主要控制线相重合的位置,以减少计算所带来的麻烦,并使推板制图更加简单和明确。

3. 测定并连接所需要的放码点

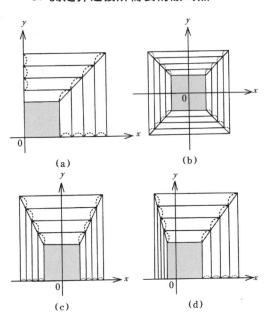

(a)　　　　(b)

(c)　　　　(d)

图中所示为完成各个放码点的定位之后,将放码点与原控制点用直线连接并分别向两端延长,以控制点和放码点之间的直线长度为单位,分别向上、下测量并定出所需要的放码点,最后用相应的线连接各个放码点,便可以完成系列样板的缩放。

(二)推板公式及计算

本书中所使用的推板计算方法与比例制图中所使用的计算方法基本相同,服装中各部位的放缩量是按照各部位的计算公式求出来的。推板中的计算公式与制图中所使用的计算公式其区别有以下三点,一是制图中所针对的计算基数是服装的成品规格,而推板中所针对的计算基数是规格档差;二是推板中所使用的计算公式删除了修正值部分,因为在制板过程中已经对样板作了相应的修正,推板中的档差数值要小于成品规格数值,所造成的误差比较小,可以忽略不计;三是在推板中,凡是没有相应计算公式的部位,按照该部位在整体中所占的比例计算。例如,制图中袖窿弧线与胸宽线的切点位置在袖窿深的 1/4 处,依此类推。

1. 上装推板数值计算

(1)衣长:一般坐标 x 轴设置在与袖窿深线相重合的位置,所以衣长的放缩量由上下两端放缩。计算方法是:衣长档差—上端放缩量。

(2)腰节长:计算方法为:腰节长档差—上端放缩量。

(3)袖窿深:取 2/10 胸围档差。

(4)前胸宽:取 1.8/10 胸围档差。

(5)后背宽:取 1.8/10 胸围档差。

(6)袖窿宽:取 1/10 胸围档差。

(7)胸围大:四开身结构按照 1/4 胸围档差计算,三开身结构按照胸宽加袖窿宽的档差计算。

(8)肩宽:取 1/2 肩宽档差。

(9)落肩量:保持原有的肩线斜度。

(10)横开领:取 2/10 领围档差。

(11)前直开领:取 2/10 领围档差。

(12)后直开领:保持原有数值。

(13)袖长:取袖长档差—袖山高放缩量。

(14)袖山高:取 1.5/10 胸围档差。

(15)袖肥：取 2/10 胸围档差。

2. 下装推板数值计算

(1)裤长：裤长档差—1/4 臀围档差。

(2)立裆：取 1/4 臀围档差。

(3)腰围：取 1/8 腰围档差两边加放。

(4)臀围：取 1/8 臀围档差两边加放。

(5)中裆：(裤长规格档差—上裆档差) × 1/2。

(6)裤口：取 1/4 脚口围档差两边加放。

三、推板操作程序与检验

(一)推板操作程序

1. 确定基准线及坐标位置

基准线是为了确定推板方向而在衣片中选择的轮廓线或主要的辅助线，由两条互相垂直相交的直线构成。

在推板中基准线是各号型的公共线。坐标的原点一般设置在两条基准线的交点位置，纵向的基准线代表 y 轴，横向的基准线代表 x 轴。

合理地选择基准线可以减少推板过程中的计算工作量，并使图形清晰明了。不同的服装款式，不同的推板方法，对于基准线有着不同的约定。有关基准线的选择见下表。

服装(部位)名称		可供选择的基准线
上装	衣 身 纵向	前后中心线、胸宽线、背宽线
	衣 身 横向	上平线、袖窿深线、衣长线
	袖 子 纵向	袖中线、前袖直线
	袖 子 横向	袖山深线、袖肘线
	领 子 纵向	领中线
	领 子 横向	领下口线、领上口线
下装	裤 子 纵向	前后挺缝线、侧缝直线
	裤 子 横向	上平线、横裆线、裤长线
	裙 子 纵向	前后中线、侧缝线
	裙 子 横向	上平线、臀围线

2. 确定放码点

服装的放码点是根据衣片的复杂程度确定的，一般宽松型的服装放码点较少，合身型的服装放码点较多。

除了主要控制部位必须设定放码点外，一些决定局部造型的关键点也要设定为放码点。例如，分割线在腰节位置，B．P 点位置，上下端点位置等可以多设几个放码点。

放码点越多推板中出现的错误相对越少。但是，过多放码点会给推板过程中的计算增加难度，要根据实际需要灵活掌握。

3. 确定放码量

放码量是根据放码点所处的位置公式计算出来的。放码点有单向和双向之分。

凡是位于坐标轴线或是接近坐标轴线的放码点，一般属于单向放码点，其放码量的依据是只取 x 轴或 y 轴方向数值。

凡是离开坐标轴线的放码点都是双向放码点，这种放码点的放码量必须同时具备 x 轴和 y 轴方向两个数值才能确定其位置。

在计算和测量放码点时应注意使分坐标和主坐标平行，即纵向放码量按照与 y 轴平行的方向测量，横向放码量按照与 x 轴平行的方向测量。

4. 截取各规格的放码点

服装推板中各个放码点的移动，不仅有数值的限定，而且有方向的限制。不同位置放码点的移动量和移动方向也不同，所以在截取各规格的放码点时要注意严格按照放码点和移动点之间的直线距离分别向内外截取，其中板型放大的点数与缩小的点数应保持相同。例如，要作七个号型的推板时可以分别向内截取 3 个点，向外截取 3 个点，加上中间号型正好形成预定的规格系列。

5. 连接各规格的放码点

服装推板属于相似形的放大和缩小形式，所以在连接各规格的放码点时，所使用的线型一定要与中间号型的线型接近，要反复修正连接线的形状，使连接线清晰、准确。

6. 卸板

卸板是将推板所得到的系列样板逐片分解开来，得到各规格样板。

具体做法是在系列样板的背面垫上一张样板纸并用重物压牢，避免在复制样板时产生滑动，用滚轮分别沿着各个规格结构线的轮廓边缘在样板纸上压印。

在原板背面垫放的板纸上压印的痕迹线外围按照工艺要求加放缝份和折边量，最后剪切成系列样板。

反复垫纸、滚轮压痕、放份和剪切板，直至获得系列板型。

（二）推板检验

1. 以中心号型样板为基础

缩放样板最好以中心号型样板为基础，这样即使某些部位计算机上有误差，误差也会小一些，如果由最小号开始，放出 7～8 个号型之后，有了误差则会大多了。

2. 检验

完成系列样板的剪切之后，要对每一号型的样板进行检验。

检验的项目有：服装规格检验。如，衣长、胸围、肩宽、袖长、领围等。确保这些部位的规格在允许的公差范围以内。

长度检验。如侧缝线、分割线、前后袖线等，确保相缝合的两条边的长度一致。

长度不等边检验。如袖山弧线与袖窿弧线、前后肩线等，要使不等边的差值保持在规定的吃势范围之内。

拼合检验。如将前后肩线对齐观察袖窿弧线及领圈弧线是否圆顺，对于不符合要求的部位及时做出修正。标准样板制成之后，缝制成衣，进行试穿，服装业把这一过程称为"试板"。对不合适的部位进行修改之后，便作为标准样板。

3. 核对吻合关系

必须核对标准样板的领口与领子的大小是否一致，袖窿与袖子是否吻合，肋缝、接缝和袖缝长短是否一致，里子板型、配件板型是否与面板相符合。

4. 线条圆顺

要核对标准样板领口是否圆顺。袖窿是否圆顺，底边有无凸凹，经过检查和修改，无差误之后再进行缩放，不要在缩放推板之后再进行修改。

第八节　服装 CAD 技术

服装 CAD 技术的应用已成为当今服装工业发展的一种新趋势，给服装企业带来的不仅是人力资源的节约，更重要的是产品质量的提高。另外，其作用颇多。例如，提高服装的设计质量；提高设计时效，减少工作量；降低成本；减轻劳动强度；改善工作环境；便于生产管理等。服装 CAD 技术有助于增强企业的市场竞争能力。

一、服装 CAD 普及性和高效性

（一）服装 CAD 普及性

1. 人机交互

服装 CAD 是服装计算机辅助设计

(Computer Aided Design)的简称,集计算机图形学、数据库、网络通讯等计算机及其他领域的知识于一体,是服装设计师在计算机软硬件系统支持下,通过人机交互手段,在屏幕上进行服装设计的一项专门的现代化高新技术。它将服装设计师的设计思想、经验和创造力与计算机系统功能密切结合起来,是现代服装设计的主要方式。

2. 基本普及

我国服装计算机辅助设计(CAD)技术的开发和应用在近二十年发展迅速。现在,服装 CAD 不仅被我国服装企业普遍采用,而且正在成为每个服装设计者不可缺少的设计工具。现在服装 CAD 的打板软件有樵夫服装工作室、富怡服装 CAD、丝绸之路 CAD、日升天辰 NAC、航天 CAD、PGM 样板设计、格柏 PDS、加拿大派特 CAD、东斌 CAD、智尊宝纺服装 CAD、ECHO 爱科服装 CAD、比力 BILI 服装 CAD、广州富蒂阑服装 CAD、华怡服装 CAD、金合极思 GENIS 服装 CAD、康尼凯德服装 CAD、时高服装 CAD、鑫泰服装 CAD、大连玉生 YSCAD、布易 ET2000 服装 CAD、日本旭化成 AGMS 服装 CAD、日本 CyberCad、LAVEIC 服装 CAD、京华达美、日本 TORAY 东丽 ACS 服装 CAD、CB-CAD、度卡 DOCAD、广州佑手服装 CAD、上海德卡服装 CAD、法国 Lectra 力克打版等。

(二)服装 CAD 高效性

服装 CAD 的高效性更多地体现在如下几个方面:

1. 制板效率

制板效率方面远比手工快,特别是在省褶变化比较多的女装制板方面。

2. 放码效率

在放码方面,根据调查,用手工一两天才能完成的放码工作,用电脑几十分钟就可以完成,而且精确度优于手工。

3. 新手成高手

现在的大部分 CAD 都能够像手工一样灵活,并且用电脑可以更方便衣片之间的相互协调,让新手也能成为排料高手。

4. 加放缩水量

电脑排料还可以根据不同的面料自动加放缩水量。

5. 复制与修改

使用电脑无须像手工那样每个板都要从头做起,可以利用电脑强大的复制、修改功能,直接对纸样进行修改,方便地由一个现成的纸样改为一个新的纸样。

6. 板型存放

一般工厂都有纸样间用来保存纸样,多年来积存下来的纸样非常多,不但占用房间,而且查询非常麻烦。服装 CAD 让所有纸样都成为数字,不管有多少纸样都可以保存在计算机里,每时每刻轻松查询。而且通过互联网,远程纸样传送几分钟就可以完成。

二、成衣工业服装 CAD 广泛应用

(一)服装 CAD 样片结构设计系统

样片结构设计系统是设计师利用计算机进行结构设计和制作工业样板的工具。系统向设计师提供了各种制图工具和相关标记库、弧线库、部件库等。可绘制衣片框架,进行衣片连接、衣片对称生成、标注尺寸和文字、放缝、对刀眼、测量、衣片修改、衣片的绘制输出等。

样片结构设计有原型设计样板法、直接设计样板法、自动设计样板法、输入衣片样板法。其中使用计算机设计工业样板片便于实现。

1. 自动设计样板法

通过输入和修改服装的规格尺寸,由计算机自动生成衣片。

2. 输入衣片样板法

利用数字化仪或衣片扫描输入仪将衣片的轮廓输入电脑,再进行细致处理。

用电脑设计的样片准确、快速、省力,实现了用手工难于解决的许多问题。如多个样片一起进行设计,动态设计和修改,动态看局部折叠效果等。设计完成的样片存入电脑内可以多次取用。

(二)服装 CAD 衣片放码系统

衣片放码是在基样衣片的基础上完成各种号型样板的放缩和绘制。其主要功能操作为:对完成了样片结构设计的基样衣片,按一定的放码规则和档差对各号型进行放缩计算,生成各号型样板,并可对关键部位曲线进行适当调整,以利于装配。在放码的过程中,可输入多种放码规则,满足工艺师的特殊要求,精确完成板型设计。放码完成后,可在绘图仪或打印机上按一定比例输出各号型衣片。衣片的放码有交互放码法和全自动放码法。

1. 交互放码

交互放码是把样片上的放码点按指定的档差进行放码,有端点放码方式、切开线放码方式。可输入多种规格,满足工艺师的特殊要求,精确完成板型设计。

2. 自动放码

自动放码是在完成母板后,依尺寸规格修改,由计算机自动完成全新的各号型衣片。不需指定放码点,只需输入规格尺寸,三分钟之内自动完成几个或十几个样板的放码工作。

(三)服装 CAD 衣片排料系统

衣片排料具有衣片自动排料参数编辑、成组排放和拷贝、开窗放大、设置剪刀线、衣片操作显示和换屏、排料图绘制、打印等功能。衣片排料有对话式排料和全自动式排料。

1. 对话式排料

对话式排料指由操作者操作各种不同种类及不同号型的衣片,通过平移、旋转、比例、翻转等方式来形成排料图,计算机同时计算每次排料结果的面料利用率。

2. 自动式排料

自动式排料指计算机按用户事先指定的方式来自动配置衣片,让衣片自动寻找合适位置靠拢已排衣片或布料边缘。在排料的同时自动报告用料长度、布料利用率、待排衣片数目,并自动检查衣片的排料条件(如限制某一衣片可否翻转,限定旋转角空等)。排料完成后可以用绘图仪输出 1∶1 大小的排料图,也可以用打印机输出小样排料图。自动排料在排料过程中无须操作者干预,因而速度快。但其排料结果中面料利用率没有对话式排料高,一般起估料作用最适宜。

计算机排料可多次试排,并能精确计算各种排料图的用料率,以寻找最佳衣片组合方式,从而获得较高的布料利用率。同时,由于计算机高度的精确性,不会漏排或重排,降低了出错概率。

第六章 成衣工业裁剪技术

第一节 成衣工业分床技术

一、成衣工业分床意义

（一）分床概念

服装生产中，面料是成批裁剪的。裁剪前，先把面料按一定的长度一层层平铺在"裁床"上，然后用电剪刀将铺好的若干层面料裁成衣片。

1. 多种规格需要

生产中每批产品的数量、规格是经常变化的，有时一批产品的数量不多，规格单一，裁剪较易进行。然而，在实际生产中，一批产品可能数量很大，规格不止一个，每个规格定额也不相同。例如，下列表示的生产任务。

规 格	小 号	中 号	大 号	特大号
件 数	600	1500	1000	300

2. 周密分析，制订方案

批量成衣的裁剪不可能一次完成。应根据生产条件，经技术人员周密分析，制定出裁剪的实施方案。方案的内容包括整个生产中裁剪要分几"床"进行裁剪，每床铺多少层面料，每层面料几种规格，每种规格裁剪几件（套）的衣服等。

（二）分床作用

所谓"分床"，就是裁剪之前制定的设计方案。如果没有经过认真设计裁剪方案，盲

目合床排板，会造成人力、物力、时间、材料的浪费。因此，分床、排板是裁剪成功的前提，通过科学的分床，制定出合理的分床方案，不仅为裁剪工程提供具体实施方案，也为各个工序提供了生产的依据，而且能全面合理地利用生产条件，充分发挥劳动效率，有效地节约材料，为优质高效生产创造条件。

二、成衣工业分床原则

对于一批生产任务进行裁剪的实施方案有很多种。即使一批很简单的成衣生产也不止一种裁剪方案。每种方案均有利弊，应根据具体的生产任务和件数多少确定一种切实可行的最优分床方案。因此，分床应该遵守以下原则。

（一）符合生产条件原则

进行分床时，首先要了解生产条件，其中包括面料的性能、裁剪设备的情况、加工能力的大小。根据这些条件确定出分床的许可范围，主要是确定铺料的最多层数和最大长度。

1. 符合面料特点和裁剪设备能力

铺料的层数是由面料的特点和裁剪设备的加工能力决定的，各种裁剪设备都有其最大的加工能力，最大裁剪厚度等于裁刀长度（或高度）减去4厘米，根据裁刀的最大裁剪厚度和面料厚度，就可以得出铺料的最多层数。除了上述因素外，还要根据不同面料的

性能,确定出铺层的最大值。此外,还应考虑服装质量的要求,质量要求高的品种,要适当减少铺层的厚度,以确保裁剪质量。

2. 符合裁床长度和人员数量

铺料的长度限制是由裁床的长度和操作人员配备等情况决定的。铺料的长度不能超出裁床的长度。另外,铺料长度越大,需要的人员就越多,因此铺料的长度还要根据人员的数量而定。根据上述生产条件确定出铺料最大长度后,再结合产品的用料定额就可以确定出每层面料最多裁剪几件(套)服装。

确定每床铺料层数和长度的最大范围后,具体进行分床时要制订一种符合这些条件的方案,以避免造成面料的损失。

(二)节约原则

1. 节约面料

裁剪的方式不同,对面料的消耗也不同。根据经验,多件进行套裁比只裁一件面料的利用率高。因此,分床应考虑在条件许可的前提下每床尽量多排几件,这样能有效地节省面料,对于批量大的产品套裁更能显示出省料的作用。

2. 节约人力、物力和时间

提高生产效率就是要尽可能节约人力、物力和时间。根据这个原则进行分床时,应在生产条件许可范围内,尽量减少重复劳动,充分发挥人员和设备的能力。

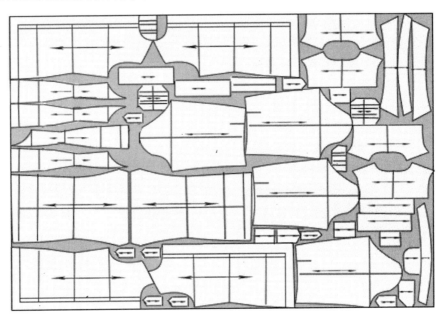

第二节　成衣工业铺料技术

铺料就是把整匹的服装面料按照排料所确定的长度和分床所确定的层数平铺在裁床上,以备裁剪。

表面上铺料是一项十分简单的工作,实际上却隐藏着许多工艺技术问题。如果这些问题处理不好,同样会影响生产的顺利进行,

造成服装质量的下降。

一、成衣工业铺料技术要求

铺料的工艺技术要求主要反映在布面状况和铺布条件的具备。

（一）布料要求

1. 布面平整

铺料时，必须使每层面料铺得十分平整，布面不能有折皱、波纹、歪扭等现象。如果面料铺得不平整，裁剪出的衣片和样板就会有较大误差，不仅给缝制造成困难，而且还会影响服装的整体效果。

2. 布边对齐

铺料时，要使每层面料的布边都上下对齐，不能存在参差错落。如果布边不齐，裁剪时就可能会使靠边的衣片不完整，造成裁剪废品。

面料的幅宽总会有一定的误差，要使面料两边都能很好地对齐是比较困难的。因此，铺料时以面料的一侧为基准，要保证里边一侧对齐。一般情况下，最大误差不能超过正负2厘米。

（二）铺布要求

1. 减少拉力

要把面料铺开，同时要使表面平整、布边对齐，必然要对面料施加一定的作用力。多数情况下，面料在铺料过程中受到拉力的作用后，会产生一定的伸长，将影响裁剪的精确度。因此，铺料时要尽量减少对面料的拉力，减少面料的拉伸变形。对于伸缩性较大的面料，铺料以后应放置一段时间，形成面料的回复过程，然后再行裁剪。

2. 注意方向

对于具有方向性的面料，铺料时应使每层面料都保持同一方向。

3. 注意图案的花型

对于具有条、格或图案的面料，为了达到服装设计的要求，铺料时应使每层面料的图案都上、下对正。做到这一点是比较困难的，会大大降低铺料效率，但是为了服装款式整体效果，铺料必须满足图案的要求（有些低档面料、碎花面料除外）。把图案全部对正是不容易的，实际上也不可能完全做到。因此，要找出一些关键部位，使这些部位的花纹尽可能对正。

（1）格料上、下层对正的正确案例和错误案例

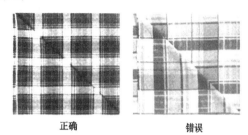

| 正确 | 错误 |

（2）条料上、下层对正的正确案例和错误案例

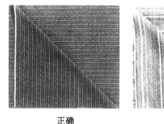

| 正确 | 错误 |

二、成衣工业铺料方法

铺料前，首先应识别面料的正、反面，铺料时才能按工艺要求正确地操作。有些面料正反面差别明显，因此识别很容易；有些面料，如素色平纹织物，正、反面无差别时，不需特别对反正。若面料有正、反面时，铺料之前要认真识别布的正、反面。

（一）单层单面向铺料方式

指一层面料铺到头之后，将其冲断、夹牢，将布退到出发点再进行第二次铺放，如此铺料使布的正面全部都朝同一方向。

用这种方式铺料，面料只能沿一个方向展开，每层间要剪开，因此工作效率低。

1. 适用范围

(1)左、右不对称的鸳鸯格,花面料;

(2)经向左、右不对称的条子面料;

(3)有倒、顺毛的面料;

(4)服装式样左、右两边造型有区别。

2. 优点

对左、右式样不一样的裁片采用单面划样铺料,可增加套排的可能性,节约用料。

3. 缺点

单面划样对称部位易产生误差。

(二)来回和合铺料方式

指一层面料铺到头后折回再铺,这种方式是把面料一正一反交替铺开,形成各层之间正面与正面相对,反面与反面相对。

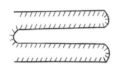

1. 适用范围

(1)无花纹的素色原料;

(2)无规则的花型图案;

(3)零部件对称的产品。

2. 优点

减轻铺料劳动强度;可以形成机械化;对称的衣片准确;有利于节约原料。

3. 缺点

有倒、顺毛和倒、顺花的原料不能用,对单面的裁片要理出来较费时,只用一片,则造成浪费;若有色差的面料对服装成品的影响比较大。

(三)冲断翻身和合铺料方式

一层面料到头以后,冲断,退到出发点,并将面料翻转180度,再进行第二次铺放,形成面料一层正一层反。

1. 适用范围

(1)左、右两边需要对格、对条、对花的产品;

(2)有倒、顺花或倒、顺毛的面料。

2. 优点

可使产品表面的绒毛或倒、顺花花型图案顺向一致。使对称两片的刀眼、扣眼等误差小,并方便缝纫。

3. 缺点

铺料操作较麻烦。

(四)双幅对折铺料方式

双幅料是指门幅在144～152厘米之间的材料。

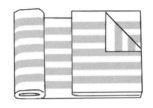

1. 适用范围

(1)双幅需要对格的产品;

(2)小批量的制作。

2. 优点

方法简便、减少工时,使裁剪对称衣片的误差较小。

3. 缺点

对折后门幅较窄,不利于套裁排料。

(五)布匹衔接

铺料过程中,每匹布铺到末端时,不可能都正好铺完一层。因此布匹之间需要在一层之中进行衔接,在哪些部位衔接和衔接长度应是多少,需要在铺料之前加以确定。

1. 确定衔接部位和长度

确定的方法:先将画好的样板或图案平铺在裁床上,然后观察各衣片在图上分布情况,找出裁片之间在纬纱方向上交错比较少的位置。这些位置就作为布匹之间进行衔接之处。各衣片之间,在这些位置的交错长度就是铺料对布匹的衔接长度要求。

2. 画出标记

衔接部位和衔接长度确定后,在裁床的边缘上画出标记,然后取掉样板可以开始铺料。铺料中每铺到一匹布的末端,都必须在画好标记的位置与另一匹布衔接,如果超过标记,应将超过的布剪掉,用另一匹按标记规定的衔接长度与前一匹布重叠后继续铺料。铺料的长度越长,衔接部位应选得越多,一般情况下每一米左右应确定一个画好标记的衔接部位。

三、铺料条件

(一)工作台板条件

1. 工作规格

(1)高度

以方便工人工作为原则,理想的工作台板是可调的。

裁单幅的面料台板可高些,一般为 85～90 厘米;

裁双幅的面料台板可低些,一般为 83～88 厘米。

(2)阔度

按面料幅阔来定

单幅:幅阔＋30(40)厘米,即 120～125 厘米;

双幅:170～180 厘米。

2. 工作台质地

(1)牢度

承受几千公斤的压力、牢度高。

(2)光洁度

定期刷新打蜡。

(3)平整度

应定期用水平仪校对。

(二)铺料条件

1. 铺料层数选择相关因素

(1)与规格搭配有关;

(2)与原料质地、性能和花型图案有关;

(3)与裁工技术熟练程度有关;

(4)与使用的刀具有关,一般铺料厚度为 10～16 厘米,不能超过电剪刀加架高度。

2. 铺料原则

(1)尽量减少铺料零头;

(2)注意节约用料;

(3)划样图先铺长的,后铺短的;

(4)铺料层数和布匹相同的先铺。

3. 各种面料适合铺的层数参考

(1)精纺毛呢类,不超 80 层。

(2)大衣呢类,不超 60 层。

(3)薄型毛呢,不超 100 层。

(4)精纺毛呢,不超 100 层。

(5)毛涤类,不超 150 层。

(6)中长,不超 150 层。

(7)美丽绸,不超 150 层。

(8)涤良布,不超 200 层。

(9)棉布,不超 200 层。

4. 铺料"四齐"

铺料的目的是为了开刀裁剪,所以任何一种铺料方式都是为了确保裁剪质量。归纳起来有以下四点要求:

第一起手要铺齐;第二布边要整齐;第三面料接头要配齐;第四拖布落手要剪齐。

5. 铺料长度

铺料长度准确是十分重要的,铺长了浪费原料,铺短了不能排料。因此,要重视铺料工作,加强技术培训,提高工人的铺料技术熟练程度,掌握原料自然陪率,作好预缩准备工作,了解面料性能,根据原料的软硬、松紧等进行铺料。一般要有放头作为误差损耗,开裁边放一侧 1.5 厘米,落边放一侧 2 厘米。

6. 铺料平整度

铺料平整是指每层原料必须铺平,如原料有折痕,应该在投产前烫平整理好,每铺一层要扶平,不能有松有紧,以免开刀后裁片有大有小;铺料时还要注意将原料丝缕回直归正,纬斜超过标准规定的,必须矫正好以后才能投产。

第三节　成衣工业划样技术

铺料的下道工序是在铺好的面料上绘出裁剪用的样板图,即划样,以此作为裁剪的依据。

一、划样准备与要求

(一) 划样准备和标记

1. 划样准备

(1)按生产要求取各档规格的样板;

(2)按排料缩样图及各档规格来定用料定额;

(3)对产品名称、款式、型号、原料、花型、色号、规格搭配、剪裁数量、样式组合的块数等与产品任务一一对应;

(4)对原料的幅阔、数量、匹长、厚度、表面特征(倒顺毛、倒顺花、条格特点)及缩水等写出记录;

(5)对原料的疵点、色差程度要标记;

(6)了解允许拼接的部位及拼接块数;

(7)分清样板中各部件横、直、斜的丝缕方向;

(8)分清织物的正反面;

(9)对织物是否有对花对格的要求要了解;

(10)对各裁片零部件丝缕允许偏斜的程度要了解。

2. 标记符号

刀眼、铅眼等标记符号起着标明缝分宽窄,褶裥、省缝大小、袋襻高低、部位对称的作用。所有标记符号都要求点准,不能漏点、错点。

(二)划样要求与注意事项

1. 划样要求

部件齐全、排列紧凑、拼接合理、丝缕正确、减少空隙、两端齐口(布料两边不留空当),既符合质量标准,又要节约布料。

对略有色差的原料划样时,相邻衣片组合部位的颜色应靠近划样,以减少视觉色差。

2. 划样注意事项

(1)划样线条要清晰,不能时断时续,模糊不清,以免影响开刀线路;

(2)划样准确,不能左右歪斜,把裁片划大或划小;

(3)用样板形状结合原料门幅宽窄合理套排;

(4)根据工艺要求,对样板标准做出符合允许的拼接范围以及丝缕规定;

(5)各部位注明对刀标记以及各个部位的定位标记。

二、划样与面料要求

(一)图案面料划样要求

1. 顺向划样

有花卉图案的原料划样,应该是有方向性的顺向划样。

2. 倒顺一致

有花卉图案的原料划样,应按照工艺文件规定划样,工艺没有规定的也应该保持全件倒顺一致,不能有倒有顺。

3. 不可倒置拼缝对花

花卉、字体面料的划样,若倒顺花有明显的方向性,如龙、凤、福、寿、人像、山、水、桥、树等不可倒置的图案,划样时图案与人体直立方向一致,不可倒置,计算好花型组合。中式服装的两片门里襟处、袖缝、后背拼缝要对花。

（1）正确排料

（2）错误排料

4. 对条对格

有明显条格原料的划样,在标准规定的部位对条、对格。

（1）上衣对格部位

A. 左、右两片门里襟,前、后衣片摆缝条格相对,驳领产品的挂面两条条格相对,大、小袖片横格相对,左、右领角和衬衫的左、右袖头相对,左、右两袖格子对称,左、右袋对称等。

B. 袖山与前片、后背拼缝出条格相对。

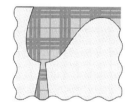

C. 后领面与后背的中缝条格相对。

D. 大小袋与大身对格。

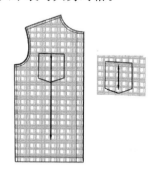

（2）裤子对格部位

A. 侧缝、下裆、前直裆缝、后缝等条格对称,左、右腰面条格对称,两口袋、两斜袋与前、后裤片对格并要左右对称。

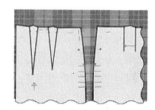

B. 在上、下不对称的格子面料上划样时,同一件产品要顺向排料,不能颠倒。

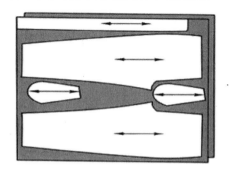

（二）倒顺毛面料划样要求

倒、顺毛是指衣料表面的绒毛有方向性地倒伏。这种方向性绒毛的倒伏对不同角度

光照反射不同,因而使衣服在倒、顺对比中,有颜色深浅之差,光泽明暗之别,衣服的绒毛倒、顺不一致,影响整体效果。因此要求构成一件衣服的各裁片在排料划样时必须顺向一致,才能保持光色一致。

1. 顺毛划样

对于绒毛较长、倒伏较重的衣料,如长毛大衣呢、人造皮毛等,必须顺毛排料。若倒毛成衣时,则毛绒散乱,显露毛根和空隙,影响外观,并容易积尘纳污。

2. 倒毛划样

对于绒毛较短的衣料,如灯芯绒、平绒等,为了毛色顺和,应采用倒毛(逆毛向上)划样。

3. 组合划样

A. 有些衣料绒毛较长,但毛头刚直,倒伏较轻,如长毛绒、丝绒等,顺向、倒向均可。为了光色和顺、富于立体感,逆排倒毛效果更好。

B. 为了节省面料,一些绒毛较短、倒向较轻或成衣无严格要求的平绒等,在划样时可顺可倒。但每一成衣的组合裁片必须按同一个方向划排,不能有顺有倒。尤其注意领面的毛向,在领面翻下后与后衣身的毛向一致。

4. 倒顺光衣料划样

有一些衣料虽然不是绒毛状面料,但由于织物经过轧光整理,外观有倒、顺两个方向的光泽明暗不同。应采用逆光向上排料,以免反光,尤其不允许一件衣服上部件的光泽有顺有倒地排料划样。

三、划样形式

(一)划样互借拼接

在不影响产品标准、规格、质量要求的情况下,允许互借拼接服装的主附件、部件,但要符合国家规定。

1. 上衣互借拼接划样

(1)允许在上衣、大衣的挂面门襟最下一粒扣下 2 厘米处拼接,但不能短于 15 厘米。

(2)可以斜料对接西装上衣的领里,但只限于后领部位。

(3)可以互借衬衫胸围前、后身,但前身最好不要借小了;袖子允许拼接,但不大于袖围的 1/4。

2. 裤子互借拼接划样

男女裤的后裆允许拼角,但长不超过 20 厘米,宽不大于 7 厘米、不小于 3 厘米。

(二)划样方式

划样方式在实际生产中有以下几种。

1. 纸皮划样

选择一张与实际生产所用的面料幅宽相同的纸张,排好料后,用铅笔将每个样板的形状画在各自排定的部位,便得到一张实大的排料图。裁剪时将这张排料图铺在面料的上面,沿着图上的轮廓线与面料一起裁剪。采用这种方式划样比较方便,并且线迹清晰。但排料图只可用一次。

2. 面料划样

将样板在面料的反面直接进行排料,排好后用划粉按样板的形状画在面料上。铺布时将这块面料铺在最上层,按面料上画出的轮廓线进行裁剪。这种划样方式节省纸张,但在花色面料上划样不清晰,并且不易改动。若用在条格的面料上划样效果比较好。

3. 漏板划样

在与面料幅宽相同的厚纸上,先用铅笔画出排料图,然后用锥子沿画出的轮廓线扎出密集的小孔,此排料图称为漏板图。将漏板图铺在面料上,用小刷子沾上粉末沿小孔刷粉,使粉漏过小孔在面料上显出样板的形状,便可按此进行裁剪。采用这种划样方式制成的漏板可以多次使用,适合生产大批量产品的裁剪,还可以减少排料划样的工作量。

第四节　成衣工业排料技术

裁剪前对铺好布料的计划、安排叫做排料。排料的好坏直接影响裁剪的难易及产品质量的优劣。因此，除了尽量节约用料外，排料时还必须考虑生产的工艺要求。

一、成衣工业排料原则

（一）遵守工艺原则

排料实际上是解决如何使用面料的问题，而面料的使用方法对服装的制作质量和效果有很大影响，是服装制作工艺中的重要环节。因此，排料必须遵守服装制作的工艺要求，这方面有两个问题要特别注意：

1. 衣片对称性

服装上有许多部位是具有对称性的。例如，上衣的衣袖、口袋、裤子的前、后片等，在制作样板时为了简便，一般只绘制一片，而排料时要用一片样排板画出对称的两片衣片。因此，必须将这类纸样一正一反使用，才能使两片衣片成为一左一右的对称衣片。例如，衣袖的排法要特别注意。如果样板本身形状具有对称性，则不必一正一反使用。

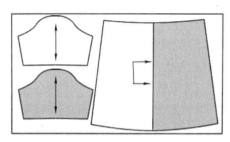

2. 布料的方向性

梭织面料都是由经纱和纬纱构成，服装面料是具有方向性的。

经纱是指与面料长度平行的纱线，纬纱是指与面料布边垂直的纱线。在服装制作过程中，不同的纱向有不同的性能、特点。面料经向纱线结实、挺直，不易伸长变形；面料纬向纱线纱质柔软略有伸缩性。

面料斜向伸缩性较大，具有良好的可塑性，成型自然、丰满。服装衣片在用料上有直纱、横纱与斜纱之分，其中斜纱以正斜向（即45度）为最佳。

排料时，应根据服装设计与制作工艺的要求，注意用料的方向。在没有特殊要求时，应使样板的长度与面料经纱向平行。若衣片需要斜排，则可根据设计的要求倾斜一定的角度。为了便于排料时确定方向，样板上一般都画出"经向线"。

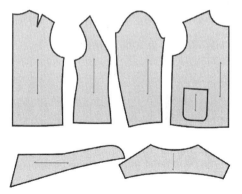

面料具有方向性的另一个含义是：沿经向从前到后与从后到前，或沿纬向从左到右与从右到左面料的表面状态有不同的规律和特征。对于这样一些具有方向性的面料，排料时就要特别注意衣片的方向问题。素色平纹、没有倒顺光泽的织物等不具有这种方向性的面料，排料时纸样首尾可以在任意方向放置，排板上不会出现问题。而对于有方向性的面料，排料时，纸样首尾就不能任意倒置，必须保证各片外观上的一致性和对称性，否则制成的衣服就会出现外观质量问题。

（二）遵循设计原则

排料时除了遵守服装制作工艺要求外，还要保证服装设计的要求。例如，在条格面料的排料过程中，各片纸样的排放位置不能随意选定，因为服装的款式除了表现在造型和结构上的，还表现在面料本身图案的组合上面。排料时切记"对格"。

1. 后身片左右对格（条）、对称

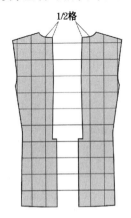

2. 前后身片肩缝对格（条）

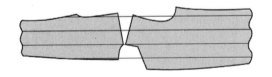

3. 领尖、驳头左、右对格（条）、对称

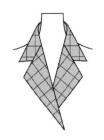

二、成衣工业排料要求

（一）疵点处理与排料加放

1. 疵点处理

在大批量的排料中，还会遇到面料有疵点的现象，如果面料上发现轻微瑕疵，应排在衣片较为隐蔽的次要部位，面料上的较重瑕疵应在排料时设法避让开。对于高档产品中的主要部位，轻微的瑕疵也不允许。

2. 排料加放量

在有明显的 1 厘米以上的条、格面料上排板时注意加放。加放量如下：

（1）对称格料加放量

对称格料贴边、后身、胸兜崾子、兜盖长度均放半格。前身、马面各放长半格，领长放一格，领宽放半格。阴阳格料以主格为准，加放方法与对称格料的相同。

（2）对称条料加放量

对称条料贴边、后身、胸兜崾子、兜盖加条宽的 1/2 领长放长一个条宽。阴阳条料以主条为准，加放方法同条料，特殊情况请示技术科后再进行排板，排条、格料不可偏斜。格条宽不足 1 厘米者可不加放。

（二）拼接要求与节约原则

1. 领里拼接

领里允许拼接，拼接道数不得超过 3 道，高档服装只允许拼接一道，必须接在领子正中。

2. 贴边拼接

贴边允许拼接一道，接在距底边 15 厘米（毛样）以上，或者驳口线下方 5 厘米以下。女裤腰允许接一道，接在后裤片上。男裤腰面允许接一道必须接在后裆处。其他部位不允许有拼接。

3. 裤后裆拼接

裤后裆允许拼角，长不超过 10 厘米，宽不大于 7 厘米、不小于 3 厘米。

检查样板规格有无差错，大身和零部件是否齐全，排板是否合理，是否符合工艺要求，检查无误，方可交付使用。

在工业低级生产中，裁剪是成批进行的，一次要裁若干层面料，这些面料在铺

料时很难做到每层之间条格图案完全对准。只靠排料时对格，还不能完全达到设计要求。因此，排料时除了根据设计要求，把各样板排放在相应部分外，还要留出裁剪余量，裁剪时裁片要比样板大些，以便在缝制时对每片衣片重新校正合格，并按样板裁出正式衣片，这样才能保证缝制时实现对格的要求。

4. 节约用料

在保证设计和工艺要求的前提下，尽可能减少面料的用量是进行排料时应遵循的原则。应尽可能地节约面料，降低成本。服装的成本很大程度上取决于面料的用量多少，而决定面料用量多少的是排料。排料的目的之一，就是要使面料用量最少的纸样排放形式，如何通过排料达到这一目的，很大程度上要靠经验和技巧。

根据经验，以下一些方法对提高面料利用率，节约用料是行之有效的。

三、排料步骤与要点

（一）排料步骤

排料步骤一般是先画主件，后画附件，最后画零部件。在排主要衣片时，必须考虑附件和零部件的摆放位置。排料时要做到合理、紧密，注意各布片及零部件的经纬纱向的要求。对处于不明显部位的附件和零部件，可适当互借、拼接，尽可能节约面料。

1. 先大后小

排料时，先将大片样板排好，然后再把较小的样板在大片样板的间隙中及剩余部分进行排列。如先排大身及袖片，再在间隙中排放领片、袋盖等。

2. 紧密套排

排料时，应根据纸样的开头平对平、斜对斜、凹对凸，尽量减少衣片之间的空隙，充分利用面料。例如，排料时，在兜盖、腰头、肩缝

之间不留空隙。

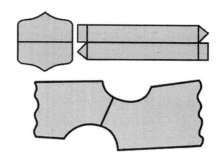

3. 缺口合并

纸样不能套排时，可将两片纸样的缺口拼在一起，使两片之间的间隙加大，空隙加大后便可排放另外的小片放样。例如，在前后身片的袖窿之间排放小部件裁片，领片袖的大袖袖山和小袖袖弯相咬合。

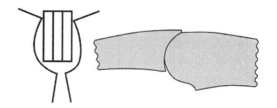

4. 大小搭配

根据分床的方案，同一床上往往要排几套样板，这时应将大小不同规格的样板相互搭配，几套样板统一安排混排，这样可以取长补短，合理用料。

5. 严格检验

排料是一项技术性很强的工作，尤其是批量排料中，涉及的规格系列号数比较多，很容易出错。所以，在画好裁剪线后，要仔细检查、核对所有衣片及零部件是否齐全、完整、准确。一是检验各个规格号型的主要裁片数量是否准确；二是检验各个规格的零部件数量是否正确；三是检验同规格中的相同衣片排列是否正确，检验各裁片的纱向是否符合设计和工艺要求；四是检验衣片的对称性。

（二）套排法要点

1. 套排方式

（1）将布料按照幅宽展开套排（裤子）

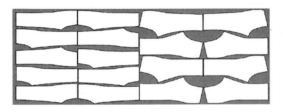

（2）将布料按照幅宽对折套排（裤子）

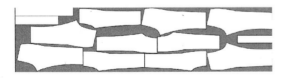

（3）将布料按照幅宽对折套排（裤子）

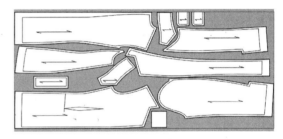

2. 套排要求

（1）尽可能减少缝纫麻烦；

（2）符合产品式样所要求范围及规定；

（3）注明对刀标记交叉拼接的方法；

（4）节约用料。

第五节　成衣工业剪裁技术

裁剪是指按照排料图上衣片的外部轮廓线，用裁剪机将铺放在裁床上的面料裁成衣片的过程。裁剪工序主要是将铺好的多层面料按排料图上的纸样形状及排列顺序裁成各种裁片，以供成衣车间缝制。

裁剪是制衣生产前的关键工序。服装工业生产当中，裁剪并非只是单纯的用裁剪工具按样板图对面料进行裁断操作，而是直接影响着后面的缝制工作以及服装质量。因此，对于裁剪工序要有严格的工艺技术要求，同时也要性能良好的裁剪设备。

一、成衣工业裁剪要求

（一）裁剪精度要求

1. 减少误差

服装工业裁剪最主要的质量要求是精度要高。所谓裁剪精度，一是指裁出衣片与纸样之间的误差大小；二是指各衣片之间误差的大小。

为了保证所有的裁片都与纸样的形状一致，必须严格按照结构图上画出的纸样外部轮廓线进行裁剪。要做到这一点，一要熟练掌握裁剪工具的使用方法；二要掌握正确的操作规程；三要有高度的责任心，要保证各层衣片的一致，关键是要掌握正确的操作技术规程。

2. 缩小剪口

裁剪精度中还包括打剪口的问题，剪口是在某些衣片的边缘上剪出小缺口，用于缝制时确定衣片之间的相互配合关系及定位，作用很重要。如果剪口位置不准确，就会造成缝制上的错位，所以要严格按纸样上的剪口位置打剪口，剪口大小为 2～3 毫米，不可过大或过小。

（二）裁剪技术规程与裁刀要求

1. 裁剪操作技术规程

（1）先裁小衣片，后裁大衣片。否则，先裁了大衣片，剩下的小衣片不容易把握面料，给裁剪造成困难。

（2）裁剪到拐弯处，应从两个方向分别进刀，而不应直接拐角，这样才能保证裁剪的精确度。

（3）右手压扶面料用力要柔，不要用力过大过死，更不要向四周用力，以免面料之间错动，造成衣片之间的误差。

(4)裁剪时要保持裁刀的垂直,否则将造成各层衣片的误差。

(5)先横断,后直断。

(6)先开外口,后开里口。

(7)裁剪时要保持裁刀的锋利和清洁,以免裁片边缘起毛,影响精确度。

2. 裁刀温度要求

服装工业裁剪中,另一个重要问题是裁刀的温度与裁剪质量的关系。由于工业裁剪使用的是高速电剪,而且是多层面料一起裁剪,因此裁刀与面料之间因剧烈摩擦而产生很大热量,使裁刀温度很高,有些面料在这样的高温下会变质或熔融。这时衣片的边缘会出现变色、发焦、粘连等现象,严重地影响裁剪质量。因此,裁剪时控制裁刀的温度是非常重要的问题,对于耐热性能差的面料,应使用速度较低的裁剪设备,同时适当减少铺布层数,或者间断地进行操作,使剪刀上的热量能够不断散发,不至于温度升得很高。

(三)开剪前与开剪操作要求

1. 开剪前工作要求

(1)检查划样线路是否清晰;

(2)检查划样是否符合技术标准规定的一切内容;

(3)检查零部件是否缺少,用量是否合理。

2. 开剪操作要求

(1)电刀要保持平衡;

(2)刀片与台板垂直成90度角;

(3)台板上的布屑杂物要清除干净;

(4)刀路遇弧线、转弯时要一气呵成;

(5)根据不同面料性能,开裁时要采取相应的保障性技术措施。

(四)开剪质量要求与注意事项

1. 开剪质量要求

(1)剪裁样板图的线路清楚,四周顺畅,不能有缺口或锯齿状;

(2)裁片准确;

(3)裁片整齐,横截面垂直;

(4)刀眼、钻眼准确,确保缝头1厘米。

2. 裁剪注意事项

(1)裁剪刀路要清楚。裁片四周,无论是哪条边都要开得顺直、圆顺,不能有缺口或锯齿形;

(2)裁片准确。裁片各边的直横线条、弧度、曲线与样板要相符。对于左、右需要对称的裁片,要左、右和合,对称相符;

(3)裁片整齐。整叠裁片的截面要垂直,不能歪斜;

(4)眼刀钻眼准确。这是指眼刀的位置,眼刀深浅都要准确。

二、成衣工业开剪与后序

(一)开剪方式

1. 传统式开剪

开剪前要检查"板皮"(排板后准确地画在纸或布上,辅在待剪面料首层,称"板皮")上的划线是否清晰。各部件是否齐全,是否符合样板,如有错误处,要向排板人员提出,改正后方可开剪。

扒刀时走刀要稳准,必须按照划线,裁片符合样板,最上层与最下层互差不得超过0.3厘米,刀口要顺直,刀剪口要准确,剪口深0.3厘米。

裁后对于每板裁片要用样板核对主要裁片。如有不符合样板的或超公差的必须修好

后再捆好、配齐,经裁剪检查员验证签字后,移交下道工序。

2. 激光裁剪

激光裁剪技术是激光加工应用的又一新兴领域,它是利用激光照射到加工物上的能量在短时间内的高度集中,可以瞬间使物质融化和汽化,用这种方法对服装面、辅料、商标、皮革等原材料进行非接触式高速切割、镂空,以解决难熔、工件变形等困难。激光裁剪加工速度快,更适用于对精密件的操作,是服装行业机械加工的必然趋势。

激光具有单色性、方向性、相干性、高亮度等特点,是一种崭新的强光源。激光技术的发展已经成为影响国民生活的一个重要因素。时代的发展,工艺要求的提高,传统手工或机械冲压、数控刀切已经不能满足服装和绣花行业发展的需要,高效率精密加工、高速高质量切割、低成本安全稳定性等,被提上日程。

"发展高科技,实现产业化",激光裁剪技术正是为解决这一需要而逐步走向市场的。

激光裁剪技术是以 CO_2 激光作为高能量密度的热源,由激光器产生激光光束,经过光学系统的反射、会聚等变换,形成极大的穿透力,将能量集中到被切割的布料。由于激光光头的机械部分与工件无接触,机械的运动轨迹严格按照服装设计的图案运行,因此彻底解决了裁剪花形原机械因为机械性能及模具的局限性引起的面、辅料织物须边、异形、加工难、速度慢等诸多影响质量及效益的问题。

同时,为了满足大型服装厂的需要,高速激光裁剪机在加工面料广、自动收口、无变形、图形可通过电脑随意设计等特点的基础上增加了设备管理功能、软件排序功能、个性化功能设置等。

激光裁剪技术是一门高技术学科,其开发前景是无止境的。众多激光应用技术企业将紧紧跟随服装行业的发展态势,对不同的布料和服装设计图样采用不同的波长和频率,使裁剪的布料精度更高,效率更快。

(二)后序要求

1. 打号

打号人员必须根据布的颜色选择相适应的打号颜色,打号颜色不允许透到布的正面,要保持号机清洁,以免污染产品,不允许窜板、窜号。

2. 存放

裁片存放要分清不同的板型,不同的号码将其分散存放。存放的位置要防潮、防虫、防脏。要做好登记和标记。严禁乱堆、乱放、乱拿、乱发。

第七章　手针缝制技术

用手捏针穿线并缝于布是最古老的服装工艺技术。掌握手针缝制技术是实现服装造型的最基本保证。

第一节　手针基础缝制技法

一、手针缝制基础

（一）手针缝制工具及使用

手针缝制工具主要有手针、手针用线（扎线、手针用粗线、细线）、顶针、大头针、镊子等。

1. 手针

手针由食指和拇指捏住，位置在距离针尖0.4～0.5厘米。使用时将针孔一端顶在顶针上，配合中指用力顶推扎入布料。手针长短粗细的选择主要根据布料的薄厚、线的粗细、工艺要求以及个人习惯确定。

2. 手针用线

手针用粗线、细线，主要根据面料的质地和厚度、针的粗细、工艺制作的要求来选择扎线。在使用时先把一端剪开，将断头端用软纸卷起来，在二等分和四等分处用线捆扎固定，露出四分之一线套以方便抽取。只有针的粗细、针码的大小、线的材质和粗细与面料相适宜时才能达到最好的效果，提高工作效率。

3. 顶针

顶针主要是作顶进和拔出针之用，手缝制通常的用时戴在右手中指第一关节和第二关节中间。接口处用来调节指环的大小，佩戴时把接头放在手掌一侧，便于使用。

4. 大头针

大头针作为手针缝制的辅助工具，主要作用是将准备准确缝合的两裁片别好、固定。如在作手针假缝时要先用大头针进行两裁片的固定，别针的方向与净样画线的方向相垂直；别针时将两裁片平铺放于台面上进行，确保两裁片贴合到位。在固定弯曲边缘时扎针距离要近一些。

5. 镊子

齐头镊子也叫毛拔子，用以拔去布料上的线丁。

（二）基础缝制针法名称

手针的基础缝制有很多种，本书将其分为正向针法、倒针法、斜向针法、特殊针法等，它们各自有特定名称，这些针法名称，需要熟知、规范。其中正向缝针有缝针缝法、密缝针缝法、平绷针缝法、长短针缝法、滴针缝法；倒针有倒针缝法、倒半针缝法、拱针缝法、漏落针缝法、贯针缝法、倒扎针缝法；斜向针有斜针缝法、环针缝法、明缲针（缲针）缝法、单层服装暗缲针（缲针）缝法、夹层服装暗缲针（缲针）缝法、捻边（捻缝）、扎针缝法等；特殊针法有三角针（黄瓜架）缝法、八字针缝法、打线钉缝法、杨树花针缝法、打缆缝法等。

二、手针正向基础缝制技法

(一)缝针缝法

1. 用途

在西服的正式缝制之前,往往要用缝针法进行假缝。

2. 针法

(1)用针尖在布的缝边处从后向前上、下扎掘进;

(2)捏住针尖将线带出。针脚长度为0.4～0.5厘米。缝针缝是将两片缝合在一起的最基本的缝制方法。

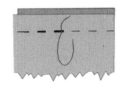

(二)密缝针缝法

1. 用途

抽袖山,在绱袖之前袖山线要用密针缝法缝两边,将袖山长度抽得与袖窿长度相同,针脚为0.15～0.2厘米。抽褶也要缝两道线,线间距为0.5～0.7厘米。

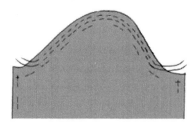

2. 针法

(1)利用针尖在布缝边处由上至下一次从后向前将针别在布上;

(2)连续别缝几针后将线带出,一次完成

数针的缝制。其特点是针脚小而均匀,针脚长为0.2厘米,针脚的间距也是0.2厘米。

(三)平绷针缝法

1. 用途

平绷缝适合于假缝时袖管、身侧缝等处的缝制、手工毛料服装的敷放麻、毛衬布及绷缝贴袋等时候。

2. 针法

(1)将布平铺在台子上,用左手压缝边;

(2)将针扎入布料并及时出针,一针一针地完成缝制。注意布始终是平铺的,不可因为缝制而将布移动。特点是针脚较长而针脚间距离较短。

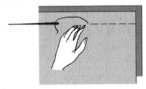

(四)长短针缝法

1. 用途

长短针往往用于较厚的毛织物的缝合,带有衬布、里布的衣服侧缝,衣面和衣里的连接处等。

2. 针法

长短针法是由规律的一长一短的针脚的反复出现连接而成的,其特点是舒展与定型,较平绷针更严谨。

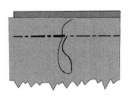

三、手针倒针缝制技法

(一)倒针缝法

1. 用途

倒针缝和倒半针缝往往用于缝制需要牢

固的衣服缝边。

2. 针法

倒针法是针尖扎入布处位于拔针处的后方,将针扎入布后再以两倍针脚大小的距离出针。

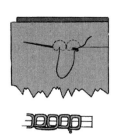

(二)倒半针缝法

1. 用途

倒针缝和半倒针缝往往用于缝制需要牢固的衣服缝边。

2. 针法

倒半针法的入针、出针的方向与倒针缝是一致的,只是入针处位于距离上一针脚二分之一的地方。倒针缝和倒半针缝针法是手针缝制中较为结实的一种。

(三)拱针缝法

1. 用途

拱针缝法是用以固定数层衣片的最牢固方法。

2. 针法

因为在缝制后布的表面留下的针迹是星点成行的,所以此种针法也称为星止针。大体分为三种基本针法。

(1)布表面与里层缝透的针法,表面上的针迹是星点状的,而背面的针迹不是呈点状

的。这种方法可以用于绷缝拉链等。

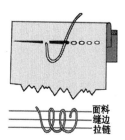

(2)不缝透底层的针法,即不将表层布缝出针脚的针法。在上衣门襟贴边的止口线上,如果不缉明线,则必须用暗线将贴边与缝头、衬衣缝合成为一体,使止口边翻折准确、整齐。

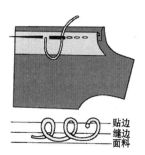

(3)和背面均呈现星点状针脚的针法,缝制时,是以倒入针、向前方斜出针,并且一次只扎一针的方法完成的,第二针从布的背面同样做倒入针、向前斜出针。

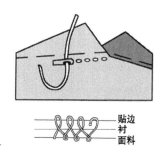

(四)漏落针法

1. 用途

在缝制女上衣挖眼时最适合使用漏落针法。

2. 针法

这是平绷法和倒针法相结合的一种方法,起针时用倒针,将第一针的顶头位固定得

很紧、很准确,然后即改为平绷针,针脚与第一针等大,最后一针又改为倒针法,使针脚均匀、连贯,终止针要准确、严谨。

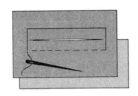

(五)贯针缝法

1. 用途

贯针缝法被经常用于服装局部两衣片平齐的衔接。

2. 针法

贯针缝是指用线缝中贯穿,因此往往是先折好两片的缝边,并且对齐、对严,然后再用针带线将缝边缝合。共有三种基本针法。

(1)走针的方式为倒半针。如图,先将针从一侧缝边反面的折烫线处垂直入针,并同时扎入另一侧缝边的折烫线,然后将针向反方向顺折烫线找到半针距离,再垂直于折烫线入针,同时扎入对面缝边的折烫线,此时,针在缝边里面顺折烫线向前方走,找到第二针入针处后,再垂直于折烫线进行入、出针,这样一个单元的缝制便完成了。这种贯针法一般运用于缝制西服串口线时。

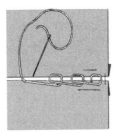

(2)第二种贯针缝方法是不倒针式,即将针从一侧缝边反面,垂直于折烫线入针后,同时扎入另一侧缝边的折烫线,然后直接将针伸向前进方向,在第二针位置垂直于缝边折烫线出针,并且同时扎入对面的缝边折烫线内,如此往复。这种方法走线速度快,一般用

于比较长距离的缝制。

(3)第三种方法用于两片需要缝合的衣片重叠放置,缝边同时折向两片之间的缝边边缘的缝制。此时需将针准确地从缝边折烫线偏内之处出入针。出入针的方向必须与布片垂直。可以顺前进方向走针。针脚要小,带线的松紧劲要均匀适度。切不可将针脚露于表面。

(六)倒扎针缝法

1. 用途

倒扎针的主要用途是固定布料斜织部位造型。可用于袖窿、领口等斜丝处,也可用于毛呢裤子受力较大的后缝部位,起加固作用。

2. 针法

(1)距离毛边进去 0.7 厘米宽扎起。

(2)第一针起针后,后退 1 厘米扎入。

(3)缝透布底后,再向前 0.3 厘米将针缝出布面。第一针与第二针交叉接触 0.3 厘米,如此循环完成倒扎针。

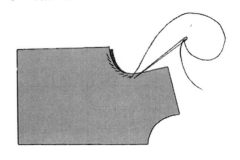

四、手针斜向缝制技法

(一)斜针缝法

1. 用途

使两片以上的布料相缝合使之成为完全服帖、紧靠的状态时,为保持缝合的位置准确、松紧合理,则需要做辅助绷缝,此时以斜针缝为最佳。如门襟处的斜针缝可以使衣服的面布、衬布、贴边部及各自的缝头准确合理地贴合为一体,使其他操作顺利进行。

2. 针法

斜针缝需要将纵向的缝合用横向扎入和出针的方法来完成。因此,其针脚是随入针和出针的位置呈纵斜状。

(二)环针缝法

1. 用途

用于衣片边缘或折边处。如,西服驳头翻折线的确认。将衣片、衬布及驳头面数层翻折时,只有用此方法固定后才可以使驳头沿此线呈现自然翻折状态。

2. 针法

环针缝是将需要翻折的衣片部分握在手中,使布料呈翻折状态,然后在翻折线上作环针手缝。

(三)明缭针(缲针)缝法

1. 用途

常用于服装的袖口、衣摆边和裤脚边的折边部位,也可用于服装表面装饰性布片的贴缝,注意用线的颜色应该与衣服的颜色相同。

2. 针法

(1)将布片一边折出光边置于上层,用左手捏住,右手持针,将线结藏于夹缝中;

(2)从紧贴折边的下层布面向上层折边斜向入针,针尖在上面至挑住一两根纱线,正面不露线迹,外露针脚尽量细小。

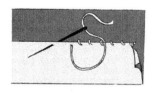

(四)单层暗缭针(缲针)缝法

1. 用途

常用于服装的袖口、衣摆边和裤脚边的折边部位,也可用于服装表面装饰性布片的贴缝,注意用线的颜色应该与衣服的颜色相同。

2. 针法

(1)将布片折边置于上层,其边缘再向外翻折,使需要缭牢处对放,左手捏住固定,右手持针,将线结藏于夹层内;

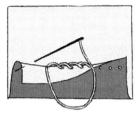

(2)自右向左自左向右缭缝。注意两边都只吃住一两根纱线,不能挑穿而使线迹外露。

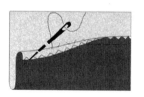

(五)夹层暗缲针(缲针)缝法

1. 用途

夹层服装暗缲针缝法常被用于西服下摆、袖口等处的里布边缘。

2. 针法

(1)将衣边折好,用大针脚缲缝,然后将里布按图示位置折好,用平绷固定,平绷线位于里布折线下方2厘米处;

(2)用左手拇指捏住掀起的折线内侧,并沿距离折线1厘米处暗缲缝。

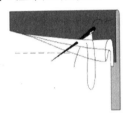

(六)捻边(捻缝)

1. 用途

当布料很薄时可以用捻缝法来做摆边。例如,丝绸布头的窄边、衣服的窄边等。捻缝法也是三折缝的一种,其效果以柔软、轻软为特点。

2. 针法

(1)边缘线做车缝线,再于车缝线外侧留少许余分,将多余之处全部剪掉,这条车缝线有固定衣边长度不使其拉伸之作用。

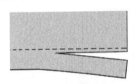

(2)用左手拇指和食指搓捻车缝后的布边,使其卷曲呈三层折边状。

(3)然后沿捻好折上折边缘做缲缝。捻缝时,搓捻的边要细、窄,而且宽度一致,有立体感、流动感,纤维时针脚要小、要密、要秀气。缝制时注意使用的手针要细小,用线最好是细丝线。

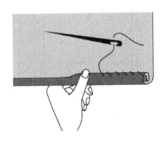

(七)扎针缝法

1. 用途

扎针缝法常被用于扎缝西服驳头,需要用左手永远卷握着布料,使每一纵行的缝制,都将布缝制成下层紧、上层松,整个驳头扎完之后便形成自然翻折、卷曲的饱满状了。

2. 针法

左手将布卷起握住,用针从右向左做横向入、出针,如同斜针法,针脚是斜向的。当缝制沿纵向直线自上而下缝时,针脚平行地一针一针自左上方向右下方倾斜,而缝到下面时再自下向上返回,缝下一行时则出现自左下向右上倾斜的针脚,两行针脚形成八字形排列。

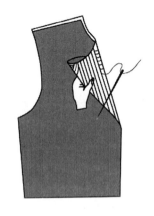

五、手针特殊缝制技法

（一）三角针（黄瓜架）缝法

1. 用途

花扒缝适合用于衣服的折边等处的缝制。如，毛料裤子的裤口、腰里、上衣的袖口、底边等。

2. 针法

起针时把线结藏在褶边里，插针位置为距离布料上端 0.6 厘米处，第二针位置后退，在布料的反面挑一、两根料丝，不要缝透，第三针仍然后退，与第一针和第二针的拉线呈斜角形，角与角相距 0.6 厘米，每针的斜角线长为 0.6 厘米。

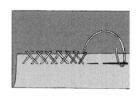

（二）八字针缝法

1. 用途

常常用于敷放条衬，以防止布边伸长之用。

2. 针法

此针法与花扒缝的缝制方法相反，是自右向左，入针、出针方向与扒缝相同，因此，针脚不交叉，只呈八字图案，也称假花扒针。

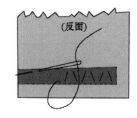

（三）打线钉缝法

1. 用途

为保证左、右两边缝制效果对称，或为各部位操作时标明缝制线路。

2. 针法

（1）将衣片正面相合平铺在台子上，将纸样放在上面，用大头针固定。再用双棉线沿净缝线以长短线迹绷缝（如图上半部分）。

（2）拐角处缝十字，弧线处线迹加密。然后将长线针脚从中间剪断（如图下半部分）。

（3）再掀起上层衣片，用剪子尖部深入到两层之间剪断所有相连线，并且将上面衣片过长的线头剪掉，用熨斗烫一遍，使线头不易脱落。针距大小、针距间距离如图。

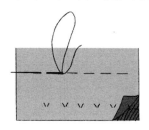

（四）滴针缝法

1. 用途

线迹暗藏，表面看仅有细小线点，不露明显痕迹。经常用于明线工艺，如西服上衣止口明线等处。

2. 针法

在缝制衣物上作一簇一簇集中滴缝，即在每一个滴缝部位作一上一下的平行运针，但进针和出针都要靠近第一针的起针处，每一处一般不少于三针。最后一针扎入前两针形成的针脚，带出线，勒回，从原出针点再入针。

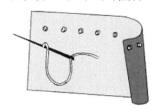

（五）杨树花针缝法

1. 用途

杨树花针是用来装饰女装里布的一种针法，多用于毛料服装。如，长大衣、女短外套的里子底边处。

2. 针法

(1)先将扣好的 3 厘米宽的里子底边塞住(绷缝);

(2)起针。左手捏住已塞好底边的正面,右手拿针缝,第一针出针于折边上口边沿0.2 厘米处;

(3)第二针入针扎在出针孔向下 0.3 厘米处,出针是在第一针(出针)与第二针(入针)的垂直平分线向前 0.3 厘米处,出针时将线顺套在针的前面,然后将针拔出,即完成了一个线叉;

(4)这样向下缝两个线叉,再向上缝两个线叉。向下缝时线往下甩,向上缝时线往上甩,如此反复向前操作。

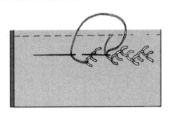

(六)打缆针缝法

1. 用途

打缆是常见的手缝锁绣褶花的工艺,这种工艺在童装、睡衣等服装中经常使用。

2. 针法

(1)按照设计绣褶量在布料上纵向标出褶的折线印记。在每两条折线之间均分 3～4 等份作为缝针的出针、入针位置。然后如图所示用粗线缝针。从裁片上端水平缝出一道后,如此完成 4 道粗线缝制。

(2)将每一道粗线的线头同时拉紧,使布料抽成一条条整齐的纵向折线。然后将抽线展开。

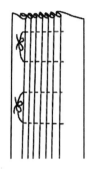

(3)将整齐的纵向折线熨烫定位(只烫抽线之间的折线)。

(4)用绣花线或细毛线开始锁绣。锁绣的方法是将相邻的两条纵折线横向倒针相连,然后转向(斜针转向)第二行,同样将相邻的两条纵折线横向倒针锁绣。

如此一针在上方、一针在下方,自然形成了连续的八字针图案。有规律的锁绣将纵向的折线左右相连,形成网状,从打缆处之下是整齐的小碎褶。

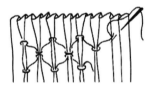

第二节　手针基础锁缀技术

一、手针钉缀缝制技法

在服装缝制基础结束之后,便应该进行锁缀工序。例如,缀扣、钉钩等。此工序看起来简单,但要求十分严谨,其中有许多规则需要了解。

（一）钉扣技法

1. 用途及要点

一般纽扣需要系在扣眼内，依照衣服门襟的厚度要求纽扣在缝缀时，必须留出适当高度的"线足"（线根）来，否则，在系扣时会出现门襟不平的问题。

2. 步骤

（1）从门襟表面入针，先将缝缀扣子的位置用横、纵两针交叉固定。

（2）将纽扣缝在衣服上，留出线足来，布料的厚度是线足长度的依据，特别是儿童服装上的纽扣线足必须留以充分的高度，以利于系、解纽扣方便，如此反复2~3次。

（3）用线在线足上自上而下平行缠绕，将整个线足上缠满线圈，至基部将线交叉系结，使线足挺立。

（4）在线足基部入针，并且反复回刺2~3次，然后系线结于布的背景。

系线结于布的背景后不要马上将线扯断，要用线再刺入布，然后再扎回来，并且带来线头将线结紧紧地镶在布中，最后将线剪断。

（二）包纽扣技法

1. 用途及要点

包扣在服装上既有使用功能又起装饰作用。

（1）将布料按照纽扣直径的两倍剪成圆形；

（2）用双线在边缘均匀拱缝一周，填入纽扣或其他填充物后，均匀抽拢后固定。

（三）包缝子母扣技法

1. 用途及要求

当需要子母扣的颜色与面料颜色相同时，最好是使用较薄的或是相同的布料将子母扣包起来再缝缀。在礼服上，这样缝缀子母扣是必需的。

2. 步骤

（1）将布裁成直径比子母扣大1厘米的圆片，在圆片处用针锥扎一个小孔，在圆片周围用手针缝出小针脚密线迹来，并留出线头。

（2）将圆片的圆心对准子母扣中心，使凸扣的凸起部分从圆心孔内钻出，凸心对准圆心孔，凹扣中心与圆片中心对准。

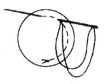

（3）在子母扣背面用手缝的密实的线迹抽成一处，系结使其固定。

将包好的子母扣平放在扣位上，按照前述的缝缀要点缝缀，缝缀时注意不能使包在子母扣上的布浮松起来。

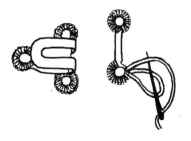

(四)钉裤挂钩技法

1. 用途及要点

裤挂钩缝缀的要点是要使其在服装上的位置固定并且牢固,否则其使用效果不佳。

裤挂钩是金属片经冲压而成的,一方为钩,一方为祥,钩和祥上带有固定的缝缀孔,所以其缝缀位置是明确的。裤挂钩比小领钩大而结实,可以用于吃劲的部分,如腰带上的固定物。一般使用裤挂钩时,钩在上、祥在下,其缝缀位置按此原则决定。

2. 步骤

(1)将线打结后在布料上穿一针、倒一针,以固定缝缀位置。钉缝挂钩时为牢固起见必须使用双线。

(2)钉缝裤挂钩需要用锁钉的钉法,将线绕一圈、缝一针。

(3)将线缔引出来后,钉缝在缝缀孔上的线基部绕线穿针缝出一个小锁结,下一针要按顺序钉,直至一圈钉满为止。将所有的缝缀孔都钉缝好后,应该看到每一个缝缀孔周围缝线,而且锁结一个挨一个布满线孔周围呈环状。

(五)钉小领钩技法

1. 用途及要点

小领钩是用金属丝弯曲而成的,一方为钩,一方为祥。习惯将钩放在上方衣片反面,将祥放在下方衣片正面。

2. 步骤

(1)固定好的领钩和领祥咬合时服装是定位的。因此,钩与祥的缝缀位置非常重要。钩祥的位置是很合理的,保证了开口的平整与严谨。缝缀小领钩时,必须注意做到三点固定,只缝后面的双环是不够的,还要在钩下方和祥环两侧再固定,才可以使其具有稳定感。

(2)小领钩在很薄的布料上缝缀时会显得过于硬挺,使穿着不舒适。此时,可以不钉金属的祥环,用手缝一个线祥代之效果会更好。因为线祥与金属相比是不定型的,所以线祥所需长度(同钩的宽度)为 0.3 厘米,位置退后 0.2～0.3 厘米,这样可以使小领钩的钩祥动作容易些、方便些,同时又保证了钩合后的严密。

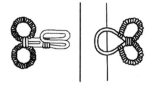

二、手针锁眼缝制技法

锁缝技术以锁眼为主要内容。服装上的扣眼有许多种。根据服装的种类、布料的不同,锁扣眼的方法也不相同,一般常见的锁眼方法有三种,以扣眼的形状和锁缝方式将锁眼方法分为单边收口法、双边收口法和圆头锁眼法。例如,衬衫上的双边收口式扣眼、单边收口式扣眼,外衣上的圆头扣眼等。

(一)锁缝单边收口式扣眼技法

1. 用途及要点

单边收口式扣眼是最常见的扣眼,一般横眼均使用此种方法。锁缝单边收口式扣眼时,所用线的长度为扣眼长度的25～30倍。

2. 步骤

(1)按照扣眼长度的计算公式算出扣眼的大小,并用细针缝出眼位,然后使用锋利的剪刀在眼位的中心位置剪眼。剪眼时,必须注意将布丝道理顺,横眼应该和布的横纱相一致。

(2)在剪开的孔周围先圈缝一圈线作为锁缝的线心,而且圈缝线的外侧即锁缝时的每一入针的位置。注意缝第一针时要用一小针脚的缝线将线结带入布中。

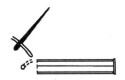

(3)将线绕一个套、入一次针。出针时,拉线的方法为剪孔方向的斜上方,如此可以使锁结的位置显眼、饱满。

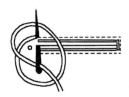

(4)将扣眼的前端头缝成放射状针脚,此处的过渡性角针法为4～5针。

(5)缝至扣眼的前端头时,将入针位置比前几针稍稍偏向前方,以便逐渐缝出转角再行返回锁缝。

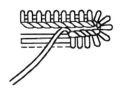

(6)返回锁缝至起始处。

(7)锁至最后一针时,将针孔扎入开始的一针的锁结内,出针处靠近最后一锁缝线的线根。

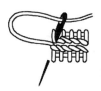

(8)在锁缝的最后一针旁,做平行二针对缝,以加固扣眼的端头。

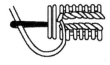

(9)用两针平行的横针将扣眼端头的纵针脚从中点处拦住。

(10)将扣眼布反过来,用针从锁缝的针脚中间穿缝过去,然后再返缝二针,最后将缝线剪断。

(二)锁缝双边收口式扣眼技法

1. 用途及要点

扣眼的两个端头都是收口式的,或是齐头的是此种方法锁出的锁眼的特点。双边收口法常常用于纵眼或是男式服装上的锁眼。

2. 步骤

(1)按公式计算出扣眼长度,并用细线缝出眼位,剪出扣眼。

(2)将线系结后,从扣眼的一端穿入布内,沿眼位的上、下圈缝两条线,作为锁缝的线心。锁缝的扎针位置则在圈缝线的外侧。

(3)锁缝至扣眼的前端头时,在转角处直接入针。

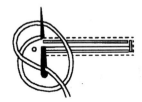

(4)用与扣眼相垂直的两针封缝住扣眼的端头。

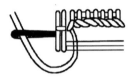

(5)再从二针封缝针脚的中点拦两针短针,将扣眼的端头固定。

(6)将针穿入转角处最后一个锁缝结内。

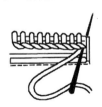

(7)出针后再扎回拉缝后的出线针脚内,使缝线在此处绕缝出一个结。

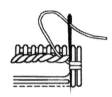

(8)将引出的线继续绕套、入针,开始锁缝。

(9)锁缝至扣眼的另一端头后,其收口的方法与单边收口法相同。

(三)圆头锁眼技法

1. 用途及要点

当布料较厚时,适合采用圆头锁眼法锁出可容纳缀扣的线足的扣孔。

2. 步骤

(1)用细线缝出眼位并剪出扣眼,注意布的丝道一定要先整理好。

(2)在扣眼的前端头打一圆孔,使圆孔的

直径不超过细线缝出的扣眼锁缝范围。用剪刀将圆孔与横开的扣孔的自然过渡形状剪好。

（3）用线系结后在扣眼周围圈缝出锁缝线心来，注意圆孔周围用小针脚缝出圆形线迹。

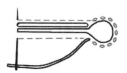

（4）从扣眼的横切口端头开始锁缝。针脚要密实，锁结要饱满。

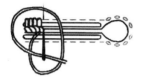

（5）锁缝至圆形端头处使锁线的针脚呈放射状排列。注意圆孔处的针距要一致。

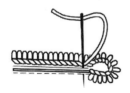

（6）锁缝完最后一针时，将针孔扎入最初一针的锁结内，并从最后一针旁边出针。

（7）做两针垂直于扣眼的封缝。

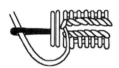

（8）于两针缝针中点再做两针拦缝。

（9）翻过锁眼布，从背面将穿入锁缝线的中间，并且返针缝数针后将缝线剪断。

三、手针特殊锁缀缝制技法

特殊锁缀内容很多，其中典型的有打线结、锁线袢、拉线袢、缭中式疙瘩袢、缝馄饨边等。此类锁缀的缝制操作技术含量较高。

（一）打线结技法

1. 用途及要点

线结用于开气、口袋等端头，起定型、加固之用。最简单的线袢只用一根针穿线即可完成。

2. 步骤

（1）按照设计长度在布料上用手针穿线递针缝2～3次，组成一组线套。入针处必须紧靠线根。

（2）在布料反面将线套的一端横向拦截、靠线根处入针。

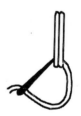

（3）出针位置在正面的线套的端头另一侧，这是因为扎针方向是斜向的。

正

（4）用线将正面的线套端头横向拦截，于线根处入针，斜向扎入。

（5）出针处在反面的线根处。

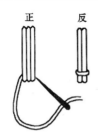

正　　　反

（6）斜向扎针的示意图是截面图。

正
反

（7）再从反面用线横向拦截，并斜向入针。

（8）从正面斜向出针。

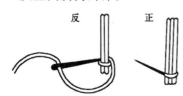

反　　　正

（9）用针带线将线套横向拦截后，将针自右向左从线套下面、布料上面穿出。

正

（10）拉紧线并再次将针从线套下面穿入做横向缠绕、捆扎，直至线套全部捆扎成袢。

（二）锁线袢技法

1. 用途及要点

线袢在许多款式的服装都使用。例如，若使用金属小挂扣时可以用做钩袢。有时候线袢可以系扣用。打线袢必须使用比较结实的线。在服装的线袢位置上，用手针穿线缝出松线套，并重复在此位置缝2～3道。

2. 步骤

（1）缝线拔出于一端线根后，用针依次锁系。将针带线从线套下方插入线套。

（2）将线从线套内穿出后，再将针从步骤（1）中的线圈下方扎入，然后拉紧成锁结。

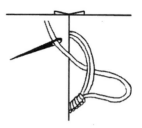

（3）在服装的缝线袢处反面只露出缝线套的线迹。当线袢锁完最后一个锁结后，用针从线套的另一端扎到布料反面，带紧线后系结，并剪掉线头。

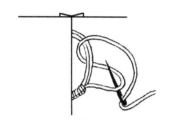

(三)拉线袢(手钩线袢)技法

1. 用途及要点

拉线袢、手钩线袢也叫打线辫，多用于夹外衣面与里的连接。有人根据自己的习惯使用右手钩线辫，此方法简单易行。

2. 步骤

(1)在缝合线的线缝处从反面入针，从缝中出针，再自右向左别一小针，将针从上一次出针处扎出。

(2)拔出针后保留线套不要拉紧，将针放在一边用右手从线套内钩出一个小套，此时，左手握住线，以保持钩线套的完成。

(3)右手向上拉，将第一线套拉紧成结，再从底下等二个线套内钩出一个小线套，左手仍然起辅助作用。

(4)重复步骤(2)、(3)使线辫打成设计长度，将针扎入最后的线套之中，固定其长度，再扎针入缝，然后从入针处右侧出针，再横向别一针，固定线辫的位置。

(四)缭中式布袢技法

1. 用途与要点

中式疙瘩袢一般用做衣服的余料制作，其制作方法分为两步，第一步是缭袢，第二步是盘疙瘩袢，或称打疙瘩袢。

2. 步骤

(1)将布料裁剪成正斜的布条，布条宽2厘米，长25～30厘米。如果布料不足也可以拼接，拼接的缝边最好为直丝道，拼接后辟缝烫平。

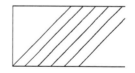

(2)把布条的一端用手针别在案台上，使布面朝下。用左手握住布条，将布条的两侧边向上折起，同时落在布条的宽度中线上，相对放平(如果布条较薄，布条的两侧边缘可以相搭合放平)。

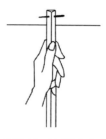

(3)用右手持针，从别住条端头的左侧缝边的折边内侧入针，扎向外侧。

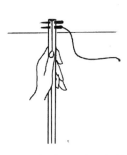

（4）拔出针后拉紧缝线，将针自右向左，从右侧缝边的折边外侧入针，并同时将左侧折边从内至外穿透。缭缝时，入针点距折边很近，入针的方向必须与布垂直。

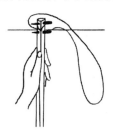

（5）拔出针后拉紧缝线，再重复步骤（4），入针点距离第一针约 0.2 厘米。

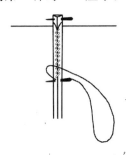

（五）盘疙瘩袢技法

1. 用途与要点

在中国传统服装中用在门襟等开口起固定、连接之用。用布料缝制的布袢盘制。

2. 步骤

（1）将布袢对折，用左手的中指、无名指和小指握住布袢的一端，另一端用食指挑起。

（2）将被食指挑起的一端从下而上缠绕于食指和拇指上，再使端头向下垂。

（3）把左手的中指等握住的布袢端头放开，换成另一端握住。

（4）脱开缠在拇指上的布袢套，并将此套叠压在食指上，使食指上绕着的布袢被此套压在中心。

（5）将布袢的垂端从绕在食指上的布袢中自右向左穿过。

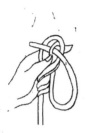

（6）拉紧布祥的两个端头，动作要慢，用力要均匀。使套在食指上的布祥呈麻花状。

（7）继续调整相关部位，一步步拉紧每一处布祥，使盘祥最终完成。

（8）用右手拿起布祥的一个端头，顺时针绕过 180 度，从花篮底部图案的中心孔中穿向下方。

（9）将布祥的另一端头也顺时针绕过 180 度，从同一孔隙中穿下。

（10）左手同时拉住布祥的两个端头，右手拉住花篮的提梁，慢慢对拉，使疙瘩初步成型。

（11）将一根针穿在花篮的提梁内（即疙瘩上方的套环内），找到可以牵动套环的关键部位拉出，使套环拉紧。

（12）继续调整相关部位，一步步拉紧每一处布祥，使盘祥最终完成。

（六）缝馄饨边技法

1. 用途与要点

馄饨褶是一种用布条手缝出来的立体状长条花边。常常装饰在女外衣内口袋边缘、领子边缘、口袋边缘等处。其表面是饱满的套状相连形式、反面有叠印。

2. 步骤

（1）将薄布裁成 2.5～3 厘米的长布条。其长度为花边长度的 2.5～3 倍。

（2）将布条按宽度三折，在三折的布条上标出宽度中心线印记。然后用手针引线在折布的一侧边缘自下向上扎针。

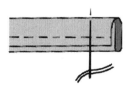

（3）将针引线拔出后再于另一侧边自下向上扎针，继而又于第一针旁边自上向下扎针。

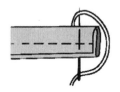

（4）出针后将线拉紧，使布条两侧边缘向上卷起，横向线迹呈星点状。

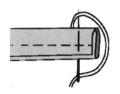

（5）将针从卷起的布端筒管内入针，在距

离星点状针脚0.8～1厘米处的布条中线上别住一针。

（6）将针再次从卷起的布端筒管内穿入，从星点针脚下面穿出。

（7）如图所示用针穿入步骤（6）的松线套。

（8）拉紧线使布条纵向紧缩，端头上翘。然后间隔0.8～1厘米重复步骤，循环往复。

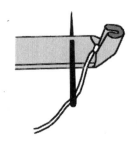

第三节　手针基础刺绣技术

一、手针平面刺绣技术

手针平面刺绣泛指操作相对简单，以平面铺构为特点的方法。手针平面刺绣是最基础的刺绣技术。例如，十字绣、齐针、抢针、套针、扎针、铺针、刻鳞针等。

（一）十字绣法 A

1. 用途

十字绣又称挑花绣，就是用挑十字的方法组成图案，此针法主要用于表现横竖线条的刺绣。

2. 要领

（1）按照平行的两条经纱或纬纱运用斜

针缝出平行、等长的线迹。根据图案要求在线迹的端点入针后顺纬纱或经纱的方向出针，

使针的方向与斜针缝中线迹方向呈 45 度角。

（2）按照（1）中入、出针点朝相反方向斜针缝出平行、等长的线迹，并使线迹与（1）中线迹交叉相叠。

（二）十字绣法 B

1. 用途

十字绣又称挑花绣，就是用挑十字的方法来组成图案，此针法是十字绣 A 的变化针法，主要用于表现斜向线条的刺绣。

2. 要领

（1）按照两条经纱（纬纱）斜针缝出一针 45 度角的线迹，在线迹的端点入针后顺纬纱（经纱）方向出针，使针的方向与斜针缝中线迹方向呈 45 度角。

（2）按照（1）中入、出针点朝相反方向斜针缝出平行、等长的线迹，并使线迹与（1）中线迹交叉相叠。

（三）齐针绣法

1. 用途

齐针是各种针法的基础，这种针法的起、落针都在纹样的外缘，线条排列要均匀，不能重叠、不能露底，力求整齐。

2. 要领

刺绣前务必先要用墨笔勾勒，然后按照勾勒出来的轮廓线来刺，一丝一毫都不能产生偏离的痕迹。平面的线一定要绣得平整均匀、松紧适中，力求平整。

（四）正抢针绣法

1. 用途

适宜绣图案花样，色彩由深渐浅，也可由浅入深，须一层一层顺序进行。

2. 要领

（1）用整齐的入针、出针位置分皮。

（2）一皮一皮前后衔接用针，次序由边缘向中心。此种针法层次清晰均匀，富有装饰性。

（五）反抢针绣法

1. 用途

适宜绣图案花样，色彩由深渐浅也可由浅入深，须一层一层顺序进行。

2. 要领

（1）首先将花瓣分成阔狭相等的若干皮，然后用齐针绣第一皮；

（2）从第二皮开始要加扣线，扣线的方法是在前一个皮两侧线条的末尾横一针拉出一条线；

（3）在后一皮边缘中心点起针，从中心线绣到两侧，每皮起线从空地绣向扣线，将线包裹在内紧扣成弧形；

（4）依此类推各皮。

（六）套针绣法

1. 用途

适宜绣图案花样，色彩由深渐浅，也可由浅入深，须一层一层顺序进行，由于套针的出入针点相互穿插，因此过渡自然。

2. 要领

（1）套针的主要操作要领就是后一批的针要嵌入前一批之中，因此在绣第一批的时候必须要留一根线的间隙，以便容纳第二批；

（2）第三批必须从第一批1厘米左右的地方衔接上，并留下第四批下针的间隙；

（3）第四批要从第二批1厘米的地方接上，以后的针法依此类推；

（4）但从第二批以后，针脚就不须整齐，而且要长短参差，以便隐藏真迹及调和晕色，绣到最后边缘的地方，还是绣齐针，并留下水路。

（七）扎针绣法

1. 用途

扎针适合绣鸟脚的胫部。扎，就像包扎，鸟脚的刺绣针法。

2. 要领

（1）先用直长针平绣出鸟脚；

（2）按照鸟脚的外轮廓线再用横针平绣，使横针绣的短直线叠压在直长针之上。扎针之上还可以用短直针，以近似于鸟脚胫的凸起的部分。

（八）单面铺针绣法

1. 用途

适宜绣图案花样，平面铺构。

2. 要领

铺绣用长直针顺着图案所需方向绣出正面，如平铺一般将图案绣满，其出入针点在反面形成的线迹呈点状，因此称单面铺针。

（九）双面铺针绣法

1. 用途

适宜绣图案花样，平面铺构。

2. 要领

铺绣就是用长直针顺着图案所需方向绣

出正面,反面入针点即正面的出针点,使绣线形成循环圈状,因此会同时绣出反面图案。正反两面图案,如平铺一般将双面图案绣满,因此称双面铺针。

(十)刻鳞针绣法

1.用途

一般适用于有鱼鳞的图案刺绣。

2.要领

(1)先按照墨勾的轮廓用铺针打底;

(2)依次绣出鱼鳞外缘,用细线行扎针,修短边缘线迹,突出表现鳞片光泽。

二、手针立体刺绣技术

手针立体刺绣泛指操作相对复杂,以追求立体效果为特点的方法。手针立体刺绣往往需要在刺绣时用到绕针、捻线等技术。如,肉入针、打籽针、接针、绕针、刺针、施针、旋针等。

(一)肉入针绣法

1.用途

肉入针又叫叠绣、高绣、凸绣。

2.要领

(1)用细白棉线绣一层铺针打底。

(2)再将长短针绣在上面,使长短针的针脚与底纹的线条成垂直交错状态。

(二)打籽针绣法

1.用途

此针法要配合十号或十一号针,以及正根的线,要完成整体图案时须先从墨勾的轮廓绣起,并按照顺序逐渐向内,打出来的籽一定要均匀、紧密,而且不能露出绣底。

2.要领

(1)在针出绣底后随即拉住线;

(2)用针绕结后向出针处距离一二根纱线的位置入针;

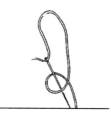

(3)再收紧线圈,即成一"子"状,如此排列成图案。

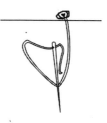

(三)接针绣法

1.用途

接针有容易藏去针脚又可随意拉长线条的优点,在绣行书、草书的转折处,可以用这种针法。

2.要领

(1)第一针按照图案需要绣出长、短适中

的线迹；

(2)第二针紧跟第一针的尾部里面,接着绣下去,针迹必须要长短相等。

(四)绕针绣法

1. 用途

此针法是用线条表现图案的一种方法,此针法形成的线迹由若干小圈组成。

2. 要领

绕针就是用粗细两针各引一线,粗针用九号到十一号,细针用十二号。

(1)先将大针引全线出地面,小针刺出去一半,用大针引线逆时针绕小针一圈,使之成为一个小线圈,引出小针向左压向小线圈刺下。

(2)再由线圈右侧刺出小针一半,用大针引线绕小线圈,引出小针仍向左由第一针原眼处刺入,固定线圈,即成绕线。

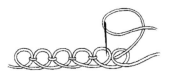

(五)刺针绣法

1. 用途

此针法是用线条表现图案的一种方法,此针法形成的线迹由若干短线组成。

2. 要领

(1)第一针按照图案需要绣出方向适合的线迹;

(2)第二针采用回刺的方式,线迹与第一针线迹相连,后一针落在前一针起针的针眼内,每一针均成粒状。

(六)施针绣法

1. 用途

适宜绣图案花样,平面铺构,其特点是色彩层次丰富,有序而自然。

2. 要领

(1)第一层先用稀针打底,线条间的距离要根据需要灵活运用,一般间距两针,而且线条长短参差。

(2)如果色彩复杂,须绣多层者可酌量排稀,便于加色,但排针距离要相等。以后每一层均用稀针按前一层组织方法,依绣稿要求分层施密,逐步加色,直到绣成。

(七)旋针绣法

1. 用途

迂回旋转的针法。例如,绣一棵屈曲不直的树木,弯弯曲曲的龙或虾,回旋激流的波浪,要绣出它们的屈曲不直,都可以采用短针,处理光线的阴阳、颜色的深浅与施针的针法相同。

2. 要领

(1)根据图案所描述物体的形态走向,用短针、盘针顺其自然态势施绣,使线迹松弛出套;

(2)用接针、滚针的方法盘旋而绣,针脚不外露,线迹均匀、密实。

第八章　缝纫机缝制技术

第一节　缝纫机规范基础缝制技术

一、缝纫机使用要领

正确使用缝纫机,掌握使用要领,是学习和实施服装缝制的前提和基础。掌握缝纫机的使用要领应首先从认识经常使用的梭心、梭皮、缝纫机用针、缝纫机用线开始。

(一)绕梭心

1. 用途

梭心是需要绕上线使用的,在梭心上缠绕的线为缝纫机的"下线。"

2. 要领

(1)首先将梭心、轴线的位置及挂线方式按每种机器的说明书摆放正确,特别是挂线的方式不可随便改变;

(2)再将压脚抬起,将缝纫机右端的机轴拧松,便可以踏机,按照车缝的方式动作,此时,绕线便能够自然完成了。待线轴绕满后,梭心可以自动停转,绕线完成。

(二)上梭心

1. 用途

将绕好线的梭心安放在缝纫机梭镗内,使绕好线的梭心在梭镗内顺畅转动。

2. 要领

(1)将梭心上的线头从靠近身体内侧向上、向外拽出 5 厘米左右,左手持梭皮,使梭皮上的弹簧片和控制螺丝在上,用右手将梭心放在梭皮内,线头留在外面;

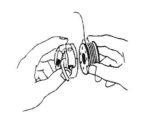

(2)将线头拉入弹簧片下面的沟槽;

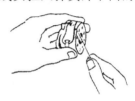

(3)拉线头从弹簧片下面的沟槽内顺出来,并将线头拉长至 10 厘米左右。

(三)上机针

1. 用途

将缝纫机针稳固地安装在缝纫机针杆上,使其可以随着缝纫机针杆上下动作,完成缝纫动作。

2. 要领

(1)针杆是上、下动作带动机针活动的,上针前,必须将针杆处于上方位置并且停下来;

(2)将针的平侧面朝右,带有沟槽的侧面朝左,此时针杆下端右侧的控制螺丝是拧开

的；

（3）拧紧针杆下端右侧的控制螺丝将针固定；

（4）慢慢将针杆下移，使针尖扎入针孔，检查针与针孔中央是否对准。

（四）引下线

1. 用途

只有将"下线"从缝纫机"下线"针孔中引出，才可以正常使用。

2. 要领

（1）拉住上线的线头，将缝纫机针慢慢地扎入针孔，用右手把住机轴，并轻轻转动使针下到针孔之下后，立即返上来；

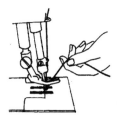

（2）当针尖抬起于针板之上0.4～0.5厘米时，左手拉住线头，便能够将下线引出针孔，此时将针停住；

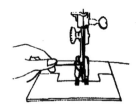

（3）用右手及时地将下线线头引出来；

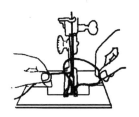

（4）继续拉下线，待加长5～6厘米时，将下线的线根和上线的线根一并压在压脚下面，将上、下线的线头甩在压脚后方。

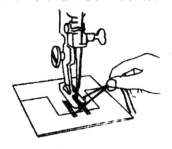

二、缝纫机规范基础缝制

常见缝纫机缝制基础方法有缝直线、倒回针车缝、缝折线、缝曲线、三折车缝等。

（一）直线车缝

1. 用途

作为最基础的缝制方法，缝直线的用途是最广泛、最常见的。

2. 要领

车缝开始时的要领是将布放平直，一直向前缝。

（1）车缝时将右手扶住布料慢慢向前送；

（2）左手从缝纫机侧面伸到前方捏住布料徐徐引导；

（3）右手送布时要轻，一直将布送到压脚跟前。车缝的速度要合理、均匀，不能忽快忽慢。

（二）倒回针车缝

1. 用途

在车缝开始和终止时的缝线是很容易绽开的，所以在正式车缝时，为了缝合的牢固必须在开始和终止时用倒回针缝。

2. 要领

倒回针只需在2～3针内反复，操作时应该尽量使倒回针缝的针脚与正常缝的针脚重合，在示意图中为了说明倒回针的方法和过程，特意将倒回针的针脚与正常的针脚区别开，实际上的缝制要求并非如此，缝制的开始和终止处的倒缝有时会较正常缝制的针码小一些。

（三）折线车缝

1. 用途

在衣领角、袋盖等缝制至折角处时，方法正确与否对于最终的翻角效果是十分重要的。

2. 要领

（1）车缝时，必须注意缝至距离折线的顶角还差一针脚长度时，要及时停止车缝，将针尖扎入布中，再将压脚抬起来。

（2）将布在机器盘上以针尖扎住处为圆心逆时针旋转135度，放下压脚，将针抬起向前缝一针，然后再将针孔在缝好一针后的针孔内，抬起压脚继续旋转布料135度。

（3）此时转角完成，继续车直线即可。如此车缝后将折线顶点处的缝边剪去三角再做翻折肯定会收到极好的效果。

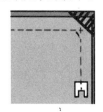

（四）曲线车缝

1. 用途

服装缝制的裁片是多种形状的，其中不乏弯曲边缘，正确车缝曲线才能获得好的服装造型。

2. 要领

（1）车缝曲线的难度比直线大，然而其方法是相似的。如果所缝制的裁片是不怕拉伸的，那么最好的车缝方法是将曲线拉伸成直线状态再进行车缝。拉拽时用力要轻，不要因为布料的伸长造成针码的大小不匀。

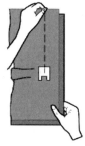

（2）当车缝线的转角较小时，则必须直接转动布料车缝的速度，将布料按车缝的需要转弯。在小角度曲线的车缝过程中，中途停顿对于缝线的顺畅是不利的，所以最好一气呵成。

（五）三折车缝

1. 用途

缝制一般布料三折边时，在服装的下摆处作两次折边，然后三层一起车缝明线。普通布料服装的下摆、袖口、裤口、裙边均可采用这种方法。

2. 要领

（1）缝制时，第一道折边依衣服长度印记烫折，第二道折边以尽量窄而齐为原则，明线距离第二道折边边缘线0.1～0.2厘米；

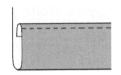

（2）缝制透明布料时，可以从衣服表面看到摆边翻折的情况，则需要使折边的部位呈完全等宽的状态。在裁剪时，要将贴边留充分，在第一道折边时，贴边宽度为最终车缝明线到摆边缘线距离的2倍，即第二次折边位于总贴边宽度的1/2处。

三、缝纫机规范缝制基本技术

（一）压缉缝缝制

1. 用途

当抽褶的裁片与平片相缝合时应该采用压片车缝。压片车缝多用于落肩袖、男衬衫过肩、裙子等处。

2. 要领

（1）将平片的缝边烫折好，压在另一片插好褶的裁片的缝边上，在折边边缘内0.1～0.2厘米处用一趟线车缝而成。

（2）车缝时要注意针码均匀。为了便于掌握压片车缝的方法，也可以将平片与抽褶的裁片先用暗线缝合，然后再折起平片，沿折线处车明线。

（二）分缉缝缝制

1. 用途

这种方法适合于缝制较厚实而且需要经常洗涤的服装，因为如此缝制的缝边处具有牢固、平展、板整的特点。

2. 要领

缝合时先将需要缝合的缝边处标明印记，以便缝合准确。然后将缝边劈缝，在暗缝线的两侧分别车缝明线。此方法一为定型，二为装饰。

（1）先按照缝线的印记做车缝，车缝时布料的面朝内、里朝外。

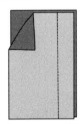

（2）将缝边向左、右分开。

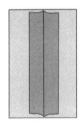

（3）如果缝边需要"做净"，再分别将每一侧缝边的边缘向内折起0.5厘米的折边，则不用包缝了。

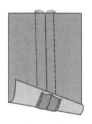

（4）从布料的表面按住里面的缝边，沿着缝边边缘的窄折边处车缝明线。车缝明线时，要注意将缝边的边缘折边压住，并且使压线整齐，让暗缝与两侧的明线距离相等。根据需要明线可宽可窄，但最宽不可以宽过缝边宽度。

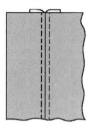

（三）包缉缝缝制

1. 用途

包缉缝适合于棉布等需要经常穿用、洗涤的服装的缝制。包缉缝是用一片的缝边包住另一片缝边，再缉明线的方法。

2. 要领

（1）做此缝制时，裁片的缝边是不等宽的，一裁片的缝边需要被另一裁片的缝边完全包折，而且布料的厚度也需要将包折的一边加放出余量，因此做包折的裁片缝边宽度是被包折缝边宽度的2倍再加0.2厘米，按印记做车缝。

（2）用宽缝边将窄缝边完全包折起来。

折线位置正好是窄折边的边缘线。用熨斗将折线烫伏。此时，包折好的缝边较窄缝边宽0.2厘米。

（3）将缝合的裁片沿缝线展开，使缝边倒向窄缝边一侧，即烫伏的包折缝边被展开的裁片和倒向一边的缝边夹在中间。最后沿包折线边缘车缝明线。注意沿着第一缝合线展开裁片时要展开充分，明线宽度要一致。

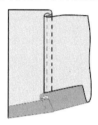

（四）来去缝缝制

1. 用途

缝制极容易毛绽或者很透明的布料的缝边时，必须考虑其牢固程度适应洗涤及美观的需要。因此最好的方法是缝成来去缝。来去缝亦称筒子缝。

2. 要领

（1）首先在缝线印记外侧0.5～1厘米处做两片合缝。注意此时是将两裁片的面放在外面，里相贴合。

（2）在车缝线的外侧做剪切，留出0.3厘米的余量，其余部分要剪掉。剪掉多余部分的目的是为了最终缝成筒缝时的整洁。然后

齐缝线将裁片的面折向另一方。

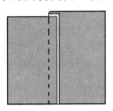

(3)将两裁片的面折好后使其紧紧贴合，而将裁片的里露在表面。在距离折边0.5～1厘米处做车缝。筒子缝的方法也适合很薄的布料。

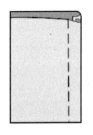

(五)坐绲缝A缝制

1. 用途

在面料较薄的衬衫等需要耐洗、牢固的服装缝制时，往往使用倒缝单明线的方法。这种方法效果良好。

2. 要领

(1)当面料较薄时，将两裁片布面相对按印记车缝后，用锁边机或用犬齿缝的方法将两片的缝边一齐锁边或封边。这样可以使缝边不毛绽。

(2)将缝合的裁片展开，使缝边双层一齐倒向一侧。然后，从正面摸着缝边的边缘车缝一条明线。车缝明线距离第一道暗缝的宽度一致。

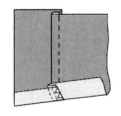

(六)坐绲缝B缝制

1. 用途

在面料较厚的服装需和耐洗、牢固的服装缝制时，往往使用倒缝单明线的方法。这种方法效果良好且方便简单。

2. 要领

(1)在面料较厚时，缝边的边缘处将与面料重叠为三层，可能会因为太厚而容易起梗，所以需要缝合处的裁片缝边宽度要有明显的差别。

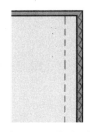

(2)按印记车缝后，将宽缝边的边缘做锁边或缝犬齿线。方法同A，展开裁片并缝边一齐倒向一侧，将窄缝边压在宽缝边里面，然后车缝明线。明线压住宽缝边边缘，距离第一道缝合线的宽度要一致。

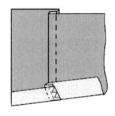

(七)漏落缝A缝制

1. 用途

这种方法往往用于衣服的接长之处、挖眼的衣身和挖眼布的衔接之处等。追求精细、立体的卧线的效果。

2. 要领

（1）漏落缝车缝、劈缝等开始步骤与坐缉缝相同；

（2）将缝线卧在两片暗缝后劈缝的缝档内，以形成漏落缝的特点。卧线车缝要求缝线位置准确。

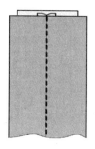

（八）漏落缝 B 缝制

1. 用途

这种方法往往用于衣服边缘的包边之处、头巾等边缘大身和包边布的衔接之处等，紧贴包边布车缝出明线。它的作用也不显眼，而且可巧妙地将包边的里层缝边与衣服固定为一体，追求精细、立体的卧线的效果。

2. 要领

（1）漏落缝车缝、劈缝等开始步骤与坐缉缝相同；

（2）卧线车缝要求缝线位置准确。

将缝线卧在两片暗缝，并且倒熨烫处理后的衣片一侧（较薄的一侧）边缘，以形成漏落缝的特点。卧线车缝要求缝线位置准确。

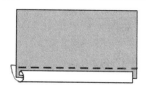

第二节　服装细节规范缝制

一、省道规范缝制

（一）薄型布料省道缝制

1. 用途

衬衫、连衣裙用料往往是很薄的。例如，丝绸、麻纱、棉布等。最常见的省道形式是锥形省。应注重适应薄型面料的需要，规范其缝制方法。

2. 要领

（1）首先按照印记在布料上缝出省道，注意不要在车缝时伸长。熨烫省道时要将衣片的省道放置在圆形的熨衣馒头上进行，省道的尖端要在熨烫时虚出 0.5 厘米。缝制省道后要在尖端处留出 5 厘米长的线头。

（2）将省道尖端的线头系结并重复 2～3 个使其牢固，然后剪掉多余的线头。剪线头时必须使用剪刀，不可以用手拉断。

（3）缝好后的省道在熨烫时向一侧倒，在

裁片上处于对称位置的省道的熨烫,倒向也应该是对称的。

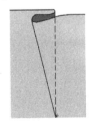

(二)中厚型布料省道缝制

1. 用途

西服、上衣、夹克等往往采用中厚型布料。例如,毛料、纺毛料、短绒料等。最常见的省道形式是锥形省。应注重适应中厚型面料的需要,规范其缝制方法。

2. 要领

(1)中厚型布料上的省道缝制方法与薄型布料相同,缝制后也需要在省尖处系结、剪线头等。省迹的缝线必须顺直。

(2)缝好后的省道在熨烫时做劈缝效果最好,省道的劈缝在中厚布料上不必将省道剪开,只要将缝线处的余布准确地分开,并熨烫平就可以了。为了不使表面透出熨烫省道的印痕,需要用厚纸片垫在省道的两侧进行熨烫。

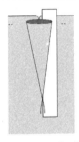

(3)中厚型布料上的省道经劈缝熨烫后,如果不加固定处理往往容易浮起来,因此需要沿劈缝的省道中心线加以固定。

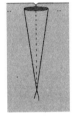 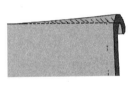

(三)垫缝分烫省道技法

1. 用途

在薄布料或中厚型布料上采用垫缝的方法缝制省道可以获得满意的劈缝熨烫效果。

2. 要领

(1)缝制时,先用一块余布剪成略比省道长4厘米的长方形,将长方形的布料的纵向中心线与省道的缝线位置重合,然后缝制。

(2)缝制结束后,将省道向无垫布的一侧倒。垫布倒向另一方,熨斗沿缝线劈烫。此时,省道剪部的劈缝变得十分容易。如果希望布料表面显示的效果更好些,可以将垫缝的布剪成与省道相仿的形状。

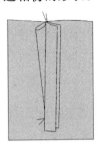

(四)厚型布料省道缝制

1. 用途

外衣、大衣、裙子等在选用厚型面料缝制时最常见的省道形式是锥形省。应注重适应厚型面料的需要,规范其缝制方法。

2. 要领

(1)在厚型布料上缝制省道要想缝顺、缝尖是很困难的,所以最好的缝制方法是手缝,其要点及系结、剪线头等均与薄型布料上的省道相同。

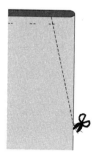

(2)为了便于省道的劈缝熨烫,需要在熨烫之前用锥形打孔器探进省道,使其张开,然后再用熨斗从省尖处劈烫。如果没有打孔器,可用厚纸卷成锥形,用胶条固定成省道形状使用。

(3)在很厚的布料上的省道做劈缝时,将上段剪开熨烫更为适宜。剪开省道的位置为在省道宽的1/2处,以使布料可以折回为原则。

(4)按照一般规律,剪开省道的位置可以定在省道总长度的2/3处。厚布料服装一般均使用里布,所以剪开的省道部分不需要特

殊处理,使之与里布上的省道缲缝固定即可。

(5)当布料非常厚时,省道的剪开占总长度的1/2更适宜,因为不剪开的部分较长,其熨烫后的固定则显得很重要,所以,此段省道在熨烫后也要沿中心线作星点状的缝制。

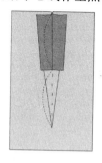

(五)透明布料省道缝制

1. 用途

各种透明或半透明的纱料、绡料往往是缝制夏装的时尚材料。应注重适应透明面料的需要,规范其缝制方法。

2. 要领

在很薄的、透明的布料上缝制省道时,要将省道剪成0.7～0.8厘米等宽的缝边,然后在剪切处两层一起锁边,再将缝边倒向一侧,并熨烫平整。在缝制、剪切和锁边过程中要求整齐,不能将任何不规范的做法反映到布料表面上来。

（六）枣核状省道缝制

1. 用途

枣核省一般用于处理腰部收势,枣核省是通过中间多缝、两头逐渐减少的方法完成的。

2. 要领

（1）枣核状省道的缝制必须准确,在高档服装中最好分两次完成,从中间最宽处向两端头缝制。为了适合布料的性质,枣核状省道的最宽处不得超过 2 厘米。缝制前先将省道沿中心线熨烫,然后再缝制时可以使省尖位置准确、丝道顺直。枣核省道的两个端头处均应该留出线头,并系结处理,其方法如前所述。

（2）缝制结束后,先将省道最宽处剪一小口,然后将小口裂开,使缝成的折线成为直线,并熨烫固定。枣核状省道的最后熨烫可以是倒向一侧烫,也可以上、下分别劈烫,遇到面料较厚时,更适宜剪开中间宽的部分做劈烫。枣核状省道也可以采用垫缝法缝制,并且作较容易的劈烫。

二、口袋规范缝制

（一）明贴袋缝制

1. 用途

时装衬衫上、下口袋一般为明贴袋,需要缝制出平展、严谨、美观的效果。

2. 要领

（1）将一条粘合衬裁剪成与口袋口贴边相同的尺寸。

粘合衬

（2）将粘合衬条与口袋的贴边相贴接。一般的口袋贴边宽度为 3 厘米,袋口的周边缝边要窄些,沿贴边边缘锁好边。口袋的缝边宽 0.7 厘米。

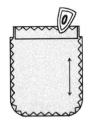

（3）将贴好的粘合衬的贴边折好熨烫,此时贴边的两端与袋口尺寸相吻合。在贴边的边缘及袋口的边缘各缉一条明线。

（4）将口袋周围的缝边折起并熨烫,完成口袋外形。口袋的底部圆角的熨烫要借助工具。将厚纸剪成口袋底部的形状作为模子,在口袋布底角处缝边的 1/2 宽度处,手缝一段线,作为抽褶线。熨烫底角时,将厚纸型放在口袋布底角位置,抽褶线,同时使用熨斗尖将抽出的小褶烫分散,令其平服。

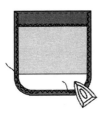

（5）在身片的里面，按照口袋位置的印迹找到袋口位置，用一块粘合衬作为受力布形成直径 1～1.5 厘米的小圆贴片，贴在袋口的两个端头处。

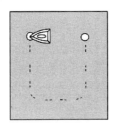

（6）将烫好的口袋按照印记放在衣片的表面，在袋口处留有少许松动余量（0.2～0.3 厘米），然后用大头针沿周边固定。注意口袋有左、右片之分。

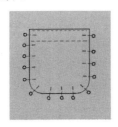

（7）用缝纫机车缝，拔去大头针。口袋两端做倒回针，以加强其受力。

（二）连盖式明贴袋缝制

1. 用途

连盖式明贴袋常见于时装外衣。当面料较厚时，外衣往往做成带里布的夹衣，此时，连盖式明贴袋也需要安上夹里。

2. 要领

（1）在口袋布的表面标示出翻袋盖的折线及周边 0.7 厘米的缝边印记。裁剪口袋布时要注意口袋布的丝道要与身片丝道相吻合。

（2）按照口袋布的丝道裁剪出袋盖布，与贴边布连成一体，因此要在袋盖宽度上增加 3 厘米的贴边宽度。

（3）裁出里布，长度为减去贴边后增加 1 厘米的口袋长度。

（4）在袋盖和贴边连成一体的裁片上粘衬，衬比裁片周围略小些。

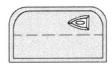

（5）将里布袋口处与贴边处缝接，并缉一条窄明线。

（6）在口袋布的背面贴边位置烫贴一条粘合衬条。

（7）将口袋布与接好里布的袋盖布面相贴合。袋盖布的袋盖部分退入口袋布部分0.1厘米，里布比口袋部分多出0.1厘米，作为缝制控制量，贴边部分里、面完全吻合。车缝时可以将口袋里布放在上面，在口袋侧方留出4～5厘米小口。

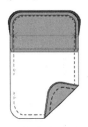

（8）整个口袋片从小口内翻出来，然后把小口缝好，按照缝制的控制量将里布略小于口袋，袋盖里布略小于袋盖的原则，整理好口袋片的外轮廓，并且用熨斗烫平，袋盖车缝出明线。

（9）将口袋片放在身片的对应位置上，用手针平绷，并车缝好。

（三）斜插袋缝制

1. 用途

斜插袋最常用于西裤侧口袋。

2. 要领

（1）用与身片相同的布料裁剪出一片口袋布，丝道与前身片对应位置的丝道一致。

在口袋布上标出袋口位置。

（2）用与身片相同的布料裁剪出垫布袋口贴边布，丝道可用经纱直丝道或与前身片对应位置的丝道一致。在垫布的上方、袋口侧方均留出1厘米的余量，并且标明印记。

（3）照垫布的板型剪裁出另一片口袋布，并且按照袋口斜线平行上移1厘米，剪出口袋布的边缘线。口袋布一般使用涤棉细布或者棉布。

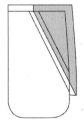

（4）将袋口贴边布与口袋布面与面相对缝合，缝边宽1厘米。缝合时必须注意不得使布伸长，因为此处是斜丝道。

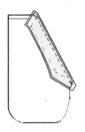

（5）沿缝合线作倒缝熨烫，熨烫时缝边倒向口袋布一侧。

（6）将缝有袋布的袋口贴边与前身片的袋口缝边对齐缝好。在前身片的上方与袋口贴边一起剪出小剪口以标志此处的缝边宽度，即此处的风险位置。

（7）将口袋布及袋口贴边向身片反面方向折回，并多折回0.1厘米的身片袋口布作为控制量。沿袋口边缘缉明线。车缝此明线在身片表面进行。

（8）将垫布与前身片对位、叠放。沿袋口的下方平行线位置作绷缝固定。

（9）在身片反面掀起口袋布，并且将垫布、口袋布边缘用双道线缝合，并作锁缝边处理。

（10）将垫布侧边锁好边，然后将后身片、前身片、口袋布及袋口贴边用一趟线缝好，作劈缝熨烫，最后将绷线拆除。

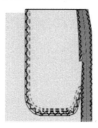

（四）带盖式挖袋缝制

1. 用途

带盖式挖袋最常见于男女西服上衣或时装外衣下口袋。带盖式挖袋结构严谨、样式经典。

2. 要领

（1）裁剪口袋盖面，注意其丝道要与衣身片的相对应位置一致。

（2）按照口袋盖面裁剪口袋盖里，丝道与盖面相同，尺寸略小于盖面。

（3）用一条直丝道的面料布裁出袋口。

（4）再用一条横丝道面料裁剪出袋口垫布。

（5）用薄布或里布裁剪出袋布，将口袋底缝好。

(6) 在口袋盖面的反面烫粘合衬,与口袋盖的最终缝制尺寸相等。

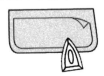

(7)在口袋条反面沿一侧边缘烫贴一条粘合衬条。

(8)将口袋盖面与盖里布面相贴重叠,沿周围缝合,让盖里虚出盖面 0.2～0.3 厘米,以作翻折后的控制量。

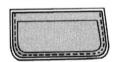

(9)将袋盖翻过来,使袋盖面虚出袋盖里 0.2 厘米的控制量,整理熨烫。

(10)在袋口盖表面车缝出周围明线。

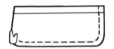

(11)在衣身片的袋口位置上摆放口袋盖纸型,将袋盖两端的侧线延长线标记出来。

(12)在衣身片的口袋盖位置上将袋口条平摆其上,布面与布面相贴,然后沿口袋位置下方 0.8 厘米处车缝一条与之平行并且等距离的缝线,缝线两端头分别距离印记 0.3 厘米。

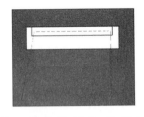

(13)将口袋盖里朝上、边缘与口袋布的粘合衬下边缘对齐,沿袋盖宽度印记车缝,车缝线两头做倒回针。

(14)在口袋盖与袋口条之间剪口,剪口根与车缝线只留一根布丝。

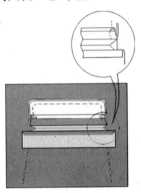

(15)将衣片的反面朝上,把袋口条布从袋口处翻出来,沿缝线向下折好、烫平。

(16)将袋口条向上折,完成袋口条与身片袋口缝边的劈缝、熨烫。

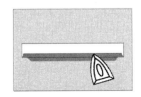

(17)从衣片正面将袋口条充满整个剪好的袋口,再加宽 0.8 厘米,折好多余的布,然后沿劈好缝的缝线缝,贯针绷缝住折到位的袋口条布。

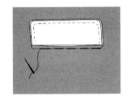

(18)在口袋布的上端将锁好边的垫布叠放车缝。

(19)将另一口袋布的缝边与袋口条缝边及折边缝合在一趟线里。

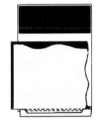

(20)将口袋布依底线折起来,使垫布面与衣身里相合。

(21)将口袋盖上方的衣身片向下掀起,露出从袋口内塞进来的袋盖缝边,沿缝边上的原缝线位置将衣片、口袋盖、垫布、口袋布一趟线缝住。

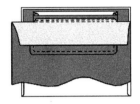

(22)从袋盖侧面将衣身片掀起,露出剪袋口时留下的三角布,将其用锥子挑出、整理平整,然后沿三角布的上、下根基来回车缝 2~3 趟,以免袋口毛绽。

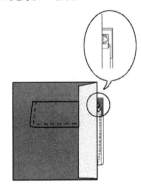

(五)板挖袋缝制

1. 用途

板式挖袋最常见于男女西服上衣或时装外衣的上口袋。板式挖袋袋口结实硬挺、样式经典。

2. 要领

(1) 用薄布剪裁出口袋布 A 、B。A 布大,B 布小。

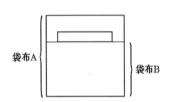

（2）用面料裁剪出口袋板裁片。

（3）在口袋板布反面烫粘合衬。

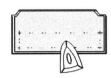

（4）将贴好粘合衬的口袋板布与袋布B拼接。

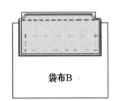

（5）在衣身片上，按照袋口印记，将口袋板布缝在袋口下边缘处，注意两头做回针。

（6）掀起口袋板布一侧缝边，剪开袋口。

（7）袋板布连同与之缝合成一体的口袋布B从衣身片反面剪开处翻出，掏出，将袋板与身片缝合处的缝边用熨斗作劈缝熨烫。

（8）口袋板布沿印记将两侧边折起、烫平。

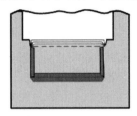

（9）将口袋板布与袋布B的缝合处提到刚刚做好劈缝的袋板布的另一侧缝边的下方，此时，袋板布沿着宽度印记折好，然后用手针将缝边与衣身片斜针脚缭缝。

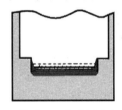

（10）将口袋布B翻折下来遮住缭针缝处，露出口袋板两侧的形状，此时需将袋板两侧按照图示整理好。

（11）将衣身片从正面朝上，从剪开的袋口内将口袋板挖出来。车缝好口袋板上边缘的明线，将口袋布B与衣身片重叠、放平顺，沿口袋板下边缘暗缝线将口袋布B与衣身片贯线绷缝。

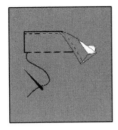

（12）沿贯线绷缝线将衣身向上掀起来。在露出的袋板缝边缘处，依照原缝合线再次缝合，将衣片、袋板布B用一道线连接起来。

（13）从衣身片正面将口袋板向下拉，露出剪开的袋口，将口袋布A与B对齐、叠放好，将剪口的毛边折光与口袋布A用小针码车缝缝合。

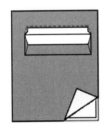

（14）将口袋板布复位、放平，对好布纹，用在两侧边车缝双道明线的方法将口袋端头缝好。

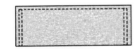

（六）双开线挖袋缝制

1. 用途

一般用于服装下口袋或时装裤后口袋的缝制。

2. 要领

（1）用与身片相同的布料斜丝道裁出袋口条布。

（2）用薄布裁出口袋布，口袋布的长度为口袋深的2倍。

（3）用与身片相同的布料裁剪出垫袋布，丝道为横丝道。

（4）将口袋条的反面烫贴一层粘合衬，丝道为斜丝道。

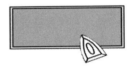

（5）将口袋布的两头分别与口袋条和垫袋布相拼接。

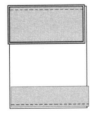

（6）将口袋布的两头口缝边均向口袋布做倒缝熨烫，使袋口条和垫袋布分别展开。

（7）将身片的袋口印记处与袋口条的中央位置对准，并且圈缝出口袋矩形。

（8）在袋口的圈线内沿中线剪开，两端剪出羽箭状袋口，四角的剪口必须剪到车缝线的线根处。

（9）将袋口条布送进剪好的袋口内，从衣身片反面拉出。

（10）在衣身片背面将袋口条全部拉出来，使袋口呈四周光边的矩形口子。此时，将口袋的两个端头略拉出身片布作为控制量，并且用熨斗固定。

（11）掀起袋口条上方的布，将露出的缝边用熨斗劈缝熨烫。然后用同样的方法将袋口条下方的缝边整理好。

（12）用经过劈缝的两条相碰头的缝边，控制袋口条向上、向下两方折回的折线位置。

用熨斗将袋口条的两条碰头折线烫平。

（13）从衣身片正面看，碰头的袋口条折线位于袋口正中心，上、下袋牙子已经形成。为防止口袋下部分制作时袋口裂开，用手针花扒技法将上、下袋口牙子缝合在一起。

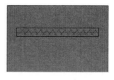

（14）沿着袋口上、下牙子缝边的两条缝线贯缝，以固定衣身片和里面袋口折边。

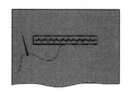

（15）掀起衣身片，将露出的缝头与袋条折边车缝在一起，上、下两侧作同样处理。

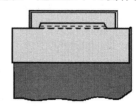

（16）掀起衣身片，将袋口两侧的三角剪口整理好，反复车缝3次根基处，将三角布与袋口牙子的延长部分缝合起来。

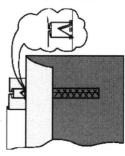

（17）将口袋布向上折，使垫袋布的上边缘与袋口条折好后的上边缘平齐，然后在口

袋的两侧边和上边用手针绷缝。

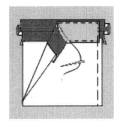

（18）扒开衣身片，将口袋布的上方边缘车缝好。

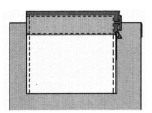

（19）分别掀起衣身片，缝好口袋布两侧缝边，并做锁边处理。在袋口牙子的延长折边部分不容易做到机器锁边的地方用手针缭边。口袋布两侧的缝合线要车缝成双道，加强口袋的牢固程度。

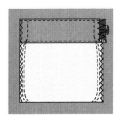

（七）单开线挖袋缝制

1. 用途

单开线挖袋是一种常见的口袋形式，用于男女上装、裤、裙均可。

2. 要领

（1）使用薄布裁剪出口袋布 A、B 两片。上片（有缺口）为 A 片，下片为 B 片。

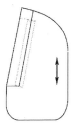

（2）用衣身布料裁剪出袋口条。袋口条的宽度为最终的体现宽度的 2 倍再加 2 个缝边。袋口条布用直丝道布料。

（3）在袋口条反面沿一侧边缘和中折线烫一条粘合衬。

（4）将袋口条对折，从表面熨烫。

（5）将袋口条的对折好的双层缝边边缘压在衣身片上的口袋条位置的中线，此时袋口条缝线处对准衣身上的袋口下边缘印记，在将口袋布 A 与袋口条缝边边缘对齐，然后车缝袋口缝线，注意缝线两端做倒回针。

（6）掀起缝边，沿袋中线剪开袋口，两端呈羽箭状，剪口宽度与袋口宽度相同。

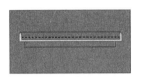

（7）在衣身片反面将袋口的剪口三面折边、熨烫整齐。

（8）从剪好的袋口内拉出袋口条及袋布A，沿着袋布A与袋口条的缝合处将袋布A折向下方，在衣身片正面沿袋口下边缘车缝明线，将口袋布与双层袋口条及衣身片缝合在一起。

（9）将口袋布B与口袋布A对齐叠放好。掀起衣身片，用三次反复车缝处理好袋口两端头的三角剪口，将两片袋布的周围用双趟线车缝牢固。然后在衣身正面沿袋口的上方边缘及两个端头的边缘车缝明线，与袋口下边缘的明线衔接起来。此明线将衣身片与袋布B缝接在一起。

（八）标准男西服单嵌线袋缝制

1. 用途

不仅用于标准男西服单嵌线袋，而且在男女时装中较为多见。

2. 要领

（1）裁出口袋盖面布和里布，里布略小些。

（2）裁剪袋口条，丝道为直丝道。袋口条为2片，2片的规格相同。袋口条用料与衣身面料相同。

（3）用衣身面料裁出口袋垫布。

（4）用薄布裁剪出口袋布，标出底折缝印记。

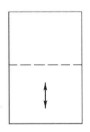

（5）将袋盖面布和里布缝合，其缝制方法与普通袋盖相同。然后在袋盖上缝边处用手针绷缝，绷缝时将袋盖里拉紧些。

（6）在衣身片反面的袋口位置烫粘合衬，长度、宽度比袋口大。

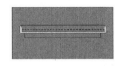

（7）在两条袋口条反面两条烫贴一条粘合衬，衬条宽度与袋口牙子等宽，烫贴位置与袋口条一侧。

（8）将袋口条布正面朝外对折，按照袋口位置缝在身片表面。

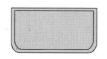

（9）将另一条反面烫粘合衬的袋口条对折，并将其缝在袋布上端。然后再把袋口垫布的一边缘锁边，并且车缝在口袋布的另一端。袋口条和垫布均缝在口袋布的正面。

（10）将口袋布与身片布面相贴，使口袋布上端线与车缝在身片的袋口条下边缘紧贴对齐，然后在距离口袋布上端线 8 厘米处车缝一条线，此线的位置是挖袋袋口的下端线。

（11）将口袋布缝边与上方袋口条缝边分别折向上、下两方，在两道缝线之间剪开袋口，使两端剪口呈羽箭状，两端小剪口剪开到缝线根。

（12）将袋口条和口袋布从剪口处翻到身片反面，将口袋的二条袋牙子整理好，然后将袋口侧边身片掀起，露出线根处剪口形成的三角布，将三角布完全拉平，并沿着身片折线，即三角布根处车缝一道线，使袋口端线定位，同时使此处不易毛绽。

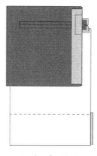

（13）将袋口上方身片向下掀，沿袋口上端线折好，再将袋盖夹在双开线袋的上、下袋牙中间，使袋盖上缝线印记与身片折线对齐，然后把口袋布沿袋底折线向上折，使袋口布上边缘与身片折边相距 1.5 厘米。靠身片下折线车缝一条线，此线横贯，将身片、袋盖、袋口布、袋口条、垫布和口袋布连接成一体。

（14）从身片反面将口袋布两侧边缘缝合，缝合线下端要缝出弧弯，并且要缝二道线以加固。

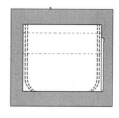

三、拉链规范绱缝

（一）绱缝大、小襟开口拉链

1. 用途

在需要确认开口方向（大襟、小襟）的裙、裤等服装上均可使用。

2. 要领

（1）在开口处大襟片的缝边上烫贴一条粘合衬条，粘合衬条与缝边等宽，与开口等长。然后在开口的缝线印记处用手针粗缝。

（2）将开口及开口以下的所有缝合处的缝边劈烫。

（3）将劈缝的缝边夹住两层裙片一并提起，在缝合处出现两条立折边，然后将安放拉链的底襟片留出0.3厘米的余量，再用熨斗烫平。

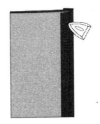

（4）把拉链放在底襟下面绱缝好。绱缝时，拉链和链头端点距离裙腰缝合印记0.7厘米，缝线从裙腰上方缝边开始，终点超过拉链下端链封，绱缝线一定要直，裙底襟压住拉链边时要尽量靠近链牙，而且距离链牙等宽。

（5）将裙开口处表面朝上展开，拉好拉链，使链头处于上端。然后将开口处大襟片与拉链另一侧压明线绱缝。

（6）将开口的手针粗缝线拆开，注意切勿拆过开口下端点。

（7）从裙开口反面察看绱缝效果，做出调整。

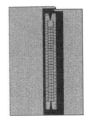

（二）绱缝暗拉链

1. 用途

在不需要确认开口方向（大襟、小襟）的裙、裤等服装上均可使用。

2. 要领

（1）以衬衫、连衣裙后背开口为例，先选择一条从链头顶点至链封的尺寸比开口尺寸长2厘米的拉链。

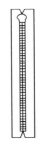

（2）将后身片布面相贴对合，使背缝缝边对齐，从开口下端点以下2厘米处回针车缝使身片缝合，再用手针粗缝好开口处，使手针

粗缝与车缝线相衔接。

（3）将开口及开口以下的所有缝合处缝边劈缝熨烫。

（4）在身片反面开口处叠放拉链，使拉链反面朝上，链牙对准后中心线，链头顶点于身片上方缝线印记以下0.7厘米处，然后用手针将拉链的两侧分别绷缝在左、右侧身的开口缝边上，为不使绷缝线缝住身片表面布料，在绷缝的时候必须将一条厚纸垫在劈烫的缝边和身片之间。

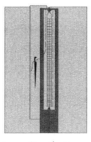

（5）拆除开口处及开口下端头之下2厘米的粗缝线，注意不要误拆了车缝缝合线。

（6）使用专用压脚分别将拉链的两边绷缝在左、右侧身片开口的缝边上。绷缝线一定要紧紧靠近链牙，绷缝线终止点一定在开口下端点印记处。

（7）将拉链拉严，使链头处于上端，然后将两侧身片表面相贴对合，将拉链下端头从开口下方未缝合的2厘米处拉到身片缝边一侧，最后用倒回针法将2厘米的缺口缝合。

（三）绷缝裤子门襟拉链

1. 用途
用于西裤或半截裙前开口处。

2. 要领
（1）利用裤子前片纸型裁剪出左侧的两片对合的门刀片。

（2）先将布面相贴对合的两片门刀片外弧缝边处缝合，再将其翻至布面朝外，整理好缝线的边缘轮廓，然后熨烫压实。

（3）在裤子右侧片的前开口处连裁出内折贴边，内折贴边的下端头在开口下端点印记之下 2 厘米，宽度为 3 厘米。再按照内折边贴边的规格裁剪出贴边的粘合衬，并且烫

贴在贴边反面，然后交外弧边缘锁边处理，锁边线一并顺接完成上裆弯线的锁边。

（4）将左、右两侧裤片布面相贴对合，使腰线、下裆缝边对齐，从开口印记开始车缝缝合上裆部分。注意车缝的起始处要做倒回针。然后从右侧裤前片的开口贴边下端拐角处向开口下端点印记的缝线线根斜向剪出剪口。

（5）掀起右侧裤前片开口，将左侧裤前片开口处缝边折向反面，使折边距离此处的开口缝线印记 0.2～0.3 厘米。然后，把拉链正面朝上露出链牙，将一侧边放在折好的裤片开缝边下面，使折边靠近链牙并且距离相等，再将缝好的门刀放在拉链下面，使门刀的缝线印记对准右片开口处折边，接下来，紧靠左侧开口折边缝一道明线，将左侧裤片与拉链、门刀一并缩好。

（6）将缝合的裤片右侧在上，掀起门刀露出拉链反面，然后将左侧开口印记对准右侧裤片的前中心线，并且使拉链、右侧裤片贴边及上裆缝合处摆放舒服，再车缝住拉链边和右侧裤片贴边。注意车缝线紧靠拉链边外边缘。

（7）按照上裆缝合线，将左右侧裤前片展开，使其正面朝上，再沿着右侧裤片开口折边印记将贴边折烫好，然后用两手按住右侧开口处，松缝一道明线。

（8）在（7）的基础上将右侧裤片的开口处贴边折线对准左侧裤片的开口印记，将拉链拉严，然后车缝封口线。

第三节　服装关键部位缝制要点

一、门襟缝制技术要点

（一）门襟内贴边缝制

1. 用途

门襟是衣服穿、脱的开口处。门襟的变化是多样的，它是服装款式变化的形式之一。门襟的缝制以整体、平服、不易变形为原则，在此，仅对最基本的门襟款式的贴边缝制做介绍。

2. 要领

（1）裁出门襟贴边。在贴边的前边缘、领口及肩缝处的缝边宽1厘米，摆边缝边为2厘米。

（2）在门襟贴边反面烫贴一层粘合衬布，衬布的前边缘和领口缝边比贴边缝边要窄些。在贴边的里侧边缘，要在烫贴好粘合衬后做锁边处理。烫贴衬布时一定要注意将贴边的前边缘线摆放平。

（3）将前身片与门襟贴边布面相贴，使两片的领口及门襟边缘对齐，然后车缝，车缝时将身片反面放在上方缝制，缝线要直。车缝贴边的下摆处时，直接将门襟边缘处的缝线拐弯转向，按照下摆折边印记缝制。

（4）将门襟贴边的下摆处缝合线以外多余的缝边（图中斜线处）剪掉，将此处的身片保留住。再沿贴边缝线下0.3厘米处折向身片一侧熨烫。

（5）身片与门襟贴边的缝合边劈缝烫平，以使贴边折到位，止口线薄而挺直。

（6）将门襟贴边折向身片反面，整理好边缘，留出必要的控制量，然后用熨斗熨烫平整。

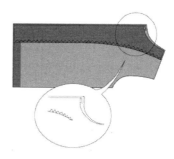

（二）门襟外贴边缝制

1. 用途

在缝制衬衫的门襟外翻边时，窄长而笔直的贴边与男装立折领相映生辉，具有很好的装饰效果。在女衬衫上也颇为多见。

2. 要领

门襟外翻边的做法有多种，在此介绍单独裁剪出贴边，然后与身片缝接的方法。这是最基本的方法。

（1）在前身片的门襟处标出门襟外翻边

的位置。从门襟边缘去掉1厘米缝边,作为外翻边前端线印记,然后找到此线与前中心线为轴的对称线为外翻边的后端线。

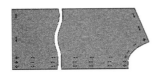

(2)将外翻边裁剪好。在外翻边两侧各留出1厘米缝边,外翻边的布料丝道一般为直丝道。有时为了突出图案的装饰效果,也可以使用横丝道或者正斜丝道。贴边的下摆处缝边与身片下摆处相同。

(3)在外翻边的反面烫贴一层粘合衬,粘合衬裁片上下留缝边。

(4)将门襟外翻边的后端线缝边折起,倒向粘合衬,并且用熨斗烫平、烫直。

(5)将门襟外翻边反面朝上放在身片反面的门襟处,使外翻边的前端线缝边与身片门襟缝边平齐,然后沿着粘合衬边缘车缝。车缝时,缝线一定要笔直,不可出现弯曲。

(6)将身片与外翻边的缝合处缝边,用熨斗尖劈缝烫开。为了熨烫充分,可以施少量水分,使用压烫板将缝边烫平。熨烫时必须掌握好熨斗的温度。

(7)将外翻边折向身片正面,整理好外翻边的前端线,然后用熨斗压实。

(8)在外翻门襟外翻边的前、后端线处,各车缝一道明线,将贴边完成缭缝在身片上。门襟外翻边处于最醒目的位置,外翻边上缝出的明线则必须笔直,不得出现弯曲之处。明线距离前后端线的宽度可以根据服装的款式要求而决定。

(三)内贴暗扣式门襟缝制

1. 用途

暗扣门襟的缝制比较复杂,衣服的大襟片门襟是双层的,一层是完整的门襟片,一层是用于锁眼的暗襟片。缝制工艺的关键是如何将两层门襟很好地缝制在一起。在此,介绍最普通的暗扣门襟款式及其缝制方法。

2. 要领

(1)比着前身片门襟裁剪出门襟贴边来。左侧身片的门襟贴边的裁剪和缝制与普通明扣的服装门襟相同。右侧身片则不然,首先也如此裁剪出与左侧对称的门襟贴边。贴边缝边宽1厘米。在身片和门襟上标出暗襟长度位置的印记。

(2)比着右侧身片和门襟片各裁出两片对称门襟贴边里布 A、B。里布的缝边为1

厘米,其长度为印记点下方2厘米处。

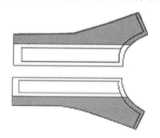

(3)右侧身片反面烫贴一层粘合衬布,衬布宽度与门襟里布相同,长度为暗襟长度印记点下方1厘米处。

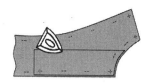

(4)贴边里布A与右侧身片布面相贴,门襟前端线对齐,然后沿缝边缝合,注意车缝线的起始位置在领口缝线印记下方1厘米处,终止位置在A点,然后从前端线缝边向车缝线的上下端点剪出两个剪口,剪口剪至线根一根布丝处。

(5)将贴边里布翻到正面,在缝合线边缘留出0.3厘米控制量,并且用熨斗熨烫压实。

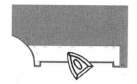

(6)在右侧身片表面沿着折到反面的贴边里布边缘将两片绷缝平服。

(7)右侧门襟贴边与贴边里布B布面相贴叠放,使两片的前端线缝边对齐,然后沿缝边止点在印记A点,待车缝完成后,从车缝

边边缘向车缝线两个端点分别剪出两个剪口。

(8)将贴边里布B翻到正面,整理好缝制边缘线,留出0.3厘米的控制量,用熨斗烫实。然后从贴边表面摸着贴边里布边缘将两层绷缝平服。

(9)在门襟边上按照左身片扣位剪出扣眼,然后锁缝好。暗扣的扣眼以横眼为宜。

(10)将绷好贴边里布A的身片,与绷好贴边里布的门襟贴边布面相贴对合,使两层的门襟边缘对齐,从两层相对应的A点开始车缝至下摆。并将领嘴缝好,从前中心线里侧(靠肩缝方向)0.3厘米处缝到前端线再折拐完成1厘米的缝线。然后沿前中心线领口缝边剪出剪口到缝线的线根。

(11)将A点以下的缝线缝边劈缝烫平,将领嘴处缝边向贴边一侧沿缝线折烫。

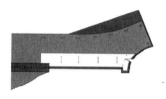

(12)将门襟贴边翻到正面,整理好前端线边缘,使边缘处留出0.2厘米的控制量。

（13）在身片表面车缝一条明线，将身片、贴边里布和门襟贴边一起缝合。车缝明线时纵向车缝要直，下端曲线要圆，直线与曲线的衔接处要顺畅。

（14）在两层门襟之间要用丝线缝出结子，结子的位置设在两个扣眼位置的中心点。

（15）结子长约 0.5 厘米，其作用是使两层门襟贴合固定，又留有一定松量，达到贴合平服、自然。丝线缝结的步骤如图所示。

（四）外翻边暗扣式门襟的缝制

1. 用途

多用于女时装上衣、外翻边。整齐的明线，给人以修长、板整的视觉效果。

2. 要领

（1）侧前身片门襟处直接裁剪出外翻边，在外翻边前端线右侧再接连裁出 3 倍于外翻宽度的布料，并标出印记。左侧前身片的门襟及门襟贴边也与身片连接一体，其形式和缝制方法与普通服装相同，在此不做特别介绍。

（2）右侧身片的最左边一份外翻边宽处，从反面烫贴一层粘合衬布，并沿边缘锁边。粘合衬条与外翻边等宽，烫贴时，确认其边缘与身片上的印记对准，而且要平直。

（3）将两份外翻边宽度沿着印记折向身片反面，然后沿着折线车缝明线。

（4）沿身片表面的第一道外翻边印记处车缝一道明线，该明线须将内折部分的边缘缝住。

（5）依照左侧身片的扣位在明线旁边剪出扣眼。外翻边式衬衫的扣眼以立眼为好。

（6）沿着外翻边前端印记将身片边缘的一份外翻宽折向身片正面。然后在边缘车缝一道明线将四层缝于一处。此时，外翻后端

线压住了身片上车缝住内边边缘的明线。

（7）在可以掀起来的外翻边后端处，用丝线缝结子加以定位。结子位于每两个扣眼位置的中点。结子要缝得靠翻边内里，尽量不使人从表面看出，结子要缝得轻巧、细小，不影响外翻边的平眼、整齐。

（五）套头衫系扣式前开口缝制

1. 用途

在套头衫的前片上开口、系扣的形式是很多见的。开口的长度可以根据设计而定，一般以套过头而且舒服、方便为好。在缝制此款套头衫的前开口时，剪开开口的位置是必须注意的。

2. 要领

（1）系扣式套头衫开口有大襟和底襟之分，大襟是压在底襟之上的，在大襟上锁眼，在底襟上钉扣。剪开开口的位置在前中心线右侧，此线距离前中心线尺寸即为普通前开服装的搭门宽度、零嘴宽度。此时不要将开口剪开。

（2）剪一块贴边布，长度比开口长度多4厘米，宽度为搭门宽度的8倍，贴边布要使用与身片相同的布料，布料丝道为直丝道。

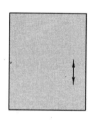

（3）在贴边布反面烫贴一层粘合衬布，然后沿着四周边缘锁边。

（4）在贴边反面画出开口线位置，使此线左、右两侧的布料宽度之比为3：5，将贴边与身片布面相贴叠合，使贴边上的开口标记对准身片上的开口标记，然后在贴边反面圈住开口线标记车缝一条U形线，使开口线两侧的缝线间距为0.4厘米。

（5）用锋利的剪刀尖部按照开口线标记剪出开口。使剪口端头离缝线仅一根布丝。

（6）从前身片右侧将贴边折向左侧，并且用熨斗烫平。

（7）沿折好的贴边边缘车缝一条明线。明线的下端点即为开口端点位置。

（8）将整个贴边布从剪口处翻到身片反面，整理好开口边缘线，然后用熨斗压烫实。

（9）在身片右侧，距离开口边缘处明线2倍搭门尺寸的地方，车缝一道与开口平行的线，线的下端点与开口端点平齐。

（10）用熨斗从身片正面，将身片右侧的贴边明线熨烫压实。

（11）身片左侧的贴边呈对折状，使表层布宽为搭门尺寸的2倍。然后于贴边与身片的缝合处贴边一侧车缝一道明线。此明线需压住贴边、贴边与身片的缝边以及最下层的贴边折回部分的边缘。这时身片右侧双层贴边即为开口的底襟。

（12）开口底襟在身片反面拉平，此时身片呈布面相贴的对合状。然后车缝明线固定底襟的边缘，明线贯穿贴边片。

（13）封口线的矩形图案的缝制顺序必须正确，才可以使缝制顺畅，而且结实牢固。缝制封口线时不要断线。

（14）缝制好的系扣式开口的身片反面如图。此处所有的贴边均为最初缝在身片上的一片贴边，经过几次折叠缝制而成。

二、领子缝、绱技术要点

（一）圆领口无领领型绱缝

1. 用途

只有领口没有领子的形式也是一种领型，称无领领型。在此，以衬衫圆领口的缝绱为例阐述无领领型的缝制要点。

2. 要领

（1）按照身片的后领窝裁剪出后领口贴边和不留缝边的粘合衬片，并且用熨斗将粘合衬烫贴在后领口贴边上，然后在贴边下方边缘作锁边处理。

（2）按照前身领口及门襟裁剪出门襟贴边条。同样裁剪出门襟粘合衬，将其烫贴在门襟贴边上，并且锁好门襟的侧边缘，然后缝合后领贴边和门襟贴边的肩缝线，再将此处缝边用熨斗劈缝熨烫好。门襟贴边的丝道为直丝。

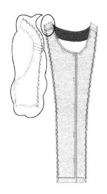

（3）将贴边反面朝上叠放在衣身面上，然

后用一趟线车缝好门襟和领口的缝边。在门襟和领口的转角处要转成直角。

（4）在领口缝边上剪出小剪口，剪口的间隔要近，以保证领口翻好后的圆顺状态。用熨斗将领口缝边劈缝熨烫。

（5）将贴边整个翻过来，将领口及门襟的边缘整理好，留出 0.2 厘米的控制量，并且沿边缘熨烫。

（6）为使门襟贴边服帖、整齐，要在门襟及领口边缘再缝一条明线。也可采用手缝工艺，采用星止针将门襟贴边、粘合衬和暗部缝边固定起来。

(二)小方领翻领领型的绷缝

1. 用途

小方领是一种典型的翻领领型,常见于女服衬衫或外衣。其缝、绷方法也具有典型性。

2. 要领

(1)裁剪领面和领里,将领子的领座和翻折部分之间的折线标出印记,较厚布料的领里周围留出 0.8 厘米的缝边,领面的四周缝边宽可为 1 厘米,领里比领面略小些。

(2)在领里的反面烫粘合衬。熨烫在粘合衬反面进行,以免布料在高温下变色。

(3)将领面放在下面、领里放在上面,使其布面与布面相对叠放在一起,沿着粘合衬边缘缝合领子。

(4)缝好领子后将缝边折向领里方向,用熨斗沿缝线烫倒。为防止领尖处折缝边过厚,需用剪刀将领尖缝边斜向剪一刀,将方角剪去。

(5)把领子翻过来,使布料正面朝外,用锥子将领角挑尖,将领片两头及外口边缘留好少许控制量,并且熨烫平整,完成领片制作。

(6)沿领子的两头及外口车缝明线,注意明线距离领子边缘要等宽,在领子后方弯曲处要将明线缝顺畅,避免断线、接头。

(7)将身片的肩缝缝合好并作劈缝熨烫,把领子放在领口处,使领子里口缝边与领口缝边对齐,在领口的肩缝、后对称点及领子的缝边上的对应位置均剪出小剪口,并且使两片剪口对准,然后折起门襟贴边(使两侧领嘴等宽),压一条正斜丝对折好的布条,一道线车缝。

(8)将门襟贴边翻折过来时领子便翻到位了。将斜裁的布条向下折,压住所有的毛绽的缝边,用手针绷缝在领口边。

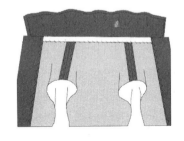

(三)坦领领型的绷缝

1. 用途

坦领是几乎没有领座的,领片完全坦落在肩上。坦领的领片比较宽,一般宽至肩头附近。领宽超过肩头的坦领如果与普通领形一样采取双层结构时,则显得臃肿笨重。因此,单层坦领是很多见的。

应用坦领的缝、绷方法和要点可以缝制娃娃领(翻圆边,步骤同上)、缝制水兵领和缝制各种形式的坦领。

2. 要领

（1）当领片很宽时，因为受到布料幅宽的限制，领片的后中心线可以有一条缝接线，因此，在裁剪领片时，可以将领片裁成对称的左、右片。领片后中心线要与布料的直丝道吻合。领片周围缝边宽 1.5 厘米。

（2）将两片领子重叠，表面相对，后中心线可以有一条缝合线。当面料较薄时，为了方便缝制，可以敷放薄纸辅助车缝，待缝好后再将纸去除。总之，后中心线处的缝一定要缝得平直。

（3）将缝合了后中心线的领片摆放平，将缝边烫好，将领片丝道整理好，熨烫时注意熨斗不可以温度过高。

（4）将后中心线缝边分别锁边，将领子的三面毛绽的缝边，通过二次折烫使之成为三层折边。在做折领角拐角处的折边熨烫时，两个领角的折法要左、右对称。然后用手针将折边绷缝。

（5）沿着折边的边缘车缝明线，然后将手针绷线拆除，用熨斗将明线及折边烫平。熨烫和缝制时，要注意不可使领子边缘伸长。

（6）将身片的肩缝缝合并且劈缝烫好。将领片的缝边与身片的领口对齐，使领片叠放在衣身片上，均正面朝上，再把门襟折边向上折起，留出领嘴压在领角处，并且用一条正斜并折烫好的布条连接在左、右门襟之间，最后车缝一道线将领子带斜条绱缝好。在折门襟贴边时要注意左、右两个领嘴的宽度要留得相等。

（7）翻折好门襟贴边，将斜条向衣身方向折平，领片完全拉出后，再用手针细密地将条布边缘缲缝在领口下方。

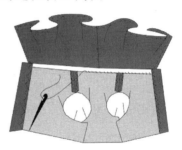

（四）立领领型绱缝

1. 用途

立领是常见的领型，经常应用在男女时装、休闲装中。

2. 要领

（1）裁剪出领片。领里和领面的形状及大小相同。领片的缝边宽度为1厘米。

（2）将领里的反面烫贴一层粘合衬，领衬的长、宽尺寸均比板型略小些。

（3）将领面和领里表面相对贴合，沿着缝边印记缝合。缝合时，缝线的起始点和终止点均不得缝过领角的宽度，使领面稍留松量。

（4）将领里的下口缝边折起并且烫平。

（5）将领子两端头及领子上口处的双层缝边一起折向领里方向，并且熨烫平整。

（6）将领子翻到正面，使缝合时的领面诵读在领口边缘级左右端头留出少许控制量。

（7）将身片肩缝缝合并且劈缝熨烫后，折好门襟贴边，正面朝上摆平领口，将领子翻面朝上，使领子下口缝边与领口缝边平齐，车缝一条线将领子绱缝好，在领口的弯曲处剪出小剪口。

（8）拉平绱缝好的领片，将绱缝时的折边折向领子一方，被领里掩住，用手针细密地将领里下口折边边缘缲缝在领口处。

（9）在领子正面，按照车缝好立领上的明线，注意弯曲的领角处的明线要缝顺、缝齐。

（五）立式翻折领领型绱缝

1. 用途

男式衬衫立式翻折领是一种经典领型。此领型经常应用于各种男、女时装。

2. 要领

（1）将构成领子的上领部分的领里、领面及领子底领部分的领里和领面裁剪出来，每个领子裁片周围留有1厘米的缝边。

（2）在上领的领底和底领的领里反面烫贴一层粘合衬。领衬的长宽尺寸比板型略小一些。

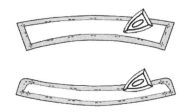

（3）将上领的领面和领里表面相对叠合起来，在粘合衬边缘处车缝。剪掉领角尖的三角缝边，在拐角点缝一针斜线。然后再将领片的三周缝边折向领里方向，用熨斗烫平。

（4）翻过上领，整理好外形轮廓，沿边缘留出少许控制量，并且用熨斗烫平。

（5）在上领的边缘位置车缝两条明线。车缝时将领面朝上，第一条明线紧靠边缘，两道明线之间有 0.7 厘米的距离。

（6）在领底的领里下口折起缝边，并熨烫平整。

（7）将底领的领面和领里表面相对，将缝好的上领夹在中间，使上领的领面与底领的领里相对，此时，上领的上口缝边和底领的上口缝边要对齐，然后车缝一条线，将上领和底领缝合，并且钩缝出底领上的两端领嘴。

（8）将底领翻出，上领拉平，用熨斗将上领和领底的绱缝线处折烫到位。

（9）把缝合好的肩缝并且劈缝熨烫的身片表面朝上铺放，使领口呈直线。将领口的上领领面朝上叠放在身片上，使底领领面下口缝边与身片的领口平齐，然后车缝绱领。

（10）将绱领缝边折向领里方向，拉平领子，使底领领里压住绱领的缝边，然后将领里下口手针绷缝在领口上。

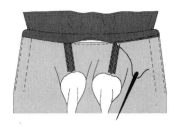

（11）领的周围边缘车缝明线。此明线的作用是：下口明线固定底领领里下口；上口明线使上领翻折便利；周围明线增加了底领的挺实感。

（六）西服领领型绱缝

1. 用途

西服领是一种经典领型。此领型经常应用于各种男、女时装。

2. 要领

（1）裁剪出领面。如果使用中厚型毛料，领子的周围缝边宽度为 1 厘米。在领面裁片上要标出缝边和折领座的折线印记。领面用料为横丝道。

（2）裁剪领里。领里的领角及外领口缝边比领面少 0.2 厘米，以此来实现与领面缝边重叠较薄的效果和缝合后出现的少许控制量。

（3）在领里反面烫贴一层粘合衬布。粘合衬要选择具有挺括效果的，粘合衬裁片不留缝边。

（4）当粘合衬不挺括时，必须裁一条领座衬在领座位置重叠烫贴，以增加领子的挺括效果。

（5）沿领座折线在领座上密密地车缝纳线，纳线行距为 0.1 厘米。车满领座为止。

（6）从身片的驳头翻折线外 3 厘米的平行线起烫贴驳头衬布，衬布的长度比驳头端点低 3 厘米。烫贴时，先将袖馒头用洁净的薄布包起来，然后用熨斗从折线处向门襟边缘做熨烫。熨烫时，有意识使门襟边缘线缩短，使弯曲的外边缘成为直线，使狭长的三角形驳头层现出圆曲的面。烫贴粘合衬布时一定要使粘接完全。

（7）将门襟贴边反面烫贴一层粘合衬布，驳头部位的熨烫应该与身片驳头处相同。

（8）将门襟贴边与领面按照吻合点对应关系缝合。为了便于车缝，在领子里口缝边拐角处要剪出剪口。

（9）在缝好的领面和门襟贴边的缝边剪出数个剪口，然后用熨斗尖劈缝，熨烫缝接好的缝边。

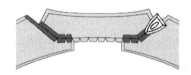

（10）将领里和身片同样缝好。车缝此处缝边时，一定要将身片放在领面上面进行，速度要慢，在拐角处剪出剪口，以便在车缝至此时抬起压脚转方向车缝。

（11）将身片和领里的缝边如图剪出剪口，并劈缝烫平。

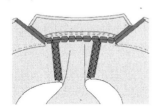

（12）将缝合后的衣片与领里和与贴边缝合后的领面布面相对、位置吻合，用手针将领嘴延伸线，即串口线处做辅助定位，手缝针脚约0.1厘米，缝时系结，最好使用双股线。另一侧也如此固定。

（13）在门襟边缘和领嘴及领子外口车缝一道线，使身片与门襟贴边、领里与领面缝接起来。车缝时，将领面及贴边放在上面，领尖和领嘴要缝准确，使其宽度充分，并且左、右对称。还要将领里和身片门襟稍拉长0.2～0.3厘米，再与领面和门襟贴边缝合，以产生边缘控制量。

（14）将领面和门襟贴边翻起来，整理好前门襟边缘、领嘴和领子轮廓，再使用熨斗熨

烫。熨烫时，要注意留出边缘控制量，身片和驳头的边缘、领里与领面的领角边缘控制量为0.3～0.4厘米，领里与领面外口边缘、身片与驳头以下的门襟贴边边缘控制量为0.2厘米。熨烫完成后再按照图示将领子里口缝边缝在领口上，将贴边上方缝边与身片肩缝缝边缝接。

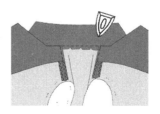

（15）沿着门襟、领嘴、领角、领外口边缘按照设计要求车缝明线。车缝时，一定要照顾到驳头、领面、身片止口的明线等宽，而且以翻到表面的效果为准。如果缝纫机下线针码不好看，必须以衣身或领面驳头下第一扣位止口处为界限，分别正面朝上，分两次缝制。

（16）将衣里布缝合好肩缝，并且折烫好缝边，再用手针细密得缭缝在门襟贴边里侧的边缘及领口处。

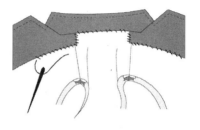

（七）风帽绱缝

1. 用途

风帽是常见的款式，也是一种特殊的领

型。风帽经常应用在男、女时装、休闲装中。

2. 要领

（1）裁剪帽片，左、右对称，帽口贴边宽为2.5厘米。

（2）将两片帽片布面相贴对合，沿后中心线车缝，并将缝边边缘锁边。

（3）将帽子翻到正面，将缝边倒缝烫平，然后双线车缝。两道线迹要保持相等的距离。

（4）将帽口贴边边缘锁边，在图示位置用打孔机打两个对称的圆洞，并手针锁缝好圆洞的边缘。此圆洞为帽口抽绳的绳头出处。

（5）将帽口贴边按照折线印记向反面烫折，然后缉明线。贴边内形成筒状，可穿绳。

（6）将身片合好肩缝后，沿领口边缘锁边，帽子的下口边也要锁边，然后将帽子下口与衣服领口绱缝在一起。绱缝时，将帽片与身片布面相贴对合，使帽子下口缝边与领口缝边对齐，再分别将身片的左、右门襟贴边折起，留出等宽的领嘴，再折倒压在帽片的帽口两侧的贴边上，然后按照缝线印记车缝。

（7）将绱缝的缝边倒向身片一方，再翻好门襟贴边，使帽子与身片展开，然后车缝门襟边缘明线。此明线从门襟边缘绕到领嘴，再缝过领口处，然后再绕到另一侧门襟，使帽子与身片的绱缝缝边落实定位。

三、袖子缝、绱技术要点

（一）一片袖绱缝

1. 用途

一片袖是一种基本袖型，因此适宜许多

种服饰。各种袖型多是在一片袖基础上衍生出来的。

2. 要领

（1）裁出袖片。使袖中心线丝道为直丝道。在袖山顶点标出顶点印记。

（2）沿袖山线用手缝或者车缝两道抽褶线，缝线两端要留长些，以便抽褶时使用。

（3）缝合袖底缝。先使袖片布面相贴对折，使两侧袖底缝缝边对齐，然后按缝线印记车缝。

（4）将袖馒头伸进袖管，垫在袖底缝下面，用熨斗尖将袖底缝劈缝熨烫。

（5）拉住袖褶线两端线头抽紧袖山线，使褶向中心缩靠，形成碎褶。然后再用手将褶分散成活褶紧缩状，而且分布均匀，使袖山线总长度与袖窿长度相等。

（6）将袖馒头的大头圆立面垫在袖山线处，从袖山线反面将抽褶及缝边施少量水，再从袖山正面用熨斗将缝边按照抽褶线长度归烫。将褶烫实定位，使袖山线两侧形成弧面，与袖管形成自然角度。

（7）将袖管套入缝合了肩袖与侧把缝的袖窿圈内，使袖管与衣身布面相贴，袖山顶点对准肩线外端点，袖底缝上端点对准身侧把缝的上端点或对位印记，然后用大头针密密地别好，再用手针沿缝边印记绷缝。

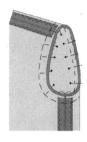

（8）在绷缝的缝线里侧印记上车缝。车缝时将袖子放在上面。车缝起始处位于袖衣缝右侧距袖底缝5～6厘米，终止处位于袖底缝左侧的起始处对称位置。因此，袖窿腋下部分绱缝为双道线，可以使此处的绱缝加固，

缝边向袖片一侧折倒。

(二)两片袖缝制

1. 用途

两片袖是合身的基础袖型,常用于西服和各种合身型男、女服装。

2. 要领

(1)裁剪袖片。袖山、袖侧缝、袖开气以及贴边边缘等处预留缝头,按规定大小。

(2)一般的西服上装、短大衣、风衣等是要挂里布的。袖里的裁剪方法与袖面有所区别。

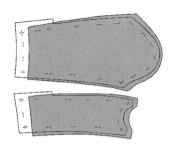

(3)在袖面的贴边以及袖开气的部位的反面,用熨斗将粘合衬粘牢。内袖的开气无需粘衬。另外,袖贴边要加薄衬,衬要裁剪成斜丝或者与布料的布纹一致。

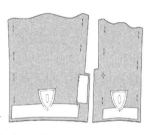

(4)将袖口贴边向袖片反面折进,用熨斗轻轻熨烫,使折痕恰好在袖口完成线上。

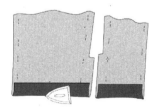

(5)做袖开气。将外袖和内袖面对面贴合,在袖缝合开气部位缉一道线。特别是开气部位一定要依照事先做好的印记准确缝合。然后将内袖的开气多余的缝头剪掉一块(图中打斜线处),使袖口平服、整齐。

(6)将袖侧缝缝头劈开熨烫,将里袖的开气缝头向外烫倒。

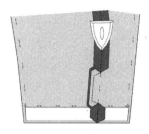

(7)在袖面的袖山部位用大针脚缉两道线,两条线间隔 0.2 厘米。缉线的作用是将松量"吃"进,特别是袖山中点的两侧要"吃"进的多一点。

（8）将袖里的内侧与外侧面对面贴好，先缝合外袖侧缝。注意缝合时要在实际完成印记之外 0.3 厘米的地方缉线。

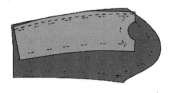

（9）将袖里缝边两片一起折向外袖一侧，用熨斗烫倒，烫迹线在缝迹线里侧 0.3 厘米处，即印记处。

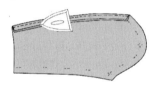

（10）将袖面和袖里面对面贴合之后，缝合袖口边。在距离袖口边 1 厘米的地方缉一道线。然后将缝头向袖里一侧倒过来。

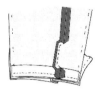

（11）缝合袖面与袖里的内侧缝线。先缝合袖面，再缝合袖里，袖面按照印记进行车缝，袖里按照完成线外侧 0.3 厘米处缝合。

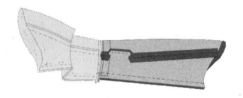

（12）将袖面缝头劈缝熨烫；袖里部分的缝头一起倒向外袖，并在实际完成线印记处

烫牢。

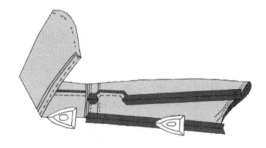

（13）将袖里的袖山处向反面折进 1 厘米，用大针脚缉一道线。

（14）将袖面和袖里的反面相合。将袖面和袖里的缝头固定，在袖缝的中间部位用大针脚绷缝，然后将袖面翻出来。

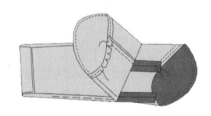

（15）将袖面和袖里整理一下，使之相互吻合，然后在袖根以下 8 厘米处与袖山平行地将里、面同时斜针绷缝一周。绲袖方法同前所述。

（三）插肩袖缝制

1. 用途

插肩袖有肩袖相连的特点，具有舒适、随意的视觉感受。插肩袖是男、女时装中经常采用的一种袖型。

2. 要领

（1）裁剪袖片。注意丝道的方向。袖中线应是纵向布纹，前、后袖片的布纹要一致。

（2）将袖底缝锁上一道边，这个部位是斜丝，所以要注意锁边时不能使布料伸长变形。

前后两片面对面贴合，按照缝线印记将袖中线缉一道线。然后把两片一起锁边。

（3）将缝合后的袖片打开，把缝头倒向后袖片一侧，在袖中缝的后袖片一侧缉两道明线。

（4）将前、后衣片与袖片的前、后插肩袖面对面对齐，分别缉线缝合。注意因为插肩部位都是斜丝，很容易拉长，所以事先应在前、后衣片的这个位置上附上牵条或贴上粘合衬。然后把缝合的部位两片一起锁边。

（5）在反面将缝合部位烫平后，将正面翻过来，把缝头倒向袖子一侧，于正面缉两道明线。

（6）将前、后衣片和前、后袖片面对面分别对齐，然后从侧把缝开始，一直到袖口为止缉一条线缝合。缝头分开劈烫。

（四）衬衫袖"开衩"缝制

1. 用途

衬衫袖是男西式衬衫的经典袖型。袖头是男式衬衫袖必需的结构成分，具有舒适、结实的特点。衬衫袖也是男、女休闲装中经常采用的一种袖型。

2. 要领

（1）裁剪袖片。在袖开衩位置，以开衩线为中心，按照外翻边形状、尺寸标出开衩外翻的边缘线印记。

（2）裁剪袖开衩外翻边裁片。

（3）将外翻边两侧边及三角顶角缝边向反面折烫，手针绷缝。

（4）将袖开衩外翻边裁片反面朝上叠放在袖片反面，使外翻边裁片上的开衩剪口印记对准袖片开衩外翻印记的中线，并用大头针从两侧向中间别针固定。

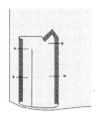

（5）按照袖开衩剪口印记两侧的缝线印记车缝，注意缝线要直。

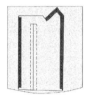

（6）照袖开衩开上端点口的印记剪出羽状剪口，开衩上端的两个斜剪口要剪到缝线拐角的线根。

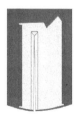

（7）从剪口处将袖开衩裁片翻到袖片正面，并整理好翻折线边缘，然后用熨斗熨烫。

（8）沿袖开衩裁片靠近袖底缝一侧的折线印记折起，使折边整好压在一侧剪口线上面，沿着绷缝线再折一道边，即可形成袖开衩搭门。

（9）沿着袖开衩裁片的外翻边部分的前端线印记折线，使折线位于布料正面。此时，外翻边后端线正好压住一侧剪口的缝线上面。为固定外翻边位置，先用大头针将外翻边外端线别住，再掀起搭门，靠近外翻边前端车缝明线。

（10）将袖开衩外翻边压住搭门，并使两层平服，然后拔掉大头针将外翻边边缘折线车缝好，同时圈缝外翻边上端三角形封口线。

（五）衬衫袖头缝制

1. 用途

衬衫袖是男西式衬衫的经典袖型。袖头是男式衬衫袖必需的结构成分，具有舒适、结实的特点。衬衫袖也是男、女休闲装中经常采用的一种袖型。

2. 要领

（1）裁出袖头。袖头面布和里布可以连成一片，也可以分别裁出。

（2）在袖头里布一侧反面烫贴粘合衬，粘合衬四周不留缝边。

（3）将袖头里布与袖口缝合处缝边折向粘合衬一侧，用熨斗烫实。

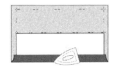

（4）沿袖头里布与面布的折线印记将袖头正面相贴对折，使里布折烫好的折边对准面布的缝线印记，然后用大头针在袖头的两端别针固定。

（5）缝合袖头两侧，在缝合线端头做回针。

（6）为避免袖头端角在翻折时因为缝边过厚而不成直角，所以先在袖里反面剪去端角处缝边的边缘三角，并且将袖头里布两端缝边折向衬布一侧，使此处缝边呈劈缝状，然后用熨斗压实。

（7）将袖头翻到正面，挑尖端角，在袖头两端边缘留出少许里外控制量，用熨斗熨烫平整。

（8）在袖子的袖口缝边上车缝或者手缝一道抽褶线。

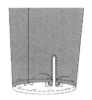

（9）拉住抽褶线两端，将袖口抽出小褶，使抽好褶后的袖口尺寸与袖头长度相等。

（10）将袖头面布一侧与袖子正面相贴，使袖头面布缝边与袖口缝边对齐，然后用大头针将两层缝边别住。

（11）沿缝线印记将袖口与袖头面布缝

合。注意使袖开衩两侧边与袖头端头对齐。

（12）将袖头折向袖口下的位置，使缝合线处缝边折向袖头一侧。

（13）将袖子反面朝外，用袖头里布边缘折边掩盖住袖头里布与袖口的缝边，然后用手针细缝地将袖头里布折边绷缝在袖口缝线上。

（14）为了使袖头在袖口处绷缝牢固，而且硬挺板整，需从袖头面布一侧靠绷缝线处车缝一道明线，将袖头面布、袖口缝边、袖头里布压实、压紧。

（15）在（14）基础上继续沿袖头另外三边车缝明线，使明线距离边缘线宽度相等。

（16）在袖头靠近袖前侧的端头正中位置缀缝小扣，在袖头靠近袖后侧的端头正中位置缏缝扣眼。

四、开气、腰头缝、缏技术要点

（一）有搭门开气缝制

1. 用途

多见于西服、外衣、裙子等服装下摆处的开气，一般为有搭门的开气。其效果较无搭门的开气更为含蓄，具有整体感。

2. 要领

（1）裁剪西服的后片开气的大襟片内折贴边和底襟片搭门。一般女式西服的开气大襟片为右侧后身片，即后开气形式为右压左，而男式西服的开气形式与此相反。

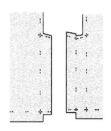

（2）在后开气的内折贴边和搭门里片反面烫贴合粘衬布。在下摆贴边反面烫贴合粘衬布。

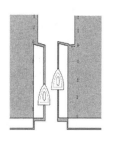

（3）在烫贴好粘合衬的贴边内侧边缘和左侧身片后背缝锁边。

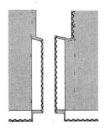

（4）将下摆贴边向上折，折到身片反面，然后沿着粘合衬边缘将贴边折线烫直。

（5）将左、右侧后身片布面相贴对合，使后背缝缝边对齐，然后车缝后背缝。缝合线终止点位于开气端点上方 0.5 厘米，在缝合线终止点要做回针加固。

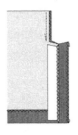

（6）将右身片内折贴边折向后片反面，然后用熨斗将折线烫平，使内折贴边压住下摆贴边。并且将背缝缝边折向右侧后身片倒缝烫平。

（7）身片布面朝上，将左侧后身片的开气以下部分折向反面，沿着右侧后身片折烫好的开气内折贴边，折边车缝两道明线。明线的上端点与后背缝终止点平齐。

（8）从身片背面将左侧后身片搭门沿粘合衬边对折，然后将折线熨烫压实。

（9）将身片布面朝上，用右侧开气大襟压住左侧开气的双层搭门，使被掩住的搭门上下等宽。然后，在右侧身片一侧沿背缝线车缝双道明线和开气端头封端线。封端线为双道横向明线，线间距离与背缝明线的线间距离相等。背缝明线要与开气大襟明线准确衔接。

（10）将身片背面用手针套圈线，开气内折贴边压在右侧身片下摆贴边上的一段锁边边缘。并且，同样用手针圈将开气搭门压在左侧身片下摆贴边的边缘锁边。

（11）轻轻掀起搭门里片的折边边缘，并做藏针缲缝。

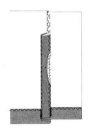

（二）腰头缝、绱

1. 用途

半截裙腰头、西裤腰头均为单独结构，需要将其缝、绱在裙子或裤子上。

2. 要领

（1）裁剪腰头布。裙腰布为裙腰里与腰面的连片，在裙腰布的周围留出1厘米宽缝边，另外加放搭门量。在裙腰布上要标明腰里和腰面的界限印记及搭门和缝边印记。

（2）将裙腰的腰面一侧缝边与裙片腰部缝边对齐，使两片的布面相贴，使裙腰端头缝线印记和搭门印记分别对准裙开口边线，然后用大头针将裙腰布别在裙片上。

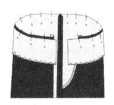

（3）逐个拔掉大头针，按照线印记将裙腰布绱缝在裙片上。注意缝线要直。

（4）裁出腰头衬布，使两端不留缝边。将硬衬的一侧边压住裙腰布与裙片缝合后的缝边，使硬衬边缘顶住缝合线迹，然后在硬衬上距离边缘0.2厘米处车缝一道线。

（5）将缝在裙片上的裙腰布向上折，使裙腰布与裙片展开为同一平面，腰面反面与硬衬相贴。然后用熨斗将腰衬与腰面反面烫贴粘接，并将裙腰布两端头缝边向反面折烫，使腰头上襟折线与裙开口边线平齐。

（6）沿裙腰腰里与腰面的界线印记，将两部分反面相贴对折，使裙腰头成双层状，腰里锁边边缘压掩住裙片与裙腰布的绱缝线及缝边。然后在裙片正面靠近绱腰线处车缝明线。在裙腰的两个端头用手针缭缝，针脚要细密。

（7）沿着裙腰周围边缘在裙腰一侧车缝等宽明线。

第四节　服装装饰部位缝制技巧

一、"打褶"缝制技巧

(一)"抽褶"缝制

1. 用途

各种时装中抽褶很多见,尤其使用较薄面料设计衬衫、裙装时,经常采取抽褶的工艺形式。

2. 要领

(1)将缝纫机上线弹簧片的控制螺丝拧松,将针码放大,在抽褶处车缝两趟线,并在车缝开始和终止处留出线头,用以抽褶的两趟线中间为缲缝褶边的车缝位置。

(2)揪住两端的下线线头将布料向中间缩挤,缩挤尺寸要与预定尺寸相符合。

(3)将所有的褶整理均匀,用手提起来观察是否顺垂,然后用熨斗侧边在抽线处熨烫,或直接用熨斗蒸汽加湿烫平。

(4)将抽好的布料与其他裁片缲缝时,要

将抽褶的片放在上面,将两片的位置对齐,用左手扶在上面往针孔处送缝,同时用右手持针锥压在抽褶处一段段送缝。

(二)"顺风褶"缝制

1. 用途

顺风褶在裙装很多见。在时装衬衫中也可见顺风褶的工艺形式。

2. 要领

顺风褶的褶子的折向是顺着同一方向的。每个褶子的改面等宽。如果是半截裙上的顺风褶,则必须使裙子一周的褶子首尾相接。

(三)"马面褶"(箱褶)缝制

1. 用途

马面褶在裙装很多见。在时装衬衫中也可见马面褶的工艺形式。

2. 要领

马面褶的改面两端都是迎面折线,改底从改面的左、右两侧被折入,暗折线也两两靠近或者相碰。改面是突出的。在半截裙上,有前、后中心线位置缝两个宽马面褶的,也有在周围圈缝出多个窄马面褶的。

（四）"对褶"（碰头褶）缝制

1. 用途

对褶在裙装很多见。在时装衬衫中也可见对褶的工艺形式。

2. 要领

对褶褶子的迎面折线每两两相对、碰头。两个改底在迎面折边的下面伸向两侧而连接成一处。对褶和马面褶实际上是互为正、反的。

二、边饰缝制技巧

（一）普通滚边缝制

1. 用途

滚边是裁片边缘缝制窄装饰边的一种形式。滚边工艺形式在各种时装均有应用。

2. 要领

（1）将滚边布与裁片布面相贴，边缘对齐，然后靠近边缘线车缝一道线。此线距离裁片边缘的距离与滚边的宽度一致。

（2）将滚边布折向裁片反面，然后将边缘毛边再次折向滚边布的反面。并且将裁片反面的折边用明缲针缝在车缝线处。明缲针针

脚不可以露到衣片表面。

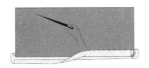

（二）双层布滚边缝制

1. 用途

当滚边布较薄时，滚边里面的缝边容易从滚边布面透出来，而且薄型布料缝制的滚边外观不够挺实、饱满。因此，同时用两层滚边布的缝制效果会更好。

2. 要领

双层布滚边的缝制方法。先将双层滚边缝在裁片的正面缝边处，然后将滚边折到裁片反面一侧，再将滚边布折边用手针明缲针缝在车缝线处。

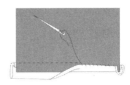

（三）包边缝制

1. 用途

包边是裁片边缘缝制窄装饰边的一种形式。包边工艺形式在各种时装均有应用。

2. 要领

（1）将包边布正面朝外对折，再将两侧缝边折向包边布反面，并且熨烫直。两条折烫线要平齐，而且宽窄一致。

（2）将裁片的缝边插入对折的包边布中间。在包边布的边缘折边内侧用手针绷缝，将包边布和裁片固定。

（3）最后从裁片正面的包边布边缘折边内侧车缝一条明线。此明线将包边布、裁片、

连同处于裁片下面的包边布均缝合成一体。

（四）薄料滚边"漏落"缝制

1. 用途

落缝滚边与普通滚边的不同之处是在裁片正面的滚边折边折线外侧车缝了一道明线，故将这种形式称落缝滚边。落缝滚边比普通滚边显得更秀气、雅致。

2. 要领

与包边的方法相似，处于裁片反面的滚边布折边是被正面，即位于滚边边缘折边外侧的明线车缝固定的。

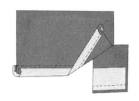

（五）外角边缘滚边缝制

1. 用途

外角边缘的滚边是一种窄装饰边的形式。外角边缘的滚边的工艺形式在纺织用品中常有应用。

2. 要领

（1）缝制裁片外角边缘的滚边的关键是将外角的滚边缝成方角状。滚边布与裁片布面相贴，边缘对齐，沿着滚边宽度印记车缝，缝至距离裁片另一侧边同一缝边宽度时暂停车缝，做倒回针加固。

（2）在裁片外角处将滚边布缝边与方角尖对齐，并捏住此处缝处将其正面朝内折线。然后空出折线处将两层缝边对齐，再从暂停车缝处重新开始车缝。

（3）将滚边布折向反面，在外角处将滚边折线叠出三角，在外面露出一条叠印，叠印从滚边的折角尖直通到裁片边缘的外角尖。然后再将裁片反面的滚边边缘折光，并且用手针明缲针缝在车缝线处。在裁片反面的滚边的叠折角形式，且与正面相同。

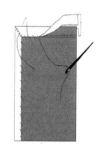

（六）内折边缘滚边缝制

1. 用途

内角边缘的滚边是一种窄装饰边的形式。内角边缘的滚边的工艺形式纺织用品中常有应用。

2. 要领

在裁片上的内角边缘缝制滚边的方法与缝制外角边缘的缝制方法相似。原则是相同的。

（1）将滚边缝边与裁片布面相贴、缝边对齐，然后沿着滚边宽度印记车缝至内角的另一侧缝线印记处。

（2）将滚边布缝边拐向内角另一侧缝边之上，然后继续按照缝线印记车缝。待滚边布缝边一侧折倒，然后在裁片内角将滚边布折线并如图剪口。

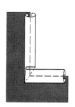

（3）将裁片正面的内角处折出斜线，从滚边上的剪口处将滚边布缝边折成三角，顺放在滚边内。斜线在裁片的方角尖直通裁边的内角尖。

（4）从裁片反面将滚边布边缘毛边折光，并在拐角处如图所示折叠出斜线连通内角和滚边方角。最后用手针将滚边边缘折边缲针缝在车缝线处。

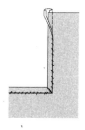

（七）外弧边缘滚边缝制

1. 用途

外弧边缘的滚边是一种窄装饰边的形式。外弧边缘的滚边的工艺形式纺织用品中

常有应用。

2. 要领

在裁片的外弧边缘的滚边显得紧绷时，肯定是在制作时没有掌握好滚边缝线处要比外边缘折线放轻松些的原则。

（1）在滚边布的一侧缝边上缝出一条抽褶线，并且抽出一些褶子，使滚边布呈外弧线状。然后将另一侧缝边与裁片外弧缝边对齐，沿缝边印记车缝。车缝时不要将滚边布的缝边拉长。甚至可以使滚边布稍松一些。

（2）将滚边布缝边折向裁片反面，并且将边缘毛边折光，然后用手针明缲针缝好。如此缝制的裁片外弧边缘滚边，滚边外折线的布料松度是正常的，因此边缘不会紧绷。

（八）直边装饰包边缝制

1. 用途

在上衣的门襟边缘加放装饰是很多见的。装饰边的颜色、质地可以与衣片相同，也可以与衣身不同，其装饰效果是很突出的。缝制装饰边是我国传统工艺中的长项。

2. 要领

（1）将衣片门襟与门襟贴边边缘对齐，不留缝边。在边缘线内侧车缝一道线，将两片合为一体。

（2）将在商店中直接买到的松软型装饰

边的宽度中线对准门襟端线,将装饰边一侧压在身片门襟上。然后沿饰边边缘手针绷缝。

(3)沿装饰边宽度中线烫折,将饰边的另一侧折向贴边。然后在装饰边中线折边内侧车缝一道明线,压住装饰边和两层门襟边缘。再于装饰边侧边车缝一道明线,将上、下装饰边边缘和身片、贴边片一起缝好。

(九)内弧圆角明墩条缝制

1. 用途

装饰在衣服边缘的为"边",离开边缘的装饰为"条"。装饰条是稍离开衣服边缘线的。所谓明墩,是指将条粘放好,用车缝边缘明线的方法将装饰条直接缝在衣服上。

2. 要领

(1)先将条布放在衣边的内弧弯处,用熨斗将边布熨烫成与衣边的弧弯相同的曲线状;

(2)再将边条用浆糊贴烫固定在设计位置上,沿边布上、下边缘车缝明线将衣边上的装饰条缝好。

(十)外弧圆角明墩条缝制

1. 用途

时装中的身片、袖片圆形拐弯处缝制一条明墩条,不仅具有很强的装饰作用,而且使缝制工艺更为简单。

2. 要领

(1)先将装饰条的圆弧位置内侧缝一段抽褶线,并且抽好褶;

(2)再将外侧对准身片摆角边缘,并稍离开边缘线,然后用熨斗将装饰边烫粘在此位置上,同时将圆角处的装饰边的褶熨烫平整,"归"好内侧边缘车缝明线。

(十一)方折角明墩条缝制

1. 用途

时装中的身片、袖片圆形折角处缝制一条明墩条,不仅具有很强的装饰作用,而且使缝制工艺更为简单。

2. 要领

(1)按装饰条于衣摆角的对应点将其布面向贴对叠,然后在折线旁斜向车缝。再沿折线剪开,使剪口离折边缝线 0.3 厘米。

(2)从装饰条反面用熨斗将装饰线褶边劈缝熨烫。

(3)将装饰条面朝上叠放在身片表面,使装饰条缝出的方角对准衣摆角,并使装饰条外侧边线均匀地离开衣服的门襟线和下摆边缘。然后在装饰条上靠近两侧边缘车缝明线。

三、花边绷缝技巧

（一）单侧绣花边暗包绷缝

1. 用途

在衣物上绷缝单侧绣花宽花边具有很强的装饰作用。用暗包绷缝的单侧绣花宽花边具有整齐、结实的特色。

2. 要领

（1）将布料与花边布面相贴，使布料边缘对准花边边缘内侧 0.4 厘米处，然后在布料边缘内侧 0.5 厘米处车缝缝合线。

（2）用熨斗将花边边缘 0.4 厘米的单层缝边折烫压倒在布料缝边上。

（3）再将三层缝边一同折烫至布料反面。然后在花边的缝边上的折边处车缝明线。

（二）单侧绣花边抽褶绷缝

1. 用途

在衣物上绷缝抽褶单侧绣花宽花边具有很强的装饰作用。抽褶绷缝的单侧绣花宽花边具有整齐、活泼的特色。

2. 要领

（1）花边的实底一侧按照设计需要标出绷缝线印记。在印记外侧 0.2 厘米处缝出抽褶线。并均匀地抽褶，使花边抽褶后的长度与衣物吻合位置尺寸相等。

（2）将抽褶花边与衣物裁片布面相贴，缝边对齐，然后在绷缝线印记处车缝一线，将花边绷缝在衣物片上。

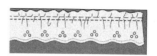

（3）缝处缝边边缘锁边，锁边时两层缝边用一线锁成。

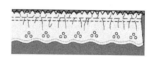

（4）熨斗将锁边线、绷缝线压烫，使褶子的根部被压烫实。

（5）将缝边折向衣物片一侧，使花边与衣物片展平成同一平面，在衣物片折边处车缝一条明线，将花边缝边定位。

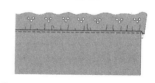

（三）单侧抽褶绣花边绷缝

1. 用途

在衣物上绷缝抽褶、包边单侧绣花宽花边具有很强的装饰作用。用抽褶、包边绷缝的单侧绣花宽花边具有整齐、活泼而且结实的特色。

2. 要领

抽褶包边绷缝的单侧绣花宽花边的反面整齐，下垂感好。

（1）将抽好褶的花边与衣边布面相贴，缝边对齐，然后将一条斜裁的布边侧边缘压在花边的缝边外，然后车缝一条线将布条、花边和衣片缝合。

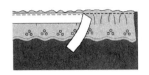

(2)将布条和衣片均折向缝边一侧,使花边拉向与衣片同一平面。再将布条的另一侧边线折光,使布条在缝、折两侧边线后剩1厘米宽,然后用熨斗烫平。

(3)于布条的折边处缝一道明线。此明线在衣片正面显出来并紧靠衣片折边,所以有另外的风格。这种缝制方法使衣片反面很整洁。

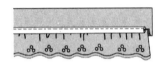

(四)双侧绣花边抽褶绱缝

1. 用途

在衣物上绱缝抽褶双侧绣花宽花边,具有很强的装饰作用。抽褶绱缝的双侧绣花宽花边具有整齐、活泼的特色。

2. 要领

绱缝双侧绣花宽花边的方法一般均将花边的中线抽褶,然后直接缝在衣片上或衣片边缘。在花边绱缝时,也可以在花边的缝线处绱缝装饰条等。

(五)双侧绣边压条绱缝

1. 用途

在衣物的边缘处用宽条明压绱缝中间抽褶宽花边的工艺,起装饰作用。

2. 要领

(1)将衣片边缘缝边向布面一侧折烫,折边宽0.8厘米。

(2)在花边的宽度中线处缝出抽褶线,将花边抽褶,再于距抽褶线0.8厘米处将花边

与衣片折边用手针绷线。然后将0.8厘米宽的装饰压住绷线和抽褶线,再于装饰边的两侧边缘车缝明线。

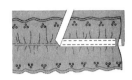

(六)双侧绣边抽褶明压绱缝

1. 用途

在衣物的边缘处用窄条明压绱缝中间抽褶宽花边的工艺,起装饰作用。

2. 要领

(1)在花边的宽度中线0.2厘米处缝抽褶线,将抽褶花边放在衣片的吻合位置,然后距中线另一侧约0.2厘米处用手针绷缝住花边与衣片。

(2)用一窄装饰条压住抽褶线和绷缝线,然后在装饰条上车缝明线,将装饰条、花边和衣片和衣片绱缝。

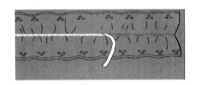

(七)中间镂空花边绱缝

1. 用途

在衣片上绱缝中间镂空花边的方法比较简单,因为在花边的两侧素底部分可以作为缝边使用。但是绱缝时也要注意将衣片的缝边固定在衣片的一侧。

2. 要领

(1)将花边的两侧边缘分别锁边。如果素底布过宽,可以根据需要留出1厘米宽的缝边位置,将其余部分裁掉。

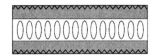

(2)将衣片缝边向反面折烫。衣片正面朝上,使两片衣片折边分别压放在花边图案的两侧,然后在衣片折边内侧压明线绱缝。

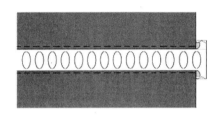

(八)双侧镂空满绣花边绱缝

1.用途

双侧镂空满绣花边在衣片绱缝方式一般是将衣片与花边的两侧边缘相接,使花边的镂空效果和曲线边缘充分地显示出来。

2.要领

在绱缝时,需要注意避免使衣片的缝边从镂空的图案中透露出来。因此,只要遵循此原则,绱缝方法是可以变化的。

(九)双侧花边明压绱缝

1.用途

在衣片上明压绱缝双侧花边的方法可以将衣片上的缝边毛绽全部压在双侧花边的下面,是比较简单的藏边法。

2.要领

(1)将花边的两侧曲线边缘分别压放在需要连接的两个衣片的缝边上。然后压明线车缝。衣片缝边不窄于1厘米。

(2)从反面将衣片缝边向衣片方向折烫。

(3)折烫好另一侧缝边后,再向衣片的反面折烫。

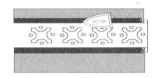

(4)将缝边外侧的折边用手针缲缝在衣片上,缲缝的针脚要小、要密,不可适缝到花边上。

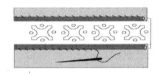

(十)双侧花边折边绱缝

1.用途

折边绱缝双侧花边的方法也是一种藏边法。这种藏边法效果更柔软、秀气,可以将衣片上的缝边毛绽全部压在双侧花边的下面。

2.要领

(1)将衣片的缝边锁边,并且向反面折烫。

(2)用花边的两侧边缘分别压住折烫好的衣片折边,使折边不透到镂空部分,然后在花边的边缘曲线内侧压明线绱缝。

第五节　粘合衬和里布缝制技巧

一、粘合衬相关缝制技巧

（一）贴粘合衬衣片缝制技巧

1. 用途

上衣一般在缝制后很容易出现里布往外跑的现象，所以在衣领圈、袖口、门襟等处往往齐边缘线缝缀明线，以压实衣服的面与里的交界位置。

如果不希望有明缝线迹，则必须将此处的粘合衬粘接到缝边处，在缝合衣片时将粘合衬一并绱缝。使用完全型粘合衬时也要将衬布剪至直通裁片的缝边处，并与缝边一齐做车缝的效果很好，而且缝制更顺利。

2. 要领

在粘接了衬布的衣片上做长时间车缝时，缝机针上会沾上树脂液，因此，会导致下针不顺畅。这时，可以用涂有硅树脂的布或者纸不时地擦拭缝纫机针，则可以使车缝顺利进行。

（二）贴边与里布缝合技巧

1. 用途

在缝合外衣或大衣的贴边和里布时，由于外衣、大衣的面料很厚而且贴有粘合衬，里料薄而滑爽，所以很难准确地缝合。在所有车缝两片薄厚悬殊的面料里都会出现这种困难。

2. 要领

此时，可以借助较稀的浆糊来解决此问题。

（1）将薄型里布预先烫折一个折边，实际烫折的宽度是一个缝头加上里布的余量。

（2）烫折里布边时切忌将其抻长，所以必须多画几处与贴边对应的吻合点标记，烫好折边后，再将两裁片平铺并检查各个吻合点。

（3）然后在贴边的正面需要与里布缝合位置的缝头上用刮刀刮上薄薄的浆糊，然后将里布的折边与贴边边缘对齐、烫贴。烫贴时也要严格按吻合印记去做。

（4）两片料粘好并烫干后，便可以用缝纫机缝合了。缝合时需要将里布掀起，露出已经粘合的缝头，在缝头的旁边便是整齐的烫折线，注意缝合线应该距离里布烫折线有0.2厘米的余量。

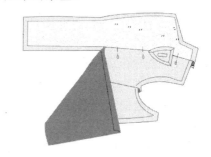

二、里布细节缝制技巧

（一）里布保留余量绱缝技巧

1. 用途

考虑到裙子的面料具有伸展余量，因此，裙子的衬里也要用加放余量的办法使其伸展性与面料平衡。

2. 要领

（1）一般在裙子的两边侧缝处要让出0.3厘米，如同缝制上衣的身片一样，缝线时要将0.3厘米的余量充分留出。如果裙子里布上有活褶时，活褶的散开位置也要留出0.3厘米的余量，此余量也是在缝制中实现的。如此缝制的缝线会使衬裙的尺寸比裙面加大。因此，要用倒缝熨烫，将熨烫线位于缝线外侧 0.3 厘米处。

（2）因为与拉链、开气等部位的缝制都有关联，如果衬里的余分比较多，可以在裙子开口处拉链的缝线位置将衬里敷在其上，盖住里面绱拉链的线迹和开口端头，即拉链折回位置的线迹效果是最佳的。

（3）在衬裙和裙子面布绱缝的方法可以多种多样，但是原则只有一个，即应该尽量用里布遮住所有毛绽的缝边，里布不得露出表面。

带有衬裙的松紧腰裙子的腰部处理：在裙腰里面，必须用里布（衬裙）压住腰里下部的缝边，使裙子里面整洁、干净。裙子的松紧带处又必须使用面布做腰里，因为此处可以露于表面。因此，衬裙与裙面的绱缝处均于裙腰的下部缝接处。

（二）里布防针脚缩小车缝技巧

1. 用途

车缝里布往往是较为头痛的事情。因为里布较薄而且滑爽，车缝时两片很容易移动、变形，而且当机针扎入后再抬起时，也容易将里布稍稍带起而造成针脚缩小，从而使整条缝线处缩短。为了解决这一难题可以借助一种简单的工具辅助车缝。

2. 要领

（1）将一条薄形的牛皮纸放在要进行车缝的两片里布的缝头下面，车缝时连带牛皮纸一齐缝起来，并用左手捏紧里布和牛皮纸在车缝时作为引导，使得里布的车缝变得容易。必要时要将两片里布分别在相应的位置上别上大头针做几点固定，以防止里布变形和移动。

（2）要使用与里布颜色相同的缝纫机线缝出较大的针码，使里布横向拉伸时，缝合线稍裂出许多小口，以加强里布的伸展性。

（3）在带有弹性的布料服装上加缝里布时，里布必须多留有能够适应面料弹性的余分，必要时要使用缝制面料的车缝线手缝，线的颜色与里布相同，手缝的方法为返针（倒针）粗缝。

第九章　服装熨烫技术

俗话说"三分做，七分烫"，熨烫在服装生产过程中是不可或缺的重要环节。任何一件服装经过熨烫，才能整齐美观。服装在缝制过程中，熨烫就更加重要了，熨烫技术的好坏，直接影响缝制服装的质量和外观。所以要想成为一名优秀的缝纫师，就必须熟练地掌握熨烫技术。

第一节　服装熨烫基本常识

一、服装熨烫工具

常用的熨烫工具有：熨斗、压烫板、垫呢、烫绒垫、胸馒头、袖馒头、水刷、喷雾器、水布等。

（一）熨斗

1. 常用的熨斗类别

熨斗是熨烫服装的主要工具。现在熨烫服装使用的熨斗一般是电熨斗。选择熨斗时，可以看熨斗的尖部边缘是否平直、握把是否合手、熨斗底是否够厚且平整。常用的品种有普通电熨斗、自动调节温度电熨斗、蒸汽电熨斗和附加喷水功能的电熨斗等。服装企业最常用的是蒸汽喷雾电熨斗。

2. 蒸汽喷雾电熨斗的特性

蒸汽喷雾电熨斗把水加入并且通电后，就可以产生蒸汽进行熨烫。按下喷汽开关，蒸汽就能够从熨斗下面喷出。

喷汽开关同时也是关闭开关，不需要蒸汽时则关闭，蒸汽停止喷出；熨斗上装有强汽开关，按下这个开关时，熨斗会喷出强汽；在熨斗前方还装有喷雾嘴，当按下喷雾开关时，电熨斗能喷出水雾；在熨斗上装有调温刻度盘，通过转动刻度盘上的旋钮，可任意选择熨烫温度。

一般800～1000瓦的熨斗使用范围比较广泛，可以熨烫丝、毛、麻及化纤各类织物。

3. 使用蒸汽喷雾电熨斗的条件

蒸汽熨斗需要配有提供蒸汽汽源的锅炉或其他蒸汽发生器等装置使用。蒸汽熨斗与供汽装置之间用管线连接，蒸汽发生器通过管线把蒸汽输送到熨斗中去。

在蒸汽熨斗上装有一个控制曲柄，可以根据需要控制和调节蒸汽从熨斗下面孔隙中喷出或蒸汽从排气管排出的量。

蒸汽熨斗的工作气压应在0.2MPa以上。气压不足时，蒸汽就会变成水从熨斗孔中流出。因此，蒸汽熨斗最好与吸湿烫案配套使用。

蒸汽熨斗优点很多，适合各种面料服装的熨烫。蒸汽熨斗使用安全，而且不易烫伤面料，适用于小型洗衣店及烫衣店使用。

	表示勿用熨斗烫，如果熨烫会损坏织物。
	表示只能使用熨斗低温熨烫。
	表示应使用熨斗低温熨烫，熨斗内一点表示熨斗可加热到约110℃。
	表示应使用熨斗中温熨烫，熨斗内两点表示熨斗可加热到约150℃。

（二）熨烫铺垫工具

1. 垫呢

垫呢是熨烫时在烫物下的衬垫。垫呢要求平整密实、稍有弹性。其结构为：在两层纯棉线毯外再罩上一层棉布。

垫呢表面的外罩材料必须挺实，因此，最好使用麻衬。如果无麻衬，可用两层薄布粘贴后使用。

垫呢的规格最好与熨烫台相等，其最小尺寸也应适合一件上衣、裤子或大衣的长度和宽度。

2. 烫绒垫

烫绒垫是带有绒毛的布料。烫绒垫的结构是：一层是植满了短细棍状针毛的底布，一层为放置在底布上的绒布。绒布上的绒毛能完全探入短针之间，而绒布的底面又可以被短针顶住。

为了避免使用一般方法熨烫造成的倒毛、起光等现象，在熨烫时必须使用烫绒垫。使用烫绒垫熨烫便不会使绒毛折倒。

3. 吸湿烫案

吸湿烫案的尺寸与普通烫案相似。吸湿烫案的案面中间是空心的，用铁、铝或丝网为骨架上面铺一层泡沫，再罩上白棉布案面构成。

吸湿烫案空心处的下方安装一台涡轮抽风机或抽真空机。当机器启动后，就可以把烫案面上的衣服中的水汽吸去，同时起到冷却降温的作用。因为吸湿烫案具有机械冷却装置，所以定型效果良好。

吸湿烫案适宜小型洗衣店及专业烫衣店使用。

（三）熨烫衬型工具

1. 胸馒头

胸馒头的结构一般采用白粗布或麻衬做外罩面，内里将锯末装实，使之成为有一定的硬度，且定形性好的熨烫衬型工具。胸馒头的顶面必须平中带圆。

胸馒头主要用于服装的胸部、腰部等曲面的熨烫，使这些部位烫后产生"胖势"，更加适合人体曲线。

2. 袖馒头

袖馒头也是用麻衬或粗棉布填充锯末制成的，形如人的小臂。在制作袖子、熨烫袖管时必须使用袖馒头。另外，在烫驳头等窄长的服装部位时也需要使用袖馒头。

3. 铁凳

铁凳由铁金属制成，上面覆盖一层呢毯及白棉布或麻衬。铁凳主要用于服装肩部、袖山、领窝及裤子后缝等处的熨烫。

（四）熨烫用水工具

1. 水布

在熨烫服装时覆盖在服装上面的烫布称为水布。使用时直接在水布上刷水，以防止服装熨烫时受损。

水布必须是纯棉布，最好是密实厚型的纯棉布。规格一般为长 90～100 厘米，宽50～60厘米。若水布由薄棉布制成，那么在熨烫纯毛衣物时，应将水布折为 2～3 折使用。

2. 水刷

水刷是熨烫时用于局部给湿的工具，如分缝烫、小部件烫等给湿。水刷的毛最好为羊毛，因为羊毛的吸水饱满且柔软，刷水效果均匀且不易损坏衣物。

3. 喷雾器

喷雾器是除使用蒸汽熨斗之外熨烫中不可缺少的辅助工具。如果要在平直且面积较大的衣物上熨烫时，必须大面积均匀刷水。此时使用喷雾器喷水最合适。

使用喷雾器时应注意：

(1)喷雾器内装的水要求清洁，否则易堵塞喷嘴且弄脏衣物。

(2)使用时压力要均匀，否则反而会造成出水不匀。

(五)熨烫定型工具

1. 压烫板

熨烫毛料服装时，为避免上光，必须使用压烫板。

在熨烫过程中当湿潮气没有完全蒸腾之前，使用压烫板及时压放在熨斗刚刚烫过的地方，等待水分被吸收尽。当布料完全干燥、收缩之后，烫迹便被保留下来。使用压烫板压过的服装格外平整。

在熨烫时若没有压烫板，可以用袖馒头、竹尺等代替。

2. 穿板

穿板比普通烫案窄一半左右，一头为尖圆形，表面上的铺设与普通烫案面相同。

穿板可以用来熨烫上衣的肩部、胸部，还可以把裤腰或套头上衣的衣身从下摆处穿上去熨烫。穿板的使用方便、灵活。

3. 袖骨

袖骨形状与穿板相似，但比穿板细小。一般袖骨长600毫米，宽120毫米，两头都是圆形，可放入衣袖中熨烫，起到骨架的作用。

4. 定型板

熨烫定型板是用5层胶合板根据毛衫规格制成的熨烫板，分为身板和袖板配套使用，是熨烫毛衫时作定型的模具。

由于毛衫的规格尺寸不等，因此定型板又分为大、中、小三种型号。在熨烫毛衫时根据毛衫的规格选择使用。

(六)服装整体熨烫新型设备

随着社会经济和科技的发展，新型的各种服装整体熨烫设备不断研制出来，而且不断完善。特殊服装整体熨烫设备，如裘皮服装整体熨烫机相继出现。目前，使用最广泛、最具有市场意义的服装整体熨烫设备亦有多种可选择机型和品牌。在此介绍几种常用机型。

1. 复合熨烫机及功能特点

(1)具有熨烫和吹烫服装的双项功能；

(2)采用蒸汽雾化加热和鼓风内涨成型；

(3)适用于各种衣料制成的上装、下装和大衣的整形；

(4)经过熨烫或吹熨后的服装匀称、不发亮、平展、无皱褶、挺拔、潇洒、保持时间长；

(5)气动控制压板升降，压紧力大小可调；

(6)备有蒸汽熨斗、局部去污渍的蒸汽喷枪；

(7)设有自动抽湿和鼓风去湿等装置；

(8)吹蒸汽和鼓风的时间由手动控制，人形架的肩部大小可调，鼓风量可调；

(9)人形架可旋转360°；

(10)操纵杆夹紧力可调；

(11)具有人像部分蒸汽控制作用；

(12)有自带电加热蒸汽发生器和使用外接蒸汽源两种方式。

2. 人像整烫机

人像整烫机是一种先进的自动烫衣设

备。它不仅省时省力又能保证整烫质量。人像整烫机有人形模具，整烫时，把衣服穿在人像模具上，开足蒸汽，衣服在强大压力蒸汽的冲击下，膨胀伸展开来。然后加风，使水汽比例逐渐降低，再关闭汽阀就变化冷风，使衣服迅速冷却随即定型。这种设备虽然优越性很多，因价格很高，所以一般小型洗衣店很少使用。

设备功能特点：

（1）采用模拟的结构形式，只要把衣服穿在人形架上，就可以进行手动整熨程序；

（2）整熨过程是采用蒸汽雾化加热和鼓风内涨成型；

（3）适用于各种衣料制成的上装和大衣的整形，经过吹熨后的服装匀称、平展、无皱褶、挺拔、潇洒；

（4）吹蒸汽和鼓风的时间由手动控制；

（5）鼓风量可调；

（6）肩部大小可调；

（7）人形架可旋转360°；

（8）操纵杆夹紧力可调；

（9）有自带电加热蒸汽发生器和使用外接蒸汽源两种方式。

3. 立体整烫机

立体整烫机为万能旋转柜式立体整烫机。自带储汽包和电加热元件，无须外接蒸汽。可用于西服、皮装、夹克衫、牛仔裤、裙子、羽绒服、大衣、男女时装以及针织面料等各类服装的立体整烫，尤以毛呢类、绒类、裘皮类、丝绸面料服装为最佳。

与传统熨烫和压熨相比，它的最大特点是表面不受压力，因而服装表面纤维无倒伏、无极光现象，立体感、丰满度特别好。可广泛应用于服装厂、服装商店和洗染店。本机还具有省时、省机、省人工、省能耗、减轻工人劳动强度和不污染环境等优点。

二、服装熨烫基本常识与条件

（一）熨烫基本常识及要领

1. 熨烫的基本常识

（1）熨烫位置要平整；

（2）在布料的背面熨烫；

（3）棉、麻以外的布料使用水布熨烫；

（4）移动熨斗时不可以用力拉伸；

（5）保持水汽熨烫；

（6）熨斗底面要平整、无杂物；

（7）注意遵守各种熨斗的使用规则。

2. 平整熨烫的要领

（1）将需要熨烫的布料反面向上平铺在工作台板上，下面垫上垫呢。

（2）用喷水器在布面上均匀地喷水。

（3）右手持熨斗，按自右向左、自下向上推移平烫。

（4）左手按住衣料，配合右手动作，使衣料不会随右手运动而跟随移动。

（5）右手在推移熨斗时应注意：当熨斗向前时，熨斗尖应略抬高一些，但不脱离衣料；向后退时，熨斗后部应略抬高一些，如此推移

熨斗才能灵活自如,不滞住衣料。

(6)推动熨斗应平稳,用力均匀,直至衣料皱痕消除,布面平整。

(二)熨烫四条件

1. 温度条件

由于不同织物的纤维结构、质地性能等不同,所需熨烫温度也不同。

温度测试的方法可用专门的仪器测试,也可在剩余的布块上试烫,或是用滴水的方法,熨斗底面滴水后的水滴特征及声音变化。有经验的人给熨斗底面上滴一点水,根据水滴的变化和发出的声音可以判断熨斗的温度。

(1)水滴不散开,没有迸发声音,说明熨斗温度很低,不适合熨烫;

(2)水滴起较大的泡沫而扩散开,发出"哧哧"的声音,此时熨斗温度较低,只能熨烫氯纶化纤面料;

(3)熨斗不太沾湿,发出水泡并向四周溅出细小水滴,发出"叽由"的声音,此时熨斗温度稍偏低,只能熨烫一般化纤类面料;

(4)如果熨斗底面留有很少水珠,水滴发出"扑叽"的响声,并且水珠滚转,很快流去,可以断定这时熨斗的温度约为150℃,较合适熨烫腈纶类化纤面料;

(5)熨斗完全不沾湿。水蒸发成水汽,发出"叽哧"的声音,此时熨斗温度可以熨烫棉、麻类面料;

(6)如果水滴发出"哒哒"的响声,水汽蒸发较快,可以断定此时熨斗温度较高,必须配合使用水布,在较为耐高温的面料上熨烫,需要十分小心,最好在熨烫之前用余料试烫,以确保熨斗的温度不会对面料造成损伤;

(7)如果水滴发出"扑哧"的响声,而且水滴很快散开并蒸发成汽,此时熨斗的温度约为180℃,过高了。调整温度时只要喷上适当的水,就可以把温度降到150℃左右。

各种纤维的熨烫温度

名 称	名称温度(℃)		
	垫湿布熨烫	垫干布熨烫	直接熨烫
羊 毛	200～250	185～200	160～180
棉	220～240	195～220	175～195
麻	220～250	205～220	185～205
丝	200～230	190～200	164～185
涤 纶	195～220	185～190	150～170
锦纶6	190～220	160～170	125～145
锦纶66	190～220	160～170	125～145
腈 纶	180～210	150～160	115～135
氯 纶	—	80～90	45～65
丙 纶	160～190	140～150	85～105

2. 湿度条件

熨烫时给湿的方法主要有两种:

(1)在布面喷洒水熨烫

这种熨烫比较直接,对衣物的形的塑造比较理想。给湿时注意喷洒水要均匀,喷洒水后稍等一会儿,让水分充分渗入到衣料的纤维中再熨烫。例如,印花布料不能在布面盖湿布熨烫,那样会使印花颜料退色而沾污面料。

（2）在衣料上盖湿布熨烫

这种熨烫对于整饰性衣料的熨烫比较合适，并且可以避免在熨烫时损伤布料。由于各类衣料的性能不同，应根据具体情况来定。例如，柞丝织物不宜喷水熨烫，否则会泛水渍印；对于毛呢类织物可采用盖湿布的方法熨烫；湿布的含水量的控制，也应根据衣料的质地厚薄来确定。盖在厚实的面料上的湿布的含水量可多些，盖在薄呢类面料上的湿布的含水量应少些。在维纶织物上熨烫时，既不能喷洒水，也不能盖水布，只能盖干布熨烫。

3. 压力条件

手工熨烫时，压力的来源除了熨斗自身的重量以外，主要依靠操作人员用劲。熨烫时所需压力的大小可根据需要随意变化，主要取决于所烫衣料质地的厚薄。

（1）一般熨烫质地紧密厚实的衣料压力

宜重些；

（2）熨烫质地疏松的薄料，压力宜轻些；

（3）熨烫绒类织物如灯芯绒衣料压力不能太重，否则会引起绒毛倒伏，产生折光而影响质量；

（4）熨烫绒毛较长的丝绒和长毛绒等，宜采用烘烫的方法，即将加热的熨斗不直接压在绒面上，而是稍离开绒面一段距离，利用熨斗的热量烘烫织物的表面或反面将绒毛烘直。

4. 时间条件

熨烫时间是一个变量，它随着温度、湿度、压力的变化而变化。

（1）一般熨烫薄质衣料，熨斗应该一推而过；

（2）熨烫较厚的面料，推动熨斗的速度可以稍微缓慢一些。

第二节　服装缝制前"推"、"归"、"拔"熨烫

一、"推"、"归"、"拔"熨烫基础

（一）"推"、"归"、"拔"熨烫意义

1. 变平面为曲面

"推"、"归"、"拔"熨烫是一种通过归拢或拉伸使织物的经纬密度和方向产生变化。通过熨烫定形处理后的平面衣料，有的部位就会伸长、凸起，有的部位会归缩、凹陷，使平面的衣料呈现高低起伏的变化，更好地适合人体体型微妙地曲线变化。

2. 实现服装造型

利用纺织面料的可塑性和还原性，使用"推"、"归"、"拔"工艺处理，改变服装某些部位的造型，是使服装平服适体、美观整齐的有效手段。

（二）"推"、"归"、"拔"熨烫概念

1. 推

"推"，是将织物某一部位的胖势向定位方向推移，是"归"的前导和继续。

2. 归

"归"就是归拢，是把织物某一部位按预定要求归拢收缩在一起，并加以定形的手法。

3. 拔

"拔"就是拔开，是把织物某一部位熨烫后伸展拉长。

衣片的"推"、"归"、"拔"熨烫，主要是根据人体的部位形态进行的。"推"、"归"、"拔"熨烫有特定的符号和规范的步骤，熨斗的移动也有"推"、"归"、"拔"熨烫的方向变化。因此，不同的衣片的"推"、"归"、"拔"熨烫不尽相同。

二、裤、裙片"推"、"归"、"拔"熨烫

西裤、裙裁片对应人体的中腰线以下的躯干和下肢部位。此部位的主要特征为：根据骨盆形态，人体躯干的中腰细，臀部粗；前腹微鼓，后臀撅凸；下肢部位分大腿、小腿和髋、膝、踝关节。大腿近似圆柱体；小腿近似圆锥体；髋关节丰满；膝、踝关节呈骨感，需要活动余量。

西裙裁片分为前、后两片；西裤裁片分为前、后两对片；需要通过对西裙裁片、西裤裁片分别的"推"、"归"、"拔"熨烫使其符合人体小部躯干和下肢形体的主要特征。

（一）裤片"推"、"归"、"拔"烫

1."推"、"归"、"拔"熨烫裤前片

前裤片的归拔比较简单，可分三步进行：

（1）熨斗沿裤侧中缝进行熨烫

熨斗从上袋口处开始，经中裆向脚口方向熨烫。在臀围线胖势处做"归"直烫；左手拉住中裆侧缝部位略做"拔"伸烫；直烫至脚口并使裤脚侧缝较裤口中点向下倾斜。

（2）熨斗沿裤侧中缝进行熨烫

熨斗从腰口门里襟开始，经中裆向脚口方向熨烫。在肚围胖势处做"归"直烫；左手拉住中裆处的下裆缝略作"拔"伸烫；直烫至裤口（下脚），并使裤口（下脚）下裆缝较裤口中点向下倾斜。

（3）将"归"、"拔"后的前裤片对折熨烫

先将两缝（下裆缝和侧缝）摆齐，熨烫前片裤口（下脚）。在两缝的腿部边对应处略作"拔"伸烫，并使两缝的裤口点较裤口中点向下倾斜，使裤口线呈凹弧形。

2."推"、"归"、"拔"熨烫裤后片

（1）将省缝向后裆缝方向烫倒。熨斗从后省缝上口开始，至后裆缝；在后裆缝上部进行"归"缩烫；后裆缝下段龙门转弯处进行"拔"开烫。

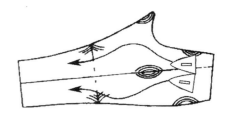

（2）熨斗从横裆线开始沿裤下裆线熨烫：在横裆线下 10 厘米处，将横丝绺伸长部分"归"拢、熨平。

然后熨斗压住裤片，捏住中裆，并向里拉，顺裆缝下行，把中裆以上部位丝绺伸长、"拔"开，接着左手移向脚口，熨斗向脚口处推烫，将下裆线基本烫成直线。

（3）熨斗从裤腰口处前方省道开始，顺裤线下烫，先将熨斗转向裤侧中缝，捏住裤侧中缝上中裆点向外拉出，将裤中缝上段"归"拢；同时熨斗向外后方"推"烫，使余量"推"烫到人体臀部。

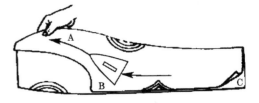

（4）然后熨斗从中裆略上处开始向下沿裤侧中缝稍做"拔"烫至脚口，左手配合熨斗移向脚口，并拉住固定。

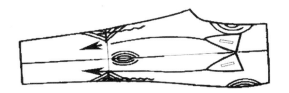

（5）将归拔后的裤片对折，两缝（下档缝和侧中缝）摆齐。熨斗从中档处开始，将臀部圆势"推"熨出来；接着按住两缝的裤口处，再次"拔"烫两缝下段，同时把小腿部圆势"推"熨出来。

（6）最后捏住裤口中点，朝下拉伸熨烫后片下裤脚，并使后裤脚口呈凸弧形。

3. 检验

（1）观察经过"推"、"归"、"拔"熨烫的裤前、后片各部位是否与人体臀部相符。

（2）若裤口脚处还不平齐，则继续"推"、"归"、"拔"熨烫裤前片烫迹线和下档线之间的部位，烫好后再将裤边对折。

（3）按照图示位置逐渐反复将臀部、小腿部熨烫平服、圆顺、丰满，若效果不理想时，可以把左手伸进去向外重复"推"烫。

（二）裙片"推"、"归"、"拔"烫

裙片的"推"、"归"较为简单。先将裙片各部位喷些水再行熨烫，所用的熨斗热度不需过高。

1. "推"、"归"、"拔"熨烫裙子前片

（1）先将裙子前片对折，使两侧缝对齐；

（2）熨斗从上腰处开始，向裙摆方向熨烫。在前腹部胖势处的两侧缝线做"归"直烫；

（3）同时，左手按住两侧缝线上的臀围线点，用熨斗"推"烫前腹围胖势；

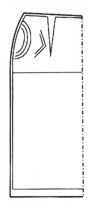

（4）打开对折线反复将前腹部熨烫平服、圆顺。

（5）熨烫裙子后片下摆，使其平整。

2. "推"、"归"、"拔"熨烫裙子后片

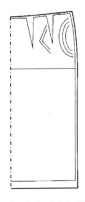

（1）先将裙子后片对折，使两侧缝对齐；

（2）熨斗从上腰处开始，向裙摆方向熨烫。在后臀部胖势处的两侧缝线做"归"直烫；

（3）同时，左手按住两侧缝线上的臀围线点用熨斗"推"烫后臀部胖势；

（4）打开对折线反复将后臀部熨烫平服、圆顺、丰满，若效果不理想时，可以把左手伸进去向外重复"推"烫。

（5）熨烫裙子前片下摆，使其平整。

3. 检验

（1）观察经过"推"、"归"、"拔"熨烫的裙前、后片各部位是否与人体的体型相符。

（2）裙片通过熨斗"推"、"归"、"拔"熨烫

以后要求前、后裙片的两边侧缝顺直,长度相等。

(3)裙子前、后片下摆平齐。

三、西服衣片"推"、"归"、"拔"熨烫

(一)前片"推"、"归"、"拔"熨烫

西服前片所对应的人体具有的主要特征:颈部下方的锁骨呈条形凸起状,而且锁骨周围有三角肌、大胸肌沟等结构,表面凹凸不平;胸大肌和脂肪形成胸部隆起,男女的胸部形状差异很大;两肋的骨骼和筋膜明显,肌肉薄,脂肪少;前腹部有腹直肌微突起,且容易有脂肪沉积;髋骨以及周围的臀大肌、脂肪较厚等。因此,西服前片所对应的人体形态是最复杂、丰富的。

如果服装前身片的对应部位需要合体,则必须使其形成复合曲面。在身片不做过多分割的条件下,只能通过对西服前身片的"推"、"归"、"拔"熨烫而实现其所对应的人体具有的主要形态特征。

1."推"、"归"、"拔"熨烫止口

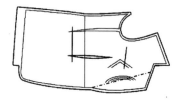

(1)先将衣片止口一边靠身放平,喷上细水花,熨斗从止口的胖势"推"向胸部;

(2)在驳口处加以"归"拢,把外边缘"归"平、烫正;

(3)在熨烫过程中,前腰节以下的止口丝缕要保持顺直。

2."推"、"归"、"拔"熨烫腰肋

(1)将止口部位靠自身一边摆,喷上细水花,熨斗从腰节处的直丝缕略向止口方向拉出"拔"开弹出0.3厘米;并在腰线部位腰省与肋省之间1/2处"归"拢;

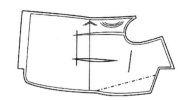

(2)熨斗再向中腰肋加以"归"拢,"归"到前腰省与肋省的1/2处,烫出腰部肋势。如果"归"烫不足,腰部与袋口部位易起涟形;

(3)将把缝腰节部位略"归"拢一下,同时将上把缝"归"拢,再"归"烫袖窿弯处。

3."推"、"归"、"拔"熨烫前袖窿

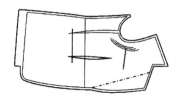

(1)把衣片调头,将侧把缝一边靠自身,喷上细水花,熨斗继续向上"推",以经过胸高点直丝缕为界,形成肋省上段至袖窿的弯势,并把直丝缕向腋下部位处"推"进;

(2)把袖窿处的直斜丝缕"归"拢,起到腰肋的布上部不下沉,止口不会偏移的作用;

(3)注意,在袖窿横丝缕处不宜"归"得太足,防止胸部过大,以及成型服装后丝缕复原,袖窿处起壳;

(4)把熨烫后的回势"归"正、烫平。

4."推"、"归"、"拔"熨烫胸部

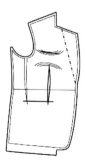

(1)按照图示的熨斗走向将前胸部"推"烫;

(2)熨斗自胸高点向驳头线处熨烫"归"

拢,反复动作多次,使驳口线"归"直,并将出现的松势"推"过前胸中心位置,使胸部隆起。以经过胸高点横丝缕为界,从上、下两个方向把胸部胖势烫圆顺;

(3)胸部不宜"推"得过大,因为若"推"得过大,胸部部位容易起壳、发空。

5."推"、"归"、"拔"熨烫驳头

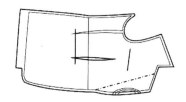

(1)熨斗从止口的胖势"推"向胸部;

(2)同时在驳口处加以"归"拢,把外边缘"归"平、烫正;

(3)将驳头摆在布馒头上,用牵条敷放、固烫在驳口线处,使中间烫成弹型(即凸型),把驳口线驳到第一粒纽眼位时,在1/3处(上段)烫服定型。

6."推"、"归"、"拔"熨烫把缝

(1)将侧把缝的横、直丝道摆正,喷上细水花,用左手拉住把缝的中腰点,熨斗将腰节的下段部位加以"归"拢;

(2)把胖势"推"到中间处,满足盆骨处的胖势,也能达到把缝顺直的效果。

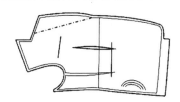

7."推"、"归"、"拔"熨烫下摆边

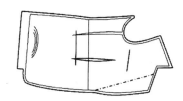

(1)将下摆边靠身放平,摆正横直丝道,喷上细水花,熨斗从左向右,再从右向左"归"直下摆边弧线;

(2)顺势将松势"推"向大袋中间。

8."推"、"归"、"拔"熨烫口袋

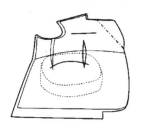

(1)"归"烫好下摆边后,将大袋放在布馒头上,烫出圆势;

(2)将手巾袋放在布馒头上,采取同样方法烫出圆势。

9."推"、"归"、"拔"熨烫肩缝

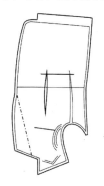

(1)将肩缝部位靠自身一边,将在肩缝的里肩缝横丝缕略微"拔"开,"归"向靠袖窿、前胸部,使肩缝的外口形成翘势,以适应外肩冲肩的需要;

(2)肩缝内端的直丝向外弹出0.5厘米,注意保持领圈的斜势,不得烫回;

(3)最后把肩缝外端袖窿直丝绺略向上"拔"拉,肩头横纱向下"推"至胸部;

肩缝经过"归""拔"操作有两大优点,一是穿在人体上感到肩部外端舒适,不押肩头;二是保持了里肩缝横、直丝正直,不起涟。

10."推"门

(1)"推"门是整个前片"推"、"归"、"拔"熨烫的总称,也是最后一道综合的调整和确认工序;

(2)最后再将以上十个部位检查一遍,主要检查前衣片的横、直丝缕、胸部胖势、腰部

肋势等是否符合要求,如有不足之处再进行补烫。

(二)后片"推"、"归"、"拔"熨烫

人体的两肩呈对称倾斜状,两侧肩胛骨凸起,背中则呈凹形。虽然在剪裁后衣片时已经针对以上因素采取了背中缝的困势倾斜及肩缝的斜度处理,但是为了充分适合背部的结构,必须运用"推"、"归"、"拔"熨烫工艺弥补。

注意西服左、右后片获得对称的熨烫效果。

1."推"、"归"、"拔"熨烫背缝

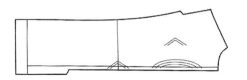

(1)首先将后背缝部位把背上段外弧线"归"成直线,胖势"推"向背部;

(2)"拔"开背缝中段,熨斗压烫宽度不足1/2腰线;

(3)在背缝腰节下的背叉部位,用电熨斗把横直丝缕"归"正烫直。

2."推"、"归"、"拔"熨烫后袖窿

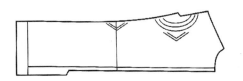

(1)将侧把缝靠向自身,在后袖窿部分,即从肩头向下至1/2上腰部这段直丝缕"归"拢;

(2)同时将胖势"推"向肩胛骨处,要推匀、推顺。

3."推"、"归"、"拔"熨烫侧把缝

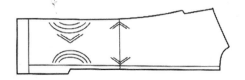

(1)将侧把缝上段的"肋势"往外"推"直"归"烫,熨斗压烫宽度到1/2处。保持后片腰肋清晰;

(2)"拔"烫侧把缝中段腰节处;同时向斜上方、斜下方"推"出背部和臀部"胖势"并使侧把缝烫成直线;

(3)"归"烫侧把缝下段,使侧把缝上部方登,下部顺直。

4."推"、"归"、"拔"熨烫后肩头

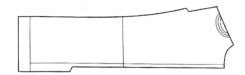

(1)将肩头横丝缕向肩胛处"推";

(2)后袖窿1/2处的直丝缕向外肩上端提0.5厘米,将肩缝产生的回势"归"拢;

(3)同时,将后领圈丝缕归正。

5.劈烫后背缝确定肩胛、臀部胖势

(1)将后背缝劈烫平实,熨斗不超过左右背片的1/2宽度。

(2)在劈烫背缝的同时,将胖势在肩胛和臀部自然确定。

(三)领片"推"、"归"、"拔"熨烫

西服领片对应人体脖颈部位,脖颈的上窄、下宽是形体主要特征。西服领需要符合脖颈和运动特征,并且需要根据结构做"拔"多"归"熨烫。

西服领片的熨烫以少"拔"多"归"为原则。

1."推"、"归"、"拔"熨烫领里

牵带

(1)先用水在衬面上喷湿,在领里口(领脚)弧线处"拔"烫,使领里口(领脚)凹势归"拔"直,注意只"拔"烫领里口(领脚)中央弧线处,两端不"拔";在"里口"肩颈部位对应处

则要稍"归";

（2）然后沿领子折线将领里折转烫倒，使领脚宽 2.5 厘米；同时将领"外口"肩颈部位对应处略"拔"开些，"里口"肩颈部位对应处再"归"拢；

（3）边烫边在两端肩缝处 6 厘米左右一段所对应的领里口（领脚）中央弧线处（即绱领时须折进的一段）"归"拢，使领"外口"（领头）逐步"归"成弯状，倒凹的程度为 2.5 厘米，同时不使外领口拉紧。在"拔"的同时要注意样式为直领脚不能过分"拔"开，熨烫后要求左、右两面弧形弯度、直领脚的平翘程度完全相同；

（4）最后将领里翻过来在布料面熨烫平服；

（5）领子"归"熨烫定位：用直、斜粘合衬牵带将领里"归"缩成图示形状，"归"缩量约 1 厘米；牵带位置离领中线下口约 0.3 厘米。操作时一边拉紧粘合衬牵带，一般用熨斗将牵带和领衬粘合成一体（直斜粘合衬牵带自制法：先在直料上做 15 厘米长的线段，然后在线端点垂直作 1.5 厘米的线段，连接两端点，按此角度剪成宽度 0.8 厘米的条子，即为直斜料粘合衬）。

2. "推"、"归"、"拔"熨烫领面

双层

（1）将领"里口"拉（稍"拔"）成直线熨烫，注意熨斗在领面上不能超过领面折线；

（2）因为拉成直线熨烫产生的余量"推"向并集中在领面"中口"线处（即领面折线），在领"里口"拉成直线熨烫的同时将此余量"归"缩熨烫；

（3）"归"缩熨烫的同时不要使领面"外口""拔"开。并且保持领面"外口"的形状；

（4）领"中口"线"归"烫收缩量约 1 厘米；

（5）最后将领面按净样折光，如图示形状。

初学者如无法将领中线归缩，可先用棉线在领中线处抽缩，然后再用熨斗归烫，可保证一次成功。

（四）袖片"推"、"归"、"拔"熨烫

西服袖片对应人体上肢，即大臂、小臂和肩、肘、腕关节等部位，大臂呈圆柱体；小臂呈圆锥体；肩关节丰满；肘关节、腕关节呈骨感，需要活动余量。

西服袖片分大、小两片，需要通过对西服袖大、小袖片分别地"推"、"归"、"拔"熨烫，使其符合人体上肢形体主要特征。

1. "推"、"归"、"拔"熨烫小袖片

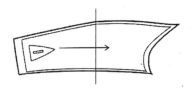

把小袖片摆平，袖内缝靠近自身。熨斗平稳地熨烫，使丝缕保持顺直，四周边缘平服。

2. "推"、"归"、"拔"熨烫大袖片

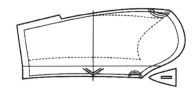

把大袖片摆平，袖内缝靠近自身。用熨斗"拔"烫内缝中间部位；然后从中间分别向两边熨烫，大袖片内缝烫成直线。"拔"烫大袖片内缝时，熨斗只能烫 3 厘米宽。

3. 内袖缝熨烫

（1）分烫内袖缝时，先将袖小片靠自身。

袖小片摆平，袖大片宽松地叠合，喷上细

水花,把内袖缝子烫分开,边分边烫开袖子的弯势(注意,内袖缝上段8厘米处,缝子不能烫回)。袖小片袖肘处向里弹出。

(2)熨斗自下向上,把直丝缕向上伸开,"归"向袖小片的弧线处,使袖小片的直丝缕缩短。然后再把袖片的回势"归"向袖大片偏袖线,把缝子烫实。

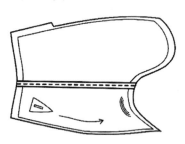

(3)袖片调头,袖大片靠自身,摆准喷上水花;把袖大片的回势"归"平,丝缕烫直。

"归"烫好后,袖大片的底边长用白粉根据丝钉划好。大、小袖片以偏袖线为准,正面覆合,袖子就成弯形了。

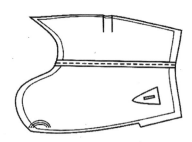

(4)最后袖大片底边线粉印敲在袖小片上,大小袖分开,以粉印折转烫倒,把贴边烫实。

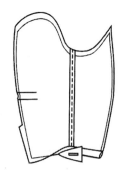

4. 外袖缝熨烫

(1)先在小袖片的袖开叉止点上方2厘米处打剪口,剪口端头距缉线不足0.3厘

米,然后把外袖缝劈开,烫实。

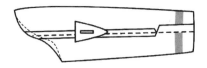

(2)根据袖口大小,将袖小片的袖叉处折向大袖片,将倒缝烫实定型。并以偏袖线钉为准摆放平整,把大小袖片的外袖缝烫顺。

5. 夹袖里布的熨烫

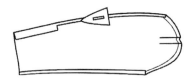

(1)将里布的外袖缝向大袖片座倒,折烫;

(2)将里布的里袖缝向大袖片座倒,折转烫平。

(五)敷放马鬃胸衬"推"、"归"、"拔"熨烫

在西服传统制作工艺中,为了造型的需要,在西服前片内敷放马鬃衬是十分有效的。敷放马鬃衬的过程必须进行规范的"推"、"归"、"拔"熨烫。

使用其他材料,如腊线衬做胸部的"推"、"归"、"拔"、熨烫的方法与马鬃衬相同。

1."推"、"归"、"拔"熨烫马鬃胸衬的门襟止口上段及胸部

(1)将马鬃衬摆平,门襟止口一侧靠近自身。先马鬃衬衫先刷、喷水渗透,然后从右下角起烫,由里向外"推"烫出胸部的胖势,同时"归"烫门襟止口;

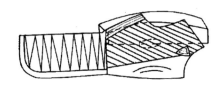

(2)或者将马鬃衬摆平,袖窿的弯势一侧

靠近自身。先马鬃衬衫先刷、喷水渗透,然后从右下角起烫,由外向里"推"烫出胸部的胖势,同时"归"烫门襟止口。

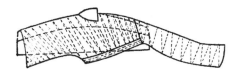

2."推"、"归"、"拔"熨烫马鬃胸衬的袖窿弯及胸部

先用左手拉弯左下角部位的丝缕,自里向外"推"烫出胸部的胖势,同时"归"拢衬袖窿的弯势一侧的边丝。

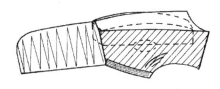

3."推"、"归"、"拔"熨烫马鬃胸衬的中腰线及胸部

将马鬃衬转90度,中腰线靠近自身。用熨斗左"推"烫出胸部的胖势,同时将中腰线"归"烫直。

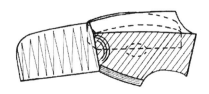

4."推"、"归"、"拔"熨烫马鬃胸衬的止口下段

从中腰线以下施行平烫定型,稍"归"拢止口一侧的边丝;再将衬布内边缘侧稍加归拢,进一步塑造腹部形态。

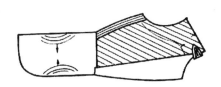

5."推"、"归"、"拔"熨烫马鬃胸衬的肩线及胸部

将马鬃衬肩线一侧靠近自身,略"拔"烫肩线止点,然后"推"烫出胸部的胖势。

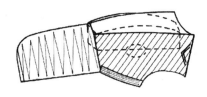

6."推"、"归"、"拔"熨烫马鬃胸衬的胸部及下腹部

(1)把胸高点部位进一步熨烫圆顺,将四周再次"归"紧,烫压薄、烫压坚固,使胸部饱满圆顺;

(2)将下腹部位烫成略满出的胖势,这样能促使腰部自然肋进,门襟下角自然勾进。

7.全面熨烫及检验

(1)马鬃衬的四边均如此法制作;

(2)把推、归、拔、烫后的马鬃衬放在平台上,要求胸部高为5厘米左右。肩线一段及中腰线以下部分可以放平。

(六)垫肩"归"、"拔"熨烫

1.垫肩放在工作台上,弓形的里面喷上水,以小肩线为界,分两次把小肩线的弓形里面两边熨烫平服。烫时一手持熨斗,一手捏住另一头角,"归"烫位于肩线的一边,"拔"烫另外两边,使垫肩保持弓形。

2.借助布馒头凳或工作台的边沿,在弓形的外面也以小肩线为界,喷上水后,分两次把小肩线的弓形外面两边分别熨烫平服。

3.将垫肩里外口"拔"开,"归"向中间,使垫肩外口形成翘势,与大身的翘势相符。

第三节 服装缝制中敷粘合衬熨烫

一、粘合衬布烫贴技术要素

（一）粘合衬布烫贴控制因素

使用熨斗烫贴粘合衬时，首先将粘合衬片的涂敷面贴在裁片的反面的相应位置上。然后严格按照衬布与面料的粘接要求做到熨烫温度、压力、时间和冷却等条件的最佳调整，并且正确进行烫贴。

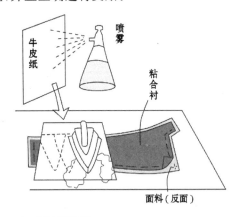

1. 温度控制

当温度过低时会导致粘合衬的粘接力不足，而温度过高时又会导致树脂剂过分熔化，使粘合剂透出于面料表面并且造成面料过硬。在正式烫贴之前最好进行实际试验看其效果，以掌握粘合衬的适应温度。

2. 压力控制

对于遇热即熔的粘合剂，只用较轻压力即可实现衬与面料的粘接，而对于较难熔的粘合剂，则必须加以较强的压力，否则不易使衬粘合于面料之上。实现压力的方法是烫合中不要使熨斗轻轻滑动地熨烫，而要使用自己的体重适当地压在熨斗上，压烫一处，再将熨斗提起来移动至下一处压烫，每移动一次的位置均要与上次位置衔接好。

3. 时间控制

熨斗使粘合剂充分熔化的必要时间是根据熨斗的温度、压力的不同而有所区别的。但是，熨斗在一处的熨烫为 10 秒钟左右是熨烫的必要时间。

4. 冷却控制

在熨斗的热度将粘合衬之粘合剂充分熔化之后便马上移动地方的做法其最终效果并不是最佳的，因为粘合剂在边熔化边冷却的过程中，会逐渐变硬挺，所以粘合剂的热与冷形成平衡的状态是最佳状态。

（二）粘合衬布烫贴注意事项

1. 使用喷气熨斗易实现粘接

使用喷气熨斗可以迅速地将树脂粘合剂熔化，并且很容易地实现衬布与面料的粘接。

2. 避免不必要熨烫和不正确修整

将粘合衬与面料熨烫的粘接后，如果不需要再做熨烫时，则不要将熨斗再次放到已冷却的地方去，不要将其来回移动造成粘合剂一会儿冷、一会儿热，要避免这种不必要的熨烫和不正确的修整。

3. 熨烫台要平整

当发现面料和衬布的铺放状态不适合平面熨烫时，可以借助工具熨烫。例如，西服领尖以及厚面料的西服驳头、驳头翻折线和门襟止口线处的粘合衬与面料做粘合时，必须垫好"袖馒头"再行熨烫才是正确的熨烫方法。如此烫贴的衬布止口线平直，驳口线饱满，而且不影响胸片形状。

4. 清理与铺放

用熨斗做粘合之前需将面料表面的"线钉"拔掉，将布屑清理干净，整理好丝道，然后在面料的背面放好粘合衬，注意将衬与面料裁片的相应位置对齐、铺放平整。必要时需弥补垫平措施。

5. 垫牛皮纸

如果熨斗是不带喷气功能的,若希望粘合衬与面料实现良好粘接,可以用牛皮纸垫在熨斗下面,并在牛皮纸表面吹上水雾再行熨烫。如果在粘合衬上不垫纸熨烫,熨斗底很容易被衬布的粘合剂弄脏。

6. 温度、压力要均匀

为了防止收缩和面料粘衬部位的表面不美观,熨烫时使用熨斗的温度和压力要均匀。

7. 谨防变色

当粘合衬与很薄的面料或者布纹很粗挺的面料相粘接时,要不时地观察熨斗下方面料是否会出现变色,要认真确认、谨慎行事。

8. 事先用余料做粘接试验

粘合衬在面料上一次粘接失败后则无法作简单的修正了。此时,如果粘合剂仍是热的处于未完全冷却的状态,可以将衬布从面料上撕开、另裁衬布烫合。但是,在撕开衬布的面料上肯定残留一些粘合剂,而且在撕衬布时面料也会被拉伸变长,从而影响面料表面的美观。所以,一定要事先用剩余面料做粘接衬布的试验,待确定可以收到满意的粘接效果后,再于实物上正式进行操作。

9. 粘合衬厚度与面料相适应

当粘合衬的厚度不足时,可以再补充一片粘合衬以使其厚度与面料相适应,与设计造型的要求相符合。

10. 顺序移动、不留空当

熨斗在粘合衬与面料粘牢后必须顺序移动,移动时注意不要留空当。粘衬后要保持衣片的平整,将其平展置放,直至温度冷却。完全冷却后还需要查看粘合衬是否贴得均匀、牢固,若有不合格部分,应该重新熨烫粘贴。

二、衣片粘合衬烫贴部位与程序

(一)西服敷放粘合衬位置及操作要点

1. 前胸、门襟、门襟贴边的敷衬

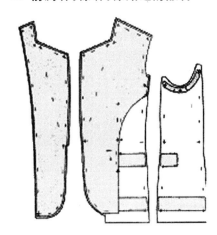

在西服上敷放的粘合衬,主要的部位是前胸、门襟、门襟贴边反面,以使前片的造型挺括。为了定型,在前后身片还需要局部敷衬。例如,下摆边、袖窿边和袋口位置。

为了加强袋口的牢固程度,西服的敷衬部位及面积可以加大。例如,前片满敷衬,在侧片上从袋口上方2厘米至下摆线处均敷衬。

在西服前片和门襟贴边处敷衬时,都必须垫袖馒头烫贴,这种方法才能够使驳头自然翻折、止口整齐不逊(不松弛)。

还有一种在后片敷放衬布的方法,即将肩背部的粘合衬烫贴在裁片反面,再于衬布边缘车缝明线固定。此时,衬布边缘需留出1.5厘米缝边。下摆的衬布也可以不敷放在摆线之上,而是烫贴在下摆贴边反面。

2. 袖口、开衩的敷衬

袖口、开衩需要敷衬。烫贴粘合衬之前,需将裁片放置平整,衬布一一对应然后再行烫贴。大袖片的侧缝袖衩处的衬布需要加宽。

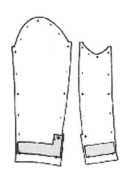

3. 领面和领里的敷衬

（1）为了使西服领的领座挺实，可以在领面和领里反面敷衬，并且在领座部分增加一层衬布。

（2）在领面反面敷放衬布时，必须使用"袖馒头"。使领角处烫出涌势。

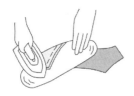

4. 口袋布、袋口边的敷衬

袋口边反面满敷衬，口袋布反面的袋口边部位加衬。

5. 后片的敷衬

（1）后片下摆线部位的衬布需要加宽；衣身后片领口、袖隆和肩线处的衬布应该连为一体。

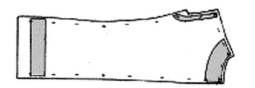

6. 其他敷衬方法

（1）因西服类别不同而需要采用不同的敷衬方法。

当西服风格较为正规，或者面料较软、薄时，可以将敷衬的宽度加大，位置也略有变化。

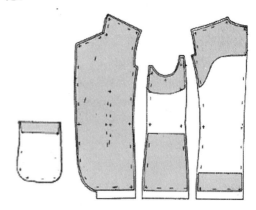

（2）风格较为休闲的西服，后身下摆衬布也可以敷放在贴边上。

（二）门襟部位衬布烫贴

1. 需要绱缝门襟的粘合衬烫贴要点

（1）在门襟贴边反面烫贴一层粘合衬布；

（2）衬布的前边缘和领口缝边比贴边缝边略窄些；

（3）需要在烫贴好粘合衬后将贴边的里侧边缘做锁边处理；

（4）烫贴衬布时一定要注意将贴边的前边缘线摆放正直。

2. 男式普通衬衫门襟的粘合衬烫贴要点

（1）在男式普通衬衫门襟贴边的反面烫贴粘合衬时，需使粘合衬布内边缘与身片止口线平齐；

（2）衣片的外翻边也要烫贴粘合衬，衬布的宽度与外翻边完成的宽度相等。先将粘合衬烫贴在裁片的反面，然后再翻到裁片表面。

3. 连门襟（无需绱缝）缝制中的即时熨烫

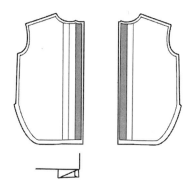

（1）首先在门襟的里贴边处垫水布、加蒸汽，将所有的车缝线及缝边熨烫平整。熨烫前将领窝处的缝边剪出小口；

（2）沿止口的车缝线将贴边一侧的缝边折回、烫倒。熨烫时，要充分注意掌握好熨斗的温度；

（3）将贴边附近的领窝缝边等曲线劈缝熨烫。熨烫时，要用双手扶持，分小段熨烫，以防止领窝线伸长，必须保持身片与领贴边丝道位置不变；

（4）将门襟贴边翻过来，用斜针手缝固定后再连续熨烫。熨烫时把门襟部位呈直线摆放在馒头上，垫上水布加蒸汽压将其烫板整；

（5）当衣服的面料较厚时，要用蒸汽熨斗熨烫充分，并在熨烫过程中及时使用压烫板压实，使熨烫中的残余水分被压烫板完全吸收，以免熨烫极光的产生。

（三）驳头部位衬布烫贴

1. 把粘合衬按照上衣门襟、驳头的形状裁好，并且用蒸汽熨斗将其与裁片的反面烫合，然后将驳头反面朝上，置于拱形板上，垫水布、压实。

2. 将驳头按照翻折线折好，把袖馒头垫在驳头下方，归烫驳头边缘；一般还需在驳头四周边缘处用粘合牵条烫贴定型。

3. 将驳头的尖部归烫出自然窝势。

（四）领子部位衬布烫贴

1. 男式普通衬衫领的粘合衬烫贴要点

（1）男式普通衬衫领的领面反面和底领的领面反面均需烫贴粘合衬；

（2）粘合衬布的裁剪形式要留有缝边；

（3）为了绱领方便，可将底领的绱缝线处两端的衬布剪去小角；

（4）如果衬布和面料均很薄，则应该在上领和底领的领里反面也同样烫贴衬布；

（5）如果衬衫的面料较厚时，领子的上领和底领、袖头的衬布要裁成外边缘不留缝边的形式，即只有上领的里口、底领的下口和袖头里的绱缝线处留有窄缝边，其余的边缘线均与净纸型一致，不留缝边。

2. 无领形上衣领口的粘合衬烫贴要点

（1）无领形上衣的领口贴边反面需要烫贴粘合衬；

（2）为了方领口的拐角处牢固、不变形，也应该在缝合好前、后身片之后，在领口拐角处烫贴一小块粘合衬；

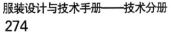

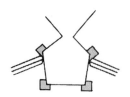

（3）先将前后身片缝合后劈缝，再按照前、后身领口、袖窿形状裁剪出等宽的牵条来，在反面烫贴。

（五）口袋部位衬布烫贴

1. 男式普通衬衫袋口的粘合衬烫贴要点

男式普通衬衫袋口的衬布烫贴在袋口贴边反面，一侧边缘与袋口贴边外边缘平齐，从正面锁边处理；另一侧与袋口线边平齐。

2. 口袋盖的粘合衬烫贴要点

口袋盖面的反面需附满衬，粘合衬的尺寸与口袋盖的最终缝制尺寸相等。

3. 裤子插口袋兜口的粘合衬烫贴要点

裤子袋口容易拉长、变形，因此必须在袋口缝边反面烫贴一条宽 2 厘米的粘合衬牵条。

4. 裙子侧缝插袋袋口的粘合衬烫贴要点

在裙子前片的袋口缝边处要烫贴一条粘合衬条，衬条的两端需要超过袋口两端点 1 厘米。烫合的衬条边缘与袋口印记吻合。粘合衬条的作用是防止袋口在经常使用时被拉伸变形。

（六）袖子部位衬布烫贴

1. 男式普通衬衫袖头的粘合衬烫贴要点

（1）男式普通衬衫袖头的面布、里布反面均要烫贴粘合衬，以使得袖头做成后挺括、大方；

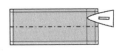

（2）开错处的粘合衬布也是必要的；搭门和大襟外翻片上均要烫粘合衬布。

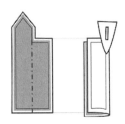

2. 两片式制服袖袖口的粘合衬烫贴要点

两片式制服袖一般为典型的合身型袖，袖口的挺括定型十分重要，因此在高档服装的制服袖袖口需要烫贴粘合衬。袖口的粘合衬可以烫贴在袖口面料反面，也可以烫贴在贴边内。

将粘合衬裁成 3 厘米宽条状，平敷于大袖片的袖口，使衬边与袖口边平齐、烫贴。

大袖片的外侧缝下端钉袖扣处也需要挺括定型，因此同样需要烫贴粘合衬。

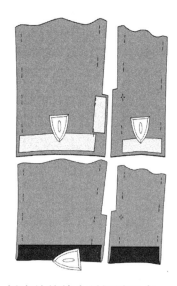

3. 插肩袖的粘合衬烫贴要点

（1）插肩袖的前身片门襟及贴边反面需要烫贴粘合衬；

（2）袖后身片的领口下面7厘米处需要敷衬；

（3）在前、后袖片的肩头处也需要敷衬；

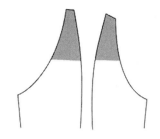

（4）剪衬布时，宽度不可超出乳点的位置；

（5）在前身片与前袖片的缝合处的衬布要求宽度一致；

（6）肩部的袖片上的粘合衬布要超过肩点2厘米；

（7）后片领窝的衬布可以窄些，即后身片与后袖片的缝合处的衬布是不等宽的。

（七）裤腰部位衬布烫贴

1. 裤腰头衬的粘合衬烫贴要点

（1）位于裤子左右两侧腰头上敷放的粘合衬的后端需要各放出备缝3.3厘米，腰头上口宽度加放1厘米；

（2）右侧腰衬的前端为里襟。因此，还需放出里襟的叠压宽度2.3厘米。

2. 裤子前"门刀"开口的粘合衬烫贴要点

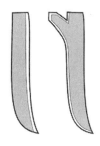

（1）在裤子前"门刀"开口处烫贴粘合衬，起到了板整、定型的作用，同时方便了缝制，而且使裤子前"门刀"开口更加坚固耐拉抻。

（2）在裤子前开口"门刀"布裁片有5片，需要烫贴粘合衬的裁片最少有3片，即大襟2片（紧贴裤子前片的贴边裁片和锁眼"门刀"的上片）和底襟1片（钉扣"门刀"的下片）。

如果面料薄，需要烫贴粘合衬的裁片可以增加。

（3）开口"门刀"的粘合衬一般只留一侧缝边，即内弧形缝边；粘合衬的外弧边缘一侧不留缝头。

（4）烫贴粘合衬时必须找准布料丝道；为

了使"门刀"形状准确、美观,可以先裁出粘合衬,并且烫贴到适合的面料上,然后再仔细裁剪出裤子前开口"门刀"布裁片。

(八)各种细部衬布烫贴

1. 钉扣部位的粘合衬烫贴要点

在面料比较薄的服装上钉扣时,为了起到加固作用,可在面料反面钉扣位置敷衬,衬

布大小为 1 厘米×39 厘米。

2. 扣眼部位的粘合衬烫贴要点

为了起到加固作用,在锁眼的位置也可敷衬。粘和衬敷放在衣片反面,敷的大小随扣眼而定,需要超过扣眼尺寸。

3. 绣花部位的粘合衬烫贴要点

服装面料的绣花部分的反面一般都附衬,以加强绣花针眼部位面料的厚度。

第四节　服装缝制过程中即时熨烫

缝制中的即时熨烫即服装未完成之前的缝制过程中的熨烫,包括对缝纫后的衣缝烫开、分缝;或待缝制的衣缝折转、烫倒、扣缝等。缝制中的即时熨烫需要熟练地运用各种熨烫手法,根据不同衣片、部件的规格要求烫服定型。

一、西服部位缝制中即时熨烫

(一)省道缝制中即时熨烫

1. 省道的熨烫原则

(1)省道的熨烫一定要从省尖起烫,这样烫省尖端不会产生宽余份。

(2)熨烫之前必须检查省道的缝线是否平顺,缝纫的"上、下线"是否平衡。如果发现缉好的省尖有线迹被拉宽的现象,可将缝纫"底线"稍抽紧些,直至不宽不紧为止。

(3)熨烫省道要考虑到各部位的造型特点,确保省道部位的线形效果。

(4)熨烫时先用熨斗轻度干烫,再用刷子均匀地渍水熨烫,压力可由小逐步加大;熨温由温到热,逐步加温,切忌熨温过高。

(5)先后渍水熨烫 3~4 次,反复试烫,方可逐步加温加力定形烫平。直至拭干烫煞为

止。

2. 省道的"倒缝"熨烫

(1)烫省时,先将衣片按缝线折起,在缉好的省肚转弯处用热熨斗"拔"直;

(2)再将衣片的缝省处放置在圆形馒头上熨烫,将省道倒向一侧熨烫平整;

(3)省道的倒向根据其在衣服上的位置而定。在肩和前后身片上的省道倒向身体的中心线一方;在腋下侧缝处的省道向上方倒。

3. 省道的"劈缝"熨烫之一

(1)先将衣片按缝线折起,在缉好的省肚转弯处用热熨斗"拔"直;

(2)然后沿省道折线印迹剪开,省道两端头不剪;

(3)劈烫省道;

(4)劈烫省道尖端时需要仔细观察,要用针尾戳开省尖尖端,等熨烫定形后方可拔去戳针。

4. 省道的"劈缝"熨烫之二

另外一种省道的"劈缝"熨烫是不必以剪开省道为特征的"劈缝"熨烫,这种工艺只适合在较薄面料服装上使用。

（1）先将余料剪成比省道略长、比省道略宽的条状；

（2）车缝省道时将条状余料垫在省道下面，使余料垫条纵向中心线处于省道车缝下方，并与之相吻合；

（3）车缝省道并使条状余料垫缝在省道下面；

（4）将衣片按缝线折起，在缉好的省肚转弯处用热熨斗"拔"直，并且"拔"直垫缝在省道的条状余料；

（5）沿省道的车缝线将省道与下面的布条分开，并且"劈缝"；

（6）在正面省道处垫水布，用蒸汽熨斗熨烫。

（二）背缝和开叉缝制中即时熨烫

1. 西服背缝缝制中的即时熨烫

（1）先将双层背缝的中腰处略为"拔"伸开，如果西服为大收腰样式，需要在把背缝的中腰处剪出一个眼刀，以利于"拔"烫；

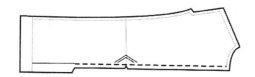

（2）从反面分缝"劈烫"背缝，分烫时下垫弓形烫木；

（3）从正面垫水布将背缝熨烫平实；

（4）将胖势推向两边的肩胛骨处烫匀。将左、右后身片侧边缘折向后背缝，稍重叠。

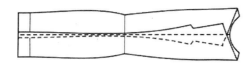

2. 西服开叉缝制中的即时熨烫

（1）在西服背缝或侧缝开叉里襟上面斜向剪出一个眼刀，眼刀尖部位置必须正好对准缝线结子的线跟。

将开叉的大襟折边折烫。里襟便随之倒向大襟折边的下面；

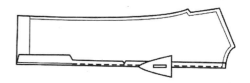

（2）最后把前衣片面朝上，垫水布将开叉熨烫服帖；

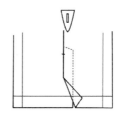

（3）熨烫时将衣摆放在熨烫台的一边，贴边一面朝上，用左手的食指和拇指捏住缝头或底边，右手用熨斗从摆边向衣片方向推着熨烫。

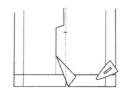

（三）肩缝缝制中即时熨烫

1. 熨烫特定条件

此处，肩缝缝制中的即时熨烫特指敷放了马尾鬃衬或麻衬，而且有里布的服装肩缝缝制中的即时熨烫。

2. 肩缝缝制中的熨烫

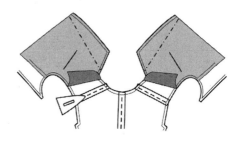

（1）先劈缝熨烫前后片肩线缝边；

（2）再使衬布与肩缝平服相叠，并且将其衣面朝上平放在烫凳上熨烫服帖；

（3）然后使用白棉线沿着肩缝以大针码漏落针将衣片肩缝与衬布做临时扎缝固定；

（4）撩起衣后片，露出衣后片缝边，沿着肩缝线以倒针缝缝做正式固定；

（5）最后，把前衣片肩部与衬临时扎牢固定的扎线抽去熨烫服帖。

（四）袖边、绱袖缝制中即时熨烫

1. 西服袖口边缝制中的即时熨烫

（1）把袖里和袖面反面叠合；

（2）按袖口贴边阔 3.3 厘米熨烫平服，并且缲缝；

（3）将袖口夹里离开袖口边 2 厘米折光，并且使用棉线大针码绷缝固定，绷缝线距离夹里折 1 厘米；

（4）掀开袖里布折光边，离开折光边 0.5 厘米缲缝，使袖夹里布稍有座势。

垫上袖"馒头"将袖夹里布折边定齐烫平。

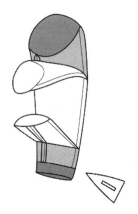

2. 缝袖开叉缝制中的即时熨烫

缝袖开叉有两种形式：一种是直条型；另一种是琵琶头型。这里介绍的是后者。

有些半开襟式的套衫也可用这种开叉形式，但贴边尺寸须按实际需要放大。

（1）在制作前，先将大、小袖叉料烫好，大袖叉即大襟片，小袖叉是里襟片；

（2）烫时先将袖料对折，下层比上层宽 0.2 厘米；

（3）然后采用"闷缝"的方法，在正面沿边

缘 0.1 厘米连同反面（即下层）一起缝牢，袖片要夹在袖叉料的中间。

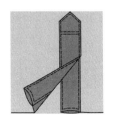

3. 西服绱袖缝制中的即时熨烫

（1）将袖片的袖山部分的抽褶处套在烫凳上；

（2）垫上水布干烫，熨烫时要使用熨斗的尖部，将袖山烫好一段，转动一点，逐渐完成；

（3）熨烫时为了使抽褶自然，熨斗在袖山边缘压烫的位置要浅，无抽褶处不要被熨斗压烫；所垫用的水布要厚些，必要时应该使用两层水布；

（4）身片与袖片绱缝在一起后，要再次刷水，用熨斗尖沿着绱缝线在袖片的一侧做浅压熨烫。熨烫时要将身片与合袖片摆放平顺；熨烫局部要保证平整；熨烫也要一小段、一小段地进行。

4. 西服里布缝制中的即时熨烫要领

（1）在西服里布后背中心线做车缝的线迹位置如图中粗线所示，里布在后背中心上部的余分十分必要。

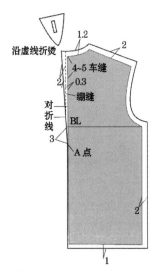

（2）车缝后，需用熨斗做"倒缝"熨烫，即将两片缝头倒向一侧、烫平。"倒缝"时必须将留出的所有余分烫折在倒缝里。图中后背中心线处的细实线为熨烫"倒缝"的位置。

摆边时，使用硬纸样可以省力而且效果很好等。

二、裙子、里布缝制中即时熨烫

（一）裙子缝制中即时熨烫

1. 抽褶裙缝制中的抽褶部分的即时熨烫

（1）在布料的抽褶完成之后，裙子未缝成桶状、未缲缝腰头之前，必须用熨斗将抽褶线处的褶根烫实，以使抽出的碎褶定位。

（2）在熨烫时借助一片小纸，则可以免去可能出现的褶子移位的麻烦。用一块牛皮纸剪成矩形，并将其放在抽褶线处，使一侧边缘线与处于最下面一道抽褶线对齐。再用熨斗压在牛皮纸上熨烫。如此熨烫，可以从容地掌握熨烫时间，而且熨斗不直接在抽褶线上移动，可以避免在熨烫过程中褶子被推压、移位现象。

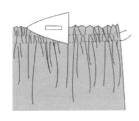

（3）将抽褶部分以下的衣片熨烫平整。

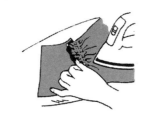

（4）用左手拉住抽褶处，右手握熨斗将熨斗尖插到抽褶内深入熨烫。熨烫时，必须将熨斗尖探到抽褶的线根处，以不压倒褶为原则。

2. 太阳裙缝制中下摆部分的即时熨烫

（1）太阳裙的下摆呈圆形，角度很大，而且有横丝道，有直丝道，还有斜丝道，折边的熨烫属于曲线折烫，其难度很大。

（2）曲线形折烫缝边的熨烫要点是解决外弧线较折后落贴处过长的问题。与直线形折烫缝边不同，太阳裙的下摆折边窄些，以缩小内外弧线的尺寸差。

（3）熨烫时先将下摆外弧线用包缝机包缝，或用细线平针缝少许抽褶，然后再行熨烫。

（4）为了使贴边准确、等宽，熨烫时需要借助"水线"完成。即用双手抻开沾水的棉线沿着贴边折线一小段、一小段地压湿出准确的印迹，然后及时用熨斗按照"水线"印迹熨烫。如此熨烫的折边被压得很实；熨烫到曲线角度较大处时，一定要用熨斗尖一小段、一小段完成。每烫一处，熨斗所消化掉的贴边松量要平均，不可以集中一处导致褶纹出现。

（二）裙子里布缝制中即时熨烫

1. 车缝留出余份

裙子里布的省道缝线位置要在画线的基础上向外侧移出 0.1~0.2 厘米，作为留出余分。

0.1~0.2 厘米

2. 适应身体动作的手针缲缝

因为身体做动作的需要，裙子里布的弹性补充量还需要从针脚处做出，当里布被横向拉伸时，每一个针脚处会自然裂开成为小小的开口，这就是要用手针做粗缝缲缝的原因。

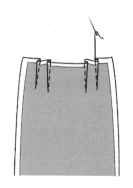

3. 里布省道倒向与面布裙省相反

当用熨斗熨烫省道时,省道应该倒向与面布上相对应的省道的相反方向,这样可以使省道的厚度不会集中地重叠于一处,从省道缝线向两边分散以便使裙子表面更平整些。

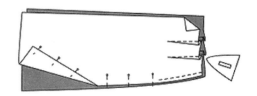

4. 里布下摆折边熨烫的借助工具

将里布的下摆边折成三折光边时,要想折得平滑整齐,选择旧挂历、画报纸做一个纸板条,纸型的长度取 15 厘米,宽度为 2.5 厘米较为适合;使用纸型熨烫折边时,将纸板压在第一道折边处,用熨斗慢慢烫折;同时需要不断地挪动同一纸型做熨烫。

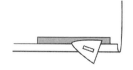

5. 最后,再将摆边连同纸板一齐卷起、折回,并且用熨头压实,将滑顺、等宽的三折光边熨烫出来。此方法既操作简单,效果又好。

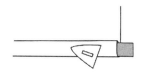

第五节　服装缝制完成后整体熨烫

一、经典服装缝制后整体熨烫

(一)服装缝制后整烫程序

1. 缝制后整体熨烫工具

一般使用蒸汽熨斗对于缝制完成后的衣服进行最后一次全面整型熨烫。

2. 缝制后整体熨烫程序

(1)先把衣服的全部定位线拆光,从肩部、胸部、腰部、袋口部、臀部、后腰部、止口、挂面、驳头、领头各部位逐一检查。

(2)凡是呈立体型部位要用馒头、铁凳垫烫。

(3)特殊服装的整体熨烫需要夹垫衬布干烫,切记熨温不要太热,因此,施行拭熨烫是非常必要的。

3. 缝制后整体熨烫的基本要求

整体熨烫使整体衣裳板扎、线条分明、外形美观;而且具有质感、立体感和曲线美、饱满挺括等。

另外,根据不同服装的不同特点决定具体服装的整体熨烫要求的具体内容是最重要的原则。

(二)西服缝制后整烫特点

1. 整体熨烫西服的步骤

一般整烫西服的步骤是:轧袖窿里、肩头、袖窿、领圈、胸部与衣身、驳头与领里、外驳头与领面、驳口、内门襟挂面止口、底边、外门襟止口、底边、里子等。

2. 整体熨烫西服的目的与要求

要求外观整洁,胸部饱满;

袖山头圆顺,前圆后登;

背部平服,背叉顺直;

领形窝服,驳头挺括,左右对称;

止口平薄,丝绺顺直;

下摆轮廓圆顺。

3. 整体熨烫西服的夹里

(1)把前胸、后背及袖子夹里熨烫平服;

(2)烫时按照衣、袖的形状,分块进行,因为此时的西装任何一个部分都不是平面的,而是立体的;

(3)把袖底缝夹里按照袖窿缝头的形状折倒,并且轧烫定型,使袖窿更加圆顺平服。

4. 整体熨烫西服的止口

(1)前衣片止口靠自身一边,先把左片反面朝上,将止口放在拱形烫木(烫板)上,摆出"里外壅",使腰胁和奶胸表面贴紧拱板,并且摆出胸部的胖势;

(2)将水布盖在止口上,喷出细水花进行熨烫;

(3)烫时把三分之二的电熨斗宽度压烫在止口上,把敷衬部位烫平,压薄烫实;

(4)在袋口与止口的 1/2 处用手抓抻一把,同时烫出止口的窝势;

(5)将熨斗的 1/3 处压烫在驳头止口上,边烫边将驳头止口的回窝势烫拢;

(6)把止口的底边部位烫实。熨烫时把止口的回窝势"归"拢,使底边圆顺、不撅角;

(7)右前片止口熨烫方法同上:把右前片腰胁、奶胸贴服在拱板上,把驳面线摆直(驳头反面朝上)。

5. 整体熨烫西服的袖子

(1)把袖子大、小片烫平;

(2)把袖口止口烫薄;

(3)在袖山头盖上湿布,熨斗靠近水布,使热气沾到袖山头上去,再拿掉湿布,用手把袖山头捋得圆顺、饱满。

6. 整体熨烫西服的肩缝和后背领圈部位

(1)在"铁凳"上放着烫肩部用的长 17 厘米,宽 10 厘米,厚 5 厘米的小布"馒头";

(2)肩部套在"铁凳"上,驳头翻上,摆出肩部的翘势,盖上水布,喷上细水花,把肩缝烫实;

(3)然后把后领圈熨烫平服;潮湿的水布盖上,把水花烫掉。熨烫时速度较快,防止丝绺复原。

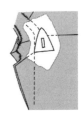

7. 整体熨烫西服的驳头

(1)将驳头折好,放在布胸"馒头"上,摆正驳头的领翘,盖上水布,喷细水花熨烫;

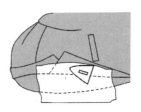

(2)撤除胸"馒头",从里侧将领翻折线熨烫确认;

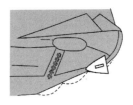

(3)驳头被烫实的部位只能在驳头下段,

烫实长度约为驳头长的 1/3,以免影响驳头的丰满、弹性和活络的形象。

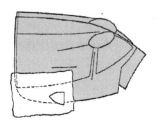

8. 整体熨烫西服的胸部

(1)烫胸部时,先把左侧手巾袋先后分成两个部分熨烫,将胖势烫成圆形;同时使腋下部位贴进;

(2)熨烫西服的胸部时注意把亮光(水花)去掉。

9. 整体熨烫西服的前身大袋、腰胁把缝

(1)前身的大袋口部位的熨烫分前、后两个部分进行,先将袋盖下面垫上一张纸板,防止袋盖厚度印在大身上;

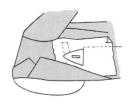

(2)如图烫出大袋的胖势;

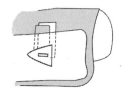

(3)将前腰省缝摆放直,顺势"归"向与肋省的 1/2 处;

(4)把熨斗从前身移出,顺势归向把缝处,烫出腰部的顺势,使之符合人体的曲线,

同时把亮光(水花)去掉。

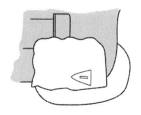

10. 整体熨烫西服的后背缝把缝

后背缝部位放在布馒头上,分三部分熨烫:

(1)后背缝把缝下段:摆直、烫平服,缝子烫实;

(2)后背缝、把中间段:腰势"归"向后背处;

(3)后背缝把缝上段:横、直丝缕摆正,烫平服,把亮光、水花去掉。

11. 整体熨烫西服的后背

(1)将腰胁的回势在后背处烫平服;

(2)把背开叉烫出窝势,背缝烫实;

(3)把亮光(水花)去掉。

(三)男衬衫缝制后整烫特点

熨烫男衬衫的原则是先熨小片,后熨大片。程序如下:

1. 整体熨烫男衬衫的衣袖

(1)将衬衫的前襟合上后背朝上平铺在烫案上;

(2)把两袖的背面分别烫平后再熨烫袖口;

(3)最后翻过来把袖的前面找平。

2. 整体熨烫男衬衫的身片

(1)熨烫后背:先将衬衫左、右闪襟打开,在后背内侧从下摆至托肩一次烫平;

(2)熨烫托肩:男衬衫的托肩是由里、面两层面料制成的。把托肩部位平铺在烫案上,从内侧用熨斗把上、下双层托肩一次烫平;

(3)熨烫前襟:将左、右前襟分开,先烫平内侧褶边,然后分别把左、右前襟烫平。

3. 整体熨烫男衬衫的衣领

衣领在男衬衫上的地位极其显著。衣领能体现出男衬衫的风格,因此对男衬衫衣领的熨烫非常重要。

(1)熨烫衣领时要把正、反两面一起拉平,从领尖向中间熨烫;

(2)然后翻过来对领子背面重烫一遍;

(3)趁热用双手的手指把衣领围成弧形,把折叠后衣领的中间部位烫牢,领尖部位不烫。

(四)西裤缝制后整烫特点

1. 整体熨烫西裤的裤缝

(1)先将裤子左右侧缝和下档缝分开烫实;

(2)接着把小裤底、袋布、腰里烫平;

(3)随后垫上铁凳、把后缝分开,弯档处边缝拔开,同时把裤档熨烫圆顺。

2. 整体熨烫西裤的上部

(1)将裤子翻到正面,先烫门里襟、前裥位;

(2)烫斜袋口、后省、后袋嵌线。烫时上盖干湿布两层,干布放在下面,湿布放在上面;在臀围处,一定要"推"出臀部造型并熨烫平服;

(3)熨斗在湿布上轻烫后立刻把湿布拿掉,再在干布上面把水分烫干,要适可而止,防止烫出极光;

(4)同时看各部位的线缝是否顺直,如稍有不正,可用手轻轻将顺,使各部位达到平挺、圆顺。

3. 整体熨烫西裤的脚口

(1)先把裤子侧缝和下档缝对准;

(2)然后把裤脚口理齐放平,上面盖湿布;

(3)检查裤脚口是否平、直,并熨烫实。

4. 整体熨烫西裤的有翻脚的裤口卷边

(1)按4厘米翻起的脚口边,将翻脚宽度折叠准确,并略做拉伸、摆放平正,注意防止

卷脚边卡住裤片挺缝线;

(2)在裤口卷边上盖干湿布,烫法同上。并反复熨烫,真正烫实。

5. 整体熨烫西裤的前后挺缝

(1)烫时必须对准4缝,即2条侧缝,2条下档缝;

(2)烫前需要检查前挺缝的条子和丝缕是否顺直,如有偏差,应以前挺缝的丝缕顺直为准;侧缝和下档对齐,把挺缝烫平、烫实;

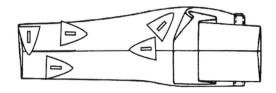

(3)上盖干湿布,烫法同上;

(4)烫后挺缝,把水布移到后挺缝上面;

(5)把横档处后档缝捋挺,将臀部圆势推出;

(6)将横档下端后挺缝适当"归"拢;

(7)后挺缝上部不能烫得大高,烫到后腰口以下10厘米处止;

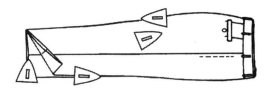

(8)将裤子调头,再熨烫另外一侧,烫时要防止两边后挺缝的止口高低不一,左右两片不对称;

(9)烫好后,把纽扣钉好,用裤夹吊起。

(五)西服裙缝制后整烫特点

1. 整体熨烫西服裙的常识

(1)西服裙式样较多。除长短的变化外,主要变化在于"褶";褶的类型很多,一般多为顺边单褶,也有对褶、马面褶、多层褶等;

(2)"褶"的熨烫方法大致相同,不过存在

"褶"量多少而已;

(3)使用蒸汽喷雾电熨斗时,要根据面料纤维的种类调节器调整熨烫温度。用蒸汽熨斗时要升足气压;

(4)对于裙的内腰贴边要垫布熨烫。

2. 整体熨烫西服裙的反面裙身

(1)将裙子翻过来,将裙子的内里的各条接缝烫开、压实;

(2)垫布将裙内腰烫平。

3. 整体熨烫西服裙的裙身

(1)裙身上半部分:将裙正面套在穿板上或在烫案上,以转圈移动的方式烫平上腰腰头、开口、口袋、胯部、腹部、臀上部等。

(2)裙身下半部分:从裙身下摆向上套在穿板上,转动熨烫,对裙的开气处要烫挺。

4. 整体熨烫西服裙的裙褶

(1)无论熨烫何种样式的裙褶,必须按照原来缝制过程中的褶痕熨烫,如果无痕迹可按照一般褶的工艺规范熨烫出裙褶;

(2)注意裙褶的褶边与面料丝道的关系,一般褶边与面料经向丝道相同;

(3)注意裙褶的褶面和褶底尺寸比例的一致性;从起褶处到下摆处使褶的宽度变化等;

(4)熨烫必须规范,做到烫出的褶不能散。

(六)中山装缝制后整烫特点

1. 整体熨烫中山装的常识

(1)中山装是具有我国特色的男装,在国际交往中被公认为中国男子的国服。中山装的主要面料是呢料、毛料、各种化纤及混纺面料等。

(2)中山装一般都挂衬里。因此,中山装的里、面都要熨烫。

(3)使用蒸汽喷雾熨斗时,要根据中山装的面料和衬里纤维的种类分别调整熨烫温度。对浅色的毛料、化纤或混纺面料,以及衬里都应采用垫白棉布熨烫的方法。

(4)使用蒸汽熨斗要升足气压。

2. 整体熨烫中山装的基本要求

(1)通过熨烫使中山装的全身平整挺括无死褶。

(2)领面板圆,角正而不翘。

(3)两肩圆鼓无皱褶。

(4)两袖前圆后压死。

(5)袋盖平板无扣印。

(6)全身无亮光,光反射均匀。

3. 整体熨烫中山装的熨烫程序

(1)衬里

选用合适的熨烫温度,把中山装的前后身衬里、袖里烫平,内袋口等处重点烫平整。

(2)贴边

把左右前襟的内贴边烫平,并要用手将内贴边抻直,衣角抻正。

(3)领子

熨烫领子时先烫反面;烫后趁热用双手抻上领与底领中线处,把领角抻正,但是注意不要抻领尖,以防变形;抻后立即放平,用熨斗直接烫领背,烫平即可。

(4)衣袖

把衣袖套入袖骨转动熨烫;烫圆后将袖后部分烫死,使衣袖成前圆后实形;注意不要烫出扣印。

(5)衣身

将衣服打开平展在烫案上熨烫,熨烫用力要均匀;将衣服的前身、后身、侧身完全熨烫平整,不能烫出亮光;对腋下侧身处的熨烫定型尤其不能忽略,折叠存放的中山装此处最易有褶;可套穿板熨烫。

(6)肩头

左、右胸、肩及左、右肩、背都要套到穿板头上熨烫;把袖与胸接缝处抻平,然后用袖骨圆头端或棉馒头撑起肩头熨烫,要烫出立体效果来。

二、特殊服装缝制后整体熨烫

(一)丝绸服装缝制后整烫特点

1. 整体熨烫丝绸服装的常识

(1)丝绸面料服装的熨烫使用普通熨斗,温度调至中低温状态;熨斗温度一般掌握在110℃～120℃之间,温度过高容易使衣物泛色、收缩、软化、变形,严重时还会损坏丝绸。

(2)颜色娇艳、浅淡的衣物和混纺丝绸衣物的熨烫温度再低些。

2. 整体熨烫丝绸服装的规律

(1)熨烫时用略湿润的白纱布隔于熨斗和衣物间,防止产生水印和烫痕光泽;

(2)熨烫前将衣物拉平到原状,顺前后次序和左右走向熨烫,直至平整为止。

(二)皮革服装缝制后整烫特点

1. 整体熨烫皮革服装的常识

(1)熨烫皮革服装须用低温熨烫,温度应掌握在80℃以内;

(2)要用清洁的薄棉布做衬熨布。

2. 整体熨烫皮革服装的规律

(1)熨烫皮革服装应避免熨斗在同一部位熨烫时间过长,因此熨烫时必须不停地移动熨斗;

(2)熨烫时用力要轻,特别需要防止熨斗直接接触皮革,烫损皮革。

(三)褶裙、领带缝制后整烫特点

1. 百褶裙缝制后整烫特点

(1)先垫上一块烫布熨烫裙子腰头,将其压实、熨烫定型;

(2)把所有褶痕的位置固定好,然后逐一熨烫褶痕;

(3)将每条褶痕熨烫平直以后,揭起褶位熨烫其底部,进一步固定褶皱位置。

2. 领带缝制后整烫特点

(1)制作领带的面料多是丝绸,里衬一般是用细布衬或细麻衬。因此,需要选择低中温度,熨烫速度要快;

(2)熨烫时要垫上一块干布,切勿让蒸汽直接沾到领带上。

第十章　针织服装工艺技术

第一节　针织服装基本概念

针织服装是以线圈为基本单元,由线圈按一定的组织结构排列成型针织面料而实现的。用针织的面料或针织的方法制成的服装统称为针织服装。在针织服装上允许拼接其他材料。

针织服装是按服装材料的织造方式区分的服装类别之一。

一、针织服装分类及设备

针织服装的分类方式有很多种。例如,根据用途、纱线、织纹组织、针织服装生产方式等进行分类。在此主要探讨与针织服装技术直接相关的分类方式。

根据针织服装生产方式分类为两种,即成型编织针织服装和坯布裁剪针织服装。

(一)成型编织服装及设备

1. 成型编织针织服装

成型编织针织服装是指根据工艺要求,利用各种成型方法,将纱线在针织机上编织出成型衣片或部件,一般不需要裁剪(除个别部位)、再缝制加工而成的针织服装。成型编织针织服装常见的品种有:各类横机编织的毛衫、各类成型的针织服装及袜子、手套等。目前,随着针织技术的不断发展,已出现不需要裁剪缝合,而直接在针织机上编织成成衣的全成型针织服装。

2. 横机设备

横机产品主要分为电脑横机和手摇横机两大类。

(1)多被企业所用的电脑横机以德国stoll和日本岛精为主,此类横机都配有自己独立的操作系统,能制造出很多独特的组织结构。

A. 德国 stoll

B. 日本岛精

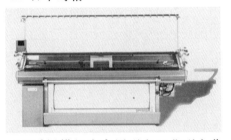

(2)手摇横机有家用型和工业型之分。

A. 家用型

B. 工业型

（二）坯布裁剪针织服装及设备

1. 坯布裁剪针织服装

坯布裁剪针织服装亦称非成型针织服装，是指将针织坯布（净坯布）按设计的样板和排料方法裁剪成各种衣片，再经缝制加工而成的针织服装。如T恤衫、三角裤、泳衣、罗纹圆领衫以及各种运动服、休闲装等。

2. 圆机设备

自动单色单面针织大圆机

高速单面针织大圆机

（三）其他设备

常温溢流染色机

脱水机

烘干定型机

圆网印花机

针织面料印染主要工艺设备

二、针织服装工艺设计与技术

针织服装的工艺设计和生产工艺流程直接影响成品规格、外观样式、手感等,也会影响生产效率。

针织服装的生产工艺设计主要包括:横机或圆机的编织、成衣、染色与后整理等。

(一)产品分析与工艺确定

1. 产品分析

根据产品款式、配色、图案等。

(1)选择纱线原料、色泽及纱线密度。

(2)确定织物组织结构。

(3)选择编织机器,确定其型号和机号。

(4)确定产品的规格和测量方法。

(5)根据缝制条件选用缝纫机的机种及制定缝合质量要求。

(6)制定染色及后整理工艺,及其质量要求。

(7)确定产品修饰工艺及所需辅助材料。

(8)确认产品所采用的商标及包装方式等。

2. 确定生产操作工艺

(1)通过试验小样,确定织物的成品密度及回缩率。

(2)理论计算横机产品的编织操作工艺或确定圆机产品的织物门幅及圆机的针筒尺寸。

(3)制定横机产品的编织操作工艺单,或按款式和规格制定圆机产品的裁剪样板和排料方法。

(二)用料计算与流程制定

1. 确定产品用料计算及半成品质量要求

(1)横机产品需要通过试验小样测定织物单位线圈重量;圆机产品需要求出织物单位面积重量。

(2)横机产品需要按编织操作工艺单求出各衣片线圈数;圆机产品需要根据裁剪排料情况求出单件产品排料面积。

(3)横机产品需要根据织物单位线圈重量与各衣片线圈数求出单件产品理论重量;圆机产品需要求出单件排料重量。

(4)计算横机与圆机单件产品的原料耗用量。

(5)确定横机和圆机所编织半成品的质量要求。

2. 制定缝纫工艺流程与质量要求

(1)确定选用缝纫机型号、规格。

(2)经济合理地安排缝纫工艺流程。

(3)制定各缝纫工序的质量要求。

(三)染色后整理及其他

1. 制定染色、后整理工艺及其质量要求

(1)对染色产品制定合理、经济的染色工艺。

(2)制定产品最佳的缩绒工艺及其他整理工艺。

(3)正确选用染色及后整理设备的型号、规格。

(4)制定染色及后整理工艺的质量要求。

2. 试制与修改

经反复试制与修改,确定最佳工艺方案。

3. 确定产品出厂重量、商标及包装形式

按照总体规划,根据产品的大类、风格确定其商标、包装的风格。

4. 技术资料汇总

将产品的技术资料汇总、装订、登记,并存档保管。

第二节 针织材料结构与特性

一、纱 线

众所周知原料是形成产品品质极其重要的因素,因此纱线决定了针织服装的档次。

(一)纱线纱支计算方法

1. 单位

(1)定长制

A. 特克斯:1000 米长度的纱在公定回潮率时的质量克数称为"特数"。

公式:$Ntex=(G/L)\times1000$

式中:G 为纱的重量(克),L 为纱的长度(米)

B. 旦尼尔:9000 米长的丝在公定回潮率时的质量克数称为"旦数"。

公式:$Nden=(G/L)\times9000$

式中:G 为丝的重量(克),L 为丝的长度(米)

(2)定重制

A. 公支数(公支):1 克纱(丝)所具有的长度米数。

公式:$Nm=L/G$

式中:L 为纱(丝)的长度(米),G 为纱(丝)的重量(克)

B. 英支数(英支):1 磅纱线所具有的840 码长度的个数。

公式:$Ne=(L/G)\times840$

式中:L 为纱(丝)的长度(码),G 为纱(丝)的重量(磅)。

2. 单位换算

A. 特数 Ntex 与英制支数 Ne

$Ne=C/Ntex$(C 为常数,化纤为 590.5、棉纤为 583,如果为混纺纱可根据混比进行计算,之后按公式计算即可)

B. 英制支数 Ne 与公制支数 Nm

纯化纤:$Ne=0.5905Nm$

纯棉:$Ne=0.583Nm$

混纺纱线:如 T/JC(65/35)45SNe = $(0.5905\times65\%+0.583\times35\%)Nm$

3. 特数 Ntex 与公制 Nm

$$Ntex\times Nm=1000$$

4. 特数 Ntex 与旦数 Nden

$$Nden=9\times Ntex$$

(二)捻度与捻系数

1. 捻度

捻度为纱线单位长度内的捻回数。棉纱线及棉型化纤纱线的特克斯(号数)制捻度 Ttex,是以纱线 10 厘米长度内的捻回数表示;英制支数制捻度 Te,是以 1 英寸的捻回数表示。精纺毛纱线及化纤长丝的捻度 Tm,是以每米的捻回数表示,以上表示方法的关系为:

$Ttex=3.937Te=Nm/10$

$Te=0.254Ttex=0.0254Tm$

捻回分 Z 捻和 S 捻两种。单纱中的纤维或股线中的单纱在加捻后,捻回的方向由下而上、自右至左的叫 S 捻;自下而上,自左至右的叫 Z 捻。

股线捻回的表示方法,第一个字母表示单纱的捻向,第二个字母表示股线的捻向。

经过两次加捻的股线,第一个字母表示单纱的捻向。第二个字母表示初捻捻向,第三个字母表示复捻捻向,例如,单纱为 Z 捻、初捻为 S 捻,复捻为 Z 捻的股线,捻向以 ZSZ 表示。

2. 捻系数

特数制捻系数 $\alpha tex = Ttex \times Ntex1/2$

英制捻系数 $\alpha e = Te/Ne1/2$

公制捻系数 $\alpha m = Tm/Nm1/2$

特数制捻系数 αtex 与英制捻系数 αe 间的关系为:

$\alpha tex = Ttex \times Ntex\ 1/2 = Te/2.54 \times 10 \times 583\ 1/2 \times Ne\ 1/2$(583 为纯棉品种的系数,若为混纺、化纤纱线请参考特数与英制换算常数 C 的变化)

(三)羊毛针织服装用纱种类

1. 编结绒线

编结绒线又称手编绒线、毛线,也可用于横机编织毛衫、毛裤等。编结绒线是指股数为两股或两股以上,但合股单纱线密度为167tex(6 公支)以上的绒线,其中 400tex 以上称为粗绒线,167~400tex 称为细绒线。

2. 精纺与粗纺绒线

经精梳毛纺系统加工而成的绒线称精纺绒线,纤维平均长度在 75 厘米左右。用未经精梳的较长纤维毛条在精梳毛纺系统纺制的绒线称半精纺绒线,大多数用作编结绒线及地毯用纱等。

3. 针织绒线

针织绒线是指线密度在 167tex(6 公支)以下的单股或双股专供针织横机加工使用的绒线,是羊毛衫生产中使用量最大的纱线。常用的有精纺针织绒线、粗纺针织绒线、合成纤维针织绒线及特种针织绒线。

(四)纱线品号

从毛纺厂来的毛纱,其采用的原料、纺纱方法及毛纱的特数等都由毛纱的品号表示;

而毛纱的色普及颜色的深浅则由毛纱的色号表示。因此,在进行新产品设计成批生产时,必须熟悉羊毛衫用纱的品号和色号。

编结绒线和针织绒线又因纺纱方法不同,分为精纺和粗纺两类。

绒线和针织绒的品号一般由 4 位阿拉伯数字组成。

1. 纺纱方法和类别代码

第一位代码为阿拉伯数字,表示产品的纺纱方法和类别,共分四类,其代号为:

0——精纺绒线(此代号常省略不写)

1——粗纺绒线

2——精纺针织绒线(此代号有时可省略不写)

3——粗纺针织绒线

2. 原料种类代码 A

第二位代码为阿拉伯数字,代表该产品所用原料的种类。当第一位数字为 0、1、2 时,其第二位数字分为 10 类,其代号为:

0——山羊绒或山羊绒与其他纤维混纺

1——异质毛(也称国毛,包括大部分国产羊毛,其纤维的粗细与长短差异较大)

2——同质毛(也称外毛,包括进口羊毛和少数国产羊毛,其毛纤维的粗细与长短差异较小)

3——同质毛与粘胶纤维混纺

4——同质毛与异质毛混纺

5——异质毛与粘胶纤维混纺

6——同质毛与合成纤维混纺

7——异质毛与合成纤维混纺

8——纯化纤及其互相间的混纺

9——其他原料

上面所列的代号"6""7""8"中的合成纤维,目前大多是指腈纶和锦纶。

3. 原料种类代码 B

当第一位代码为 3 时其第二位数字所代表的原料种类:

0——山羊绒或山羊绒与其他纤维(锦纶除外)混纺

1——白山羊绒

2——青山羊绒

3——紫山羊绒

4——山羊绒与锦纶混纺

5——短毛(羊仔毛)

6——兔毛

7——驼绒

8——牦牛绒

9——其他原料

4. 纱线密度代码

目前品号中的线密度代号仍用公制支数表示。此外仍沿用旧制,只是在公制支数之后换算成特数供参考。

品号的第 3、第 4 位数字连起来代表该产品的单股毛纱的公制支数。一根绒线是由多股毛纱并捻而成,目前生产的绒线大多数是由 4 股毛纱并捻而成的。

在某些试制品中,由于原料来自不同的地区,虽然所用原料、纺纱方法与纺纱单股特数相同,但由于原料本身品质的差异或等级配比不同,也会造成染色差异,因此,为了有所区别,在货号前面不加"4",而在其后缀以

"01""02""03"等顺序号以示不同。例如,"62602"代表毛/腈混纺而成的精纺针织绒,单股毛纱细度为 38.5tex(26 公支),是 626 品种的第二次变异。

(五)纱线色号

毛针织服装厂目前使用的毛纱大多数为有色纱,同一色谱中,有很多不同的颜色。如,红色谱里就有大红、血红、朱红、暗红、紫红、粉红等,白色系亦如此;由于纤维的特性不同,染出的同一种颜色也有差异,为此要有统一的代号和称呼表示。目前采用的统一的对色版是由中国纺织进出口公司制定的,全称为"中国毛针织品色卡",此色卡被全国羊毛衫厂和毛纺厂统一用做对色版。此色卡的色号是由一位拉丁字母和三位阿拉伯数字组成。

1. 毛纱原料代码

色号的第一位代码为拉丁字母,表示毛纱所用的原料,各字母代号为:

N——羊毛

L——短毛

R——羊绒

M——牦牛绒

C——驼绒

A——兔毛

AL——50%长兔毛成衫染色

K——腈纶(包括腈纶珠绒,腈纶 90/锦纶 10,腈纶 70/锦纶 30)

WB——腈纶 50/羊毛 50,腈纶 60/羊毛40,腈纶 70/羊毛 30

KW——腈纶 90/羊毛 10

2. 色谱代码

色号的第 2 位代码用阿拉伯数字,表示毛纱的色谱类别。

0——白色谱(漂白和白色)

1——黄色和橙色谱

2——红色和青莲色谱

3——蓝色和藏青色谱

4——绿色谱

5——棕色和驼色谱

6——灰色和黑色谱

7～9——夹花色类

3. 颜色明度代码

色号的第 3、第 4 位代码为色谱中具体颜色的深浅编号，也用阿拉伯数字表示。原则上数字越小，表示颜色越浅；数字越大，表示颜色越深。从 01 到 12 为从最浅色到中等深色，12 以上为较深颜色。

例如：编号为 N001

N——羊毛纯纺毛纱

0——白色谱

01——色谱中最浅的一种

N001 在工厂中习惯被称为"特白全毛开司米"。

(六)羊毛针织服装用纱要求

1. 特性决定因素

(1)支数差异

(2)捻度差异

(3)强力差异

(4)回潮率差异

2. 基本要求

(1)条干的均匀

(2)捻度的均匀

(3)纱线的洁净度

(4)染色的均匀

(5)纱线的光滑度

(6)纱线的柔软性

二、针织面料组织结构

组织结构不仅影响到针织服装的整体风格，而且对服装的弹性、保暖性，甚至生产效率影响都极大，因此设计师和工艺师对此一定要相当熟悉，运用自如。常用的组织主要有：

(一)平针组织

平针组织又被称为纬平组织、单面组织。单面纬编针织物的原组织，由连续的单元线圈以一个方向依次串套而成。有正、反面之分。平针组织是针织组织结构中最简单、最基础和最常用的单面组织。

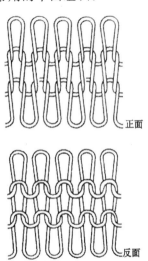

正面

反面

1. 织针排列

满针编织。可以在单针床上编织平针织物。

2. 性能

延伸度好。横向延伸度大于纵向，易卷边，易脱散。

3. 用途

平针织物适合用做贴身内衣、袜子、手套；横向编织的平针织物适合用于领口、袖口等边缘部位滚边。

（二）四平组织

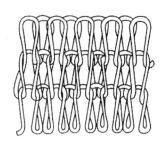

四平组织又称罗纹组织，与1＋1罗纹、2＋2罗纹一样同属罗纹大类。罗纹织物是双面纬编织物的原组织，由正、反面线圈纵行交替配置而成，在双针床上进行编织，针床上的三角全部进入工作，成圈深度一致。

1. 性能

平四组织织物具有较大的横向延伸度和弹性。

2. 用途

平四组织织物用做贴身内衣及要求延伸性或弹性大的地方，如袜子、手套；用于领口、袖口等边缘部位。

3. 织针排列

前后针床满针排列。

（三）1＋1与2＋2罗纹组织

1＋1罗纹组织又称单罗纹，是由正面线圈纵行和反面线圈纵行交替配置而成。2＋2罗纹是正、反面线圈纵行呈2隔2配置。不同的正、反面线圈纵行配置数可以形成性能

与外观风格不同的罗纹。

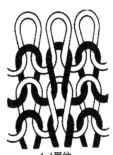

1＋1罗纹

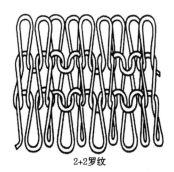

2＋2罗纹

1. 特点

1＋1与2＋2罗纹组织具有高度的横向延伸性。

2. 性能

和弹性一般比平针织物大一倍以上。

（四）双反面组织

双反面织物是双面纬编组织，由正面线圈横列和反面线圈横列交替配置而成。织物两面都呈反面效果。

1. 性能

织物纵横向延伸度好且接近，易脱散，卷边性随正、反面线圈横列组合不同而不同。

2. 用途

用于羊毛针织服装编织。

（五）四平空转组织

四平空转组织又称罗纹空气层组织，是罗纹组织与平针组织复合而成，即为一横列四平与一横列管状组织的组合。

1. 特点

四平空转组织织物正、反面的平针组织无联系，呈架空状态，比罗纹组织厚重，有良好的保暖性，横向延伸性小，形态较稳定。

2. 性能

四平空转组织织物延伸性和弹性都比罗纹组织小，织物厚实，不卷边，不易脱散。

（六）集圈组织

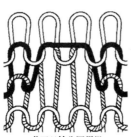

单面双针集圈组织

双面单针集圈组织

在针织物的某些线圈上除套有一个封闭的旧线圈外，还有一个或几个未封闭的悬弧，

这种组织叫做集圈组织。

集圈组织有单面和双面两种，又可根据形成集圈针数多少分为单针、双针、三针集圈，依此类推。

1. 特点

集圈组织脱散性比平针组织小，但容易抽丝。厚度比平针与罗纹组织大，横向延伸性比平针与罗纹组织小，织物强力比平针与罗纹组织小，且易向横向扩展。

2. 花纹效应

集圈可形成网眼花纹、凹凸花纹、彩色花纹等多种花纹效应。

在单针床上编织，前针床上采用高低织针组合排列，排配比例视花型要求而定。

（七）扳花组织

扳花组织的学名波纹组织，是通过移动针床的方式，使线圈在双针床上产生交叉编织而成。

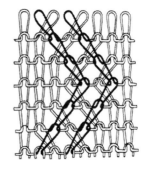

1. 织针排列

后针床织针满针排列，前针床织针采用二隔六排针。

2. 编织方法

同四平织物，三角全部参加工作。每半转扳一次，连续十次，转向后再扳十次，复位，依次循环。

（八）双鱼鳞组织

双鱼鳞组织又称畦编组织，也称双元宝针。

1. 实质

在双针床上编织而成,其实质是双面集圈。

2. 特点

双鱼鳞织物的横向容易伸长变形,可致使服装的保型性降低,但保暖性增强,织物有丰满的厚实感,在棒针编织中应用较广。

(九)提花组织

提花组织是按照花纹要求,使纱线在线圈横列内有选择地、以一定间隔形式形成线圈的组织。提花组织有单色提花组织和多色提花组织之分,或分为单面提花组织和双面提花组织。

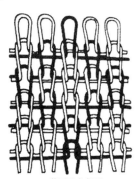

单面双色提花

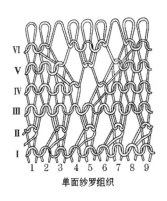

双面三色提花

1. 特点

由于受到提花组织中浮线影响,提花组织横向延伸性较小。提花织物的脱散性较小,重量和厚度都较大,有良好的花色效应。

2. 要求

单面织物的反面浮线不能过长,以免产生抽丝现象。双面织物由于针盘针隔针编织,不存在长浮线问题,浮线存在于织物两面的线圈中间。

(十)纱罗组织

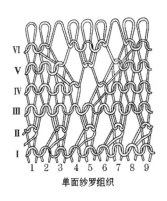

单面纱罗组织

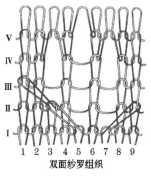

双面纱罗组织

纱罗组织又称空花组织、挑花组织,其组织结构是在纬编基本组织的基础上,按花纹要求将某些线圈进行移圈形成的。

1. 针织排列纱罗组织

在纱罗组织的编织过程中可以在不同针、不同方向进行移圈,能形成具有一定花纹效应的网眼。纱罗组织织物在单针床上编织。纱罗组织可分为单面纱罗组织和双面纱罗组织。

2. 性能

纱罗组织的线圈结构除了在移圈处有所

改变,其他地方与其基础组织并无差异,因此纱罗组织的性能与其基础组织比较接近。

三、针织物特性

针织面料的性能对于款式造型、缝制加工具有重要影响,在设计针织服装之前必须对这些性能进行了解,才能扬长避短,保证服装款式的合理性、正确性。

(一)线圈结构、服用舒适

1. 线圈结构

针织物是由线圈互相串套而成,线圈是针织物的最小基本单元。线圈在织物的正、反面以及纵、横向的图形结构都不一样。在针织物中,两个相邻线圈横向对应点的距离为"圈距",纵向对应点距离为"圈高"。圈柱覆盖在圈弧之上的一面为针织物的正面,反之为反面。

2. 服用舒适

针织物的线圈结构能保存较多的空气,因而透气性、吸湿性、保暖性较好,穿着舒适,是一种较好的具有功能性、舒适性的面料。

(二)非定型性

1. 拉伸性

针织物的拉伸性俗称弹性。由于针织物是由线圈穿套而成,在受外力作用时,线圈中的圈柱与圈弧发生转移,外力消失后又可恢复,这种变化在针织坯布的纵向与横向都可能发生。针织物弹性程度与原料种类、弹性、细度、线圈的长度以及染整加工过程等因素有关。

就结构而言,在梭织服装上需要用省道、分割线和"推"、"归"、"拔"、"烫"技巧等手段才能达到的造型效果,针织物却因为本身的弹性、悬垂性而直接达到所需目的,梭织服装相对于人体有一定的松量。而针织服装若采用弹性特别大的面料(与采用的纱线和组织结构有关)时不但不留松量,其尺寸既可以和人的围度尺寸相同,也可以考虑弹性系数而缩小尺寸。

就制作工艺而言,拉伸性能好的面料,尺寸稳定性相对较差,在针织服装的款式设计、裁剪、缝制、整烫过程中都要防止产品受拉伸而变形,从而使规格尺寸发生变化。例如,缝纫需要保持弹性的领口、袖口、裤口等部位要选用与缝料拉伸相适应的线迹结构及弹性缝线;而需要相对平整与稳定的领子、肩线、门襟、口袋等部位的缝制线迹弹性要小,需采用衬布、纱带等方法加固,防止其拉伸变形。

2. 卷边性

单面针织物在自然状态下边缘会产生包卷现象,称卷边性。卷边性是由于线圈中弯曲线段所具有的内应力企图使线段伸直而引起的。在缝制时,卷边现象会影响缝纫工的操作速度,降低工作效率。目前,可以采用一种喷雾粘合剂喷洒于开裁后的布边上,以克服卷边。也有很多设计师在利用针织的卷边特性作为设计点。

3. 抗剪性

针织物的抗剪性表现在两个方面:一是由于面料表面光滑,用电刀裁剪时层与层之间易发生滑移,使上下层裁片尺寸产生差异;二是裁剪化纤面料时,由于电刀速度过快,铺料又较厚,摩擦发热易使面料边缘熔融、粘结。

为了改善这一现象,裁剪光滑面料时,不宜铺料过厚,需先采用专用的布夹夹住面料,然后开裁;化纤面料更不宜铺料过厚,并且要降低电裁刀的速度或选择波形刀口的刀片等。

4. 纬斜性

当圆筒纬编针织物的纵行与横行之间互相不垂直时,就形成了纬斜现象,用这类坯布缝制的产品洗涤后就会产生扭曲变形。纬斜主要是由于编织纱线的捻度造成的,另外,纱线的同时多路编织也会加剧这一现象。纬斜性是针织服装工艺中必须避免的问题。

（三）易变性

1. 脱散性

当针织物的纱线断裂或线圈失去穿套连接后，会按一定方向脱散，使线圈与线圈发生分离现象。因此，在针织服装的样板设计与制作时要注意不要运用太多的夸张手法，尽可能不设计省道、切割线，拼接缝也不宜过多，以防止发生针织线圈的脱散而影响服装服用性。

可以采用包缝、绷缝等防脱散的线迹，或采用卷边、滚条、缲罗纹边等措施防止布边脱散。在缝制时应注意缝针不能刺断纱线形成针洞，而引起坯布脱散。为此，在针织服装制作之前，对针织坯布一般要经过柔软处理。

2. 钩丝与起毛、起球

针织物在使用过程中碰到尖硬的物体时，其纤维或纱线容易被钩出。此现象称为钩丝。针织物在穿着、洗涤过程中，不断受到摩擦，纱线表面的纤维端露出织物表面的现象称为起毛；当起毛的纤维在以后的穿着中不能及时脱落，就会互相纠缠在一起被揉成许多球形小粒，称为起球。针织物由于结构比较松散，钩丝、起毛、起球现象比梭织物更易发生，因而在裁剪与缝制中，裁剪台与缝纫台板应光滑、无毛刺，缝纫真丝及长丝针织物时应特别注意。

（四）工艺回缩性

针织面料在缝制加工过程中，其长度与宽度方向会发生一定程度的回缩，其回缩量与原衣片长、宽尺寸之比称为缝制工艺回缩率。尺寸不稳定是某些针织物的缺点。回缩率除了与织物的组织结构、织物密度有关外，还与使用原料的性质有关。如棉针织面料有较大的收缩率，纵、横向都有，其收缩时间也很长。所以针织服装样板设计时要恰当补充回缩尺寸以避免这一特点对服装规格的影响。此外针织服装的袖窿吃量不宜过多，袖山处需用嵌条来增加袖子的立体感，以保证尺寸稳定和服装牢度。

第三节 成型编织服装工艺设计与技术要点

一、成型编织服装规格设计

（一）成型编织服装规格概念

成型编织服装产品规格是通过对其各部位测量数据的组合而成。毛针织服装成品测量时，应将其放在平整、光洁的台案上，在不受其他张力的条件下平铺进行测量。

1. 毛针织衫测量图解

（1）胸围：于挂肩下 1.5 厘米处水平测量。

（2）身长：从肩缝处距离领肩接缝 1.5 厘米处垂直量直至下摆底边。

（3）肩宽：于两肩袖接缝之间水平测量。

（4）袖长：装袖从肩缝处量至袖口边，插肩袖从后领深中间处量至袖口边。

（5）袖宽：自腋下沿坯布横列方向量至袖外侧边缘（一般用于插肩袖）。

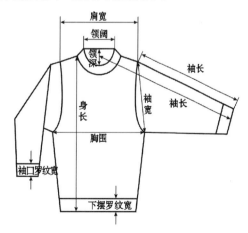

（6）袖口大：于边口处垂直测量。

(7)领阔:于边口处垂直测量(拷缝处直量)。

(8)前、后领深:从肩高点垂直量至前领边口(后领边口)。

(9)下摆罗纹宽:从罗纹交接处垂直量至罗纹底边。

(10)袖口罗纹宽:从袖子罗纹交接处垂直量直袖口边。

(11)腰节:从肩高点向下垂直量至腰部最细处。

2. 毛针织裤测量图解

(1)裤长:从紧腰外直量至裤边口。

(2)腰宽:于腰身处水平测量。

(3)臀围:于前直裆1/3水平测量。

(4)横裆:裤身对折,从裆角处水平量一周。

(5)裤口大:边口处水平测量。

(6)前直裆:从前腰边正中至裆角垂直测量。

(7)后直裆:从后腰边正中至裆角垂直测量。

量。

(8)腰边:从双层部分垂直测量。

(9)内裤长:从裆尖至裤边口垂直测量。

(10)裤腰罗纹宽:从裤腰罗纹边垂直量至罗纹底。

(11)裤口罗纹宽:从裤口罗纹边垂直量至罗纹底。

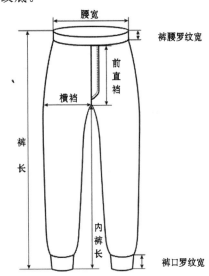

(二)成型编织上衣规格设计

1. V领男开衫各部位规格

单位:厘米

编号	部位名称	规格									备注
		80	85	90	95	100	105	110	115	120	
1	胸围	40	42.5	45	47.5	50	52.5	55	57.5	60	
2	衣长	62.5	64	65.5	67.5	69	69	70.5	70.5	70.5	
3	袖长	53	53	54	55	56	56	57	57	57	
4	挂肩	20	21.5	21.5	22.5	22.5	23.5	23.5	24	24	
5	肩宽	37	38	39	40	41	42	43	43	43	
6	下摆罗纹	5	5	5	5	5	5	5	5	5	另加翻罗纹口
7	袖口罗纹	5	5	5	5	5	5	5	5	5	
8	领宽	9.5	9.5	9.5	10	10	10	10.5	10.5	10.5	
9	领深	23	25	25	25	26	26	27	27	27	
10	门襟宽	3.2	3.2	3.2	3.2	3.2	3.2	3.2	3.2	3.2	
11	袋宽	11.5	11.5	11.5	11.5	11.5	11.5	11.5	11.5	11.5	
12	袋深	13	13	13	13	13	13	13	13	13	

2. V领男套衫各部位规格

编 号	部位名称	规 格									备 注
		80	85	90	95	100	105	110	115	120	
1	胸 围	40	42.5	45	47.5	50	52.5	55	57.5	60	
2	衣 长	61	62.5	64	66	67.5	69	69	69	69	
3	袖 长	53	53	54	55	56	56	57	57	57	
4	挂 肩	20	21	21	22	22	23	23	23.5	23.5	
5	肩阔宽	37	38	39	40	41	42	43	43	43	另加翻罗纹口
6	下摆罗纹	5	5	5	5	5	5	5	5	5	
7	袖口罗纹	4	4	4	4	4	4	4	4	4	
8	领 宽	9	9	9	9.5	9.5	9.5	10	10	10	
9	领 深	20	20	22	22	23	23	24	24	24	
10	领口罗纹	25	25	25	25	25	25	25	25	25	

3. V领女开衫各部位规格

编 号	部位名称	规 格							备 注
		80	85	90	95	100	105	110	
1	胸 围	40	42.5	45	47.5	50	52.5	55	
2	衣 长	59	60	61.5	62.5	62.5	63.5	63.5	
3	袖 长	48	49	50	52	52	53	53	
4	挂 肩	19.5	20.5	20.5	21.5	21.5	22.5	22.5	
5	肩 宽	35	36	36	37	38	39	40	
6	下摆罗纹	4	4	4	4	4	4	4	
7	袖口罗纹	3	3	3	3	3	3	3	
8	领 宽	9	9	9	9.5	9.5	9.5	9.5	
9	领 深	23	23	23	24	25	25	26	
10	门襟宽	3	3	3	3	3	3	3	

4. V领女套衫各部位规格

单位:厘米

编 号	部位名称	规 格					备 注
		80	85	90	95	100	
1	胸 围	40	42.5	45	47.5	50	按品种要求调整
2	衣 长	57	58	60	61	61	
3	袖 长	48	49	50	51	52	
4	挂 肩	19	20	20	21	21	
5	肩 宽	35	36	36	37	38	
6	下摆罗纹	4	4	4	4	4	
7	袖口罗纹	3	3	3	3	3	
8	领 宽	9.5	9.5	10	10	10.5	
9	领罗纹宽	2.5	2.5	2.5	2.5	2.5	
10	领 深	20	20	22	22	23	

(三)成型编织裤子规格设计

1. 男裤类主要部位规格

单位:厘米

编 号	部位名称	规 格							备 注
		80	85	90	95	100	105	110	
1	裤 长	97	100	103	106	109	112	115	绒类裤长每增加2厘米,直横档增加1厘米
2	直 档	32	33	34	35	35	36	36	
3	横 档	26	27.5	29	30.5	32	33.5	35	

2. 女裤类主要部位规格

单位:厘米

编 号	部位名称	规 格							备 注
		75	80	85	90	95	100	105	
1	裤 长	94	97	100	103	106	109	109	绒类裤长每增加2厘米,直横档增加1厘米
2	直 档	32	33	34	35	35	36	36	
3	横 档	26	26	27.5	29	30.5	32	33.5	

二、成型编织服装工艺设计

成型编织服装工艺设计是建立在工艺计算基础之上的。羊毛针织衫编织工艺计算是以羊毛针织衫成品密度为基础,根据羊毛衫针织各部位设计的规格尺寸决定所需的针数与转数,同时考虑在缝制过程中的损耗而确定的。

(一)毛衫前身针数计算

1. 前身胸围针数计算方法

(1)套衫胸宽针数=(胸宽尺寸+摆缝折后宽-弹性差异)×横密+摆缝耗针数×2

(2)开衫(装门襟)胸宽针数=(胸宽尺寸+摆缝折后宽-门襟宽)×横密+2×(摆缝耗针数+门襟缝耗针数)

(3)开衫(连门襟)胸宽针数=(胸宽尺寸+摆缝折后宽+门襟宽)×横密+2×(摆缝耗针数+装门襟丝带缝耗针数)

2. 衣长转数计算方法

(1)总转数(不包括罗纹转数)=(衣长尺寸-下摆罗纹长+测量差异)×纵密+缝耗转数

(2)领深转数:套衫领深转数=(领深规格+领罗宽)×纵密-领缝耗转数

(3)开衫领深转数=领深规格×纵密-领缝耗转数

3. 前身肩宽针数计算方法

(1)套衫:肩宽针数=肩宽尺寸×横密×肩宽修正值+绱袖缝耗针数×2

(2)肩宽针数=前身胸宽针数-前身挂肩每边收针数×2

(3)开衫肩宽针数=(肩宽尺寸-门襟宽)×横密+缝耗针数×4

4. 挂肩计算方法

(1)前、后身挂肩总转数=(挂肩尺寸×2-几何差)×纵密+肩缝耗转数×2

(2)前身挂肩转数=挂肩总转数/2+肩斜差/2×纵密

(3)前身挂肩收针针数(每边)=(前胸宽针数-前肩宽针数)/2

(4)挂肩收针次数=(前胸宽针数-前身肩宽针数)/每次两边收去的针数

(5)前身挂肩收针转数:前、后挂肩总转数的1/4

(6)挂肩平摇转数=前身挂肩转数-前身挂肩收针转数

挂肩方针:为了使毛衫更能适合体形,在前身肩口处需加放绱袖"劈势",一般在衣片挂肩平摇的最后3～4厘米中,每边放1～1.5厘米的针数,约3～10针,以此造成肩口向外扩展,使肩口绱袖平挺。

5. 下摆罗纹计算方法

(1)下摆罗纹转数=(下摆罗纹-起头空转)×计算密度

(2)起头空转长度一般为0.2～0.5厘米,空转的正面比反面多一横列

(3)下摆罗纹针数=胸围针数-4

(二)毛衫后身针数计算

1. 后身胸围针数计算方法

(1)套衫胸宽针数=(胸宽尺寸-摆缝折后宽-弹性差异)×横密+摆缝耗针数×2

(2)开衫胸宽针数=(胸宽尺寸-摆缝折后宽)×横密+摆缝耗针数×2

2. 衣长计算方法

与前身方法相同

3. 后领口针数计算方法

后领口针数=(后领口尺寸+领罗宽×2-领边缝耗×2)×横密

4. 后肩宽针数计算方法

(1)后肩宽针数=肩宽尺寸×横密×肩宽修正值+绱袖缝耗×2

(2)后肩宽针数=后胸宽针数-后身挂肩每边收针数×2

5. 挂肩计算方法

(1)后身挂肩转数=总转数/2-肩斜差/

2×纵密

(2)后身挂肩收针数(每边)=(后身肩宽针数-后背宽针数)/2

(3)后身挂肩收针次数=(后身胸宽针数-后背宽针数)/每次两边收去针数

(4)后身挂肩收针转数:同前身挂肩收针转数

(5)后身挂肩平摇转数=1/2挂肩总转数-后身挂肩收针转数-1/2后领收针转数

(6)后身挂肩每次收针转数=后身挂肩收针转数/(后身挂肩收针次数-1)

6. 后肩收针计算方法

(1)后肩收针数(每边)=(后肩宽针数-后领针数)/2

(2)后肩收针次数=(后肩宽针数-后领口针数)/每次两边收针数

(3)后肩收针总转数=前身挂肩转数-后身挂肩转数-摆缝折后宽

(4)后肩每次收针转数=(前身挂肩转数-后身挂肩转数)/(后肩收针次数-1)

(5)后肩每边每次收针(搭花)针数=(后肩宽针数-后领口针数)×1/2 收针次数

7. 下摆罗纹计算方法

计算方法与前片相同

(三)毛针织衫袖子针数计算

1. 袖长转数计算方法

(1)袖长转数=(袖长尺寸-袖口罗纹长度)×袖纵密+缝耗针数

(2)斜袖袖长转数=(袖长尺寸-袖口罗纹长度-1/2 领宽)×袖纵密+缝耗针数

2. 袖宽针数计算方法

(1)袖宽针数=袖宽×2×袖横密+缝耗针数×2

(2)袖宽针数=2(挂肩尺寸-袖斜差)×袖横密+缝耗针数×2

3. 袖山头针数计算方法

袖山头针数=(前身挂肩平摇转数+后身挂肩平摇转数-肩缝耗转数×2)/纵密×

袖横密+缝耗针数×2

4. 袖膊收针计算方法

(1)袖膊收针次数=(袖状针数-袖山头针数)/每次收针针数×2

(2)袖膊收针转数:取相同或接近前后身挂肩的收针转数

5. 袖口罗纹计算方法

(1)袖口针数=袖口尺寸×袖横密×2+缝耗针数×2

(2)1×1 袖罗纹排针(条):袖口针数/2

(3)2×2 袖罗纹排针(条):袖口针数/3

(4)袖口罗纹转数=(袖罗纹长度-空转长度)×袖罗纹纵密

6. 袖片方针及分配

(1)放针次数(每次放 1 针)=(袖宽针数-袖口针数)/2-快放针数

(2)放针针数:

每次每边放 1 针:放针针数=袖宽针数-袖口针数

放针针数=袖宽针数-袖口针数

(3)袖片放针总转数(平摇 3~4 厘米)=袖片长总转数-袖膊收针转数-袖山头缝耗转数-袖宽平摇转数-快放转数

(4)袖片每次放针转数(每次每边放 1 针)=(袖长转数-袖膊收针转数-袖宽平摇转数-快放转数)/放针次数

(5)放针分配方法:先快放针 2~3 针(缝耗),余下根据转数和放针次数平均分配;也可以采用分段放针法。

以上是基础产品的计算方法,特殊款式计算要灵活运用公式进行。

三、成型编织下机衣片工艺设计

(一)成型编织下机衣片规格计算

1. 下机衣片长度计算方法

下机衣片长度=衣片总转数/下机纵密+罗纹下机长度

2. 下机衣片宽度计算方法

下机衣片宽度＝衣片最大排针/下机密度

3. 罗纹衣片下机长度计算方法

(1)纯毛类产品：下摆罗纹下机长度＝下摆罗纹＋缩耗＋a

袖口罗纹下机长度＝袖口罗纹＋缩耗＋b

(2)腈纶化纤产品等不缩绒产品

罗纹下机长度＝罗纹成品长度＋a(或b)

一般罗纹边口长度：a＝0.5～1厘米，b＝0～0.5厘米

(二)成型编织下机衣片后处理

在横机上编织成形的衣片一般需要通过手工或机械缝合方可成形。

成形之后的成型编织针织服装还要根据设计款式需要进行成衫染色、拉绒、缩绒、特种整理等，有时需要根据设计要求对成衣进行装饰。例如，绣花、贴花等。

第四节　坯布裁剪针织服装工艺技术

针织坯布服装与梭织坯布服装相比较，在产品规格设计、成衣制板和裁剪等方面基本相同。此节重点阐述由于针织坯布原料的特点所导致的工艺特点。

一、针织坯布缝制工艺特性

(一)针织坯布常识

针织坯布是指用于裁剪缝制针织服装的基础材料。

1. 针织坯布常识

(1)门幅：指坯布横向(纬向)的宽度尺寸，圆筒形坯布以双层计算。

(2)段长：在排料时所排产品的落料长度。

(3)段数：一个段长所排产品的数量。

(4)干重：是在干燥情况下坯布单位面积的重量(单位：g/m²)。

(5)坯布回潮率：即针织物所用原料纱线的公称回潮率。(在前面有列表可查询)

(6)染整损耗率：毛坯布经过漂染和后整理加工所损失的重量与毛坯布原重量之比率。

2. 针织坯布用料率

(1)成衣单位用料面积：每件成品(或衣片)所耗用坯布的面积(包括段耗和裁耗)，一般不包括敷料。

(2)成衣单位用料重量：每件成品(或衣片)所耗用坯布的重量。主、副料均要分别计算。

(二)针织服装缝制工艺损耗

缝制工艺损耗是缝制时产生的损耗，是做缝和切边两部分之和。

针织服装在缝制时由于机种不同，缝制部位不同，缝耗也不同。主要机种缝耗的一般规定如下：

1. 包缝缝耗

(1)包缝缝边(单层)0.75厘米

(2)包缝合缝(双层)0.75～1厘米

(3)包缝合缝(转弯部位)1.5厘米

(4)包缝底边(挽边)挽边宽＋0.5厘米

2. 平缝缝耗

(1)平缝机折边(棉毛、汗布)0.75 厘米

(2)平缝机折边(绒布)1 厘米

3. 折边缝耗

(1)背心三圈折边 1～1.25 厘米

(2)平缝机领脚折边或口袋折边 0.75～1 厘米

(3)宽紧带折边(阔 1.5 厘米,折边 1 厘米)2.5 厘米

(4)双针、三针拼缝或底边 0.5 厘米

(5)滚边(滚实)扣 0.25 厘米

(6)厚绒厚度(折边时)0.125 厘米

(三)针织坯布缝制工艺回缩率

1. 定义

针织衣片从裁片到成品的缝制加工过程中,长度和宽度方向会产生一定的回缩量,称为缝制工艺回缩。

2. 计算公式

(1)部位规格尺寸/(1—回缩率%)。

(2)自然回缩率的计算方法为:

坯布自然回缩率=

$$\frac{缝制前后自然回缩量(厘米)}{裁片长度(厘米)-缝纫损耗(厘米)} \times 100\%$$

各种针织坯布自然回缩率参考值

坯布类别	自然回潮率(%)
精漂汗布	2.2～2.5
双纱布、汗布	2.5～3
深、浅色棉毛布	2.5 左右
本色棉毛布	6 左右
罗纹弹力布	3 左右
纬编提花布	2.5 左右
绒布	2.3～2.6
经编布(一般织物)	2.2 左右
网眼经编布	2.5 左右
印花布(另加)	2～4

针织坯布的工艺回缩率也可通过试制样

衣的办法实际测定,计算方法同上。应用时,一般在尺寸较大的部位便于测量计算。例如,衣长、胸围、袖长、袖隆深(挂肩)、袖口大、臀围、裤长、上裆、裤口大等部位。

(四)针织坯布自然回缩

除针织坯布缝制工艺可造成一定的回缩之外,针织坯布的自然回亦应给予一定重视,采取相应措施。

1. 纵向因素

在织造、印染加工过程中,针织坯布受到各种加工外力的牵拉,因此,其纵向蕴藏了一定的变形能力。

2. 其他因素

针织坯布的组织结构、密度、纱支、原料、染整加工的工艺、后整理方式净坯存放的形式与时间、车间的温湿度、印花面积的大小,以及印花与裁剪的次序、缝制工艺流程的长短等因素均可能与造成针织坯布的自然回缩有关。

二、坯布裁剪针织服装用料计算

(一)针织坯布主料计算

1. 成衣单位用料面积计算

成衣单位用料面积(m²/件)=

$$\frac{门幅\times 段宽}{每件长成品件数}\times(1+段耗率)$$

2. 成衣单位用料重量计算

(1)成衣单位用料净坯重量(g/件)=单位用料面积×干重×(1+坯布回潮率)

(2)成衣单位用料毛坯重量(g/件)=单位用料净坯重量×(1+染整损耗率)

(二)针织坯布辅料计算

1. 服装部件辅料计算

(1)袖口罗纹长=[袖口罗纹规格长+0.75 厘米(缝纫损耗)+0.75 厘米(扩张回缩)]×2(层)×2(2 个袖口)

（2）领围罗纹长（加边罗领衫）＝［领罗纹加边宽度规格＋0.75 厘米（缝纫损耗）＋0.75 厘米（扩张回缩）］×2（层）

（3）下摆罗纹长＝［下摆罗纹规格长＋0.75 厘米（缝纫损耗）＋1 厘米（扩张回缩）］×2（层）（单层下摆不需乘 2，但要另加底边折进量）

（4）裤口罗纹长＝［裤口罗纹规格长＋0.75 厘米（缝纫损耗）＋1.25 厘米（扩张回缩）］×2（层）×2（2 个裤口）

2. 服装包边辅料计算

滚边罗纹长＝滚边宽规格×2＋滚边折进损耗＋0.5 厘米（扩张回缩）

三、坯布裁剪针织服装缝制要点

（一）针织坯布缝制主要设备

1. 常规设备

（1）三、四、五线包缝（拷克）

（2）平缝车
（3）双针车（平台、大鼻子）
（4）窄档双针车（带饰线、不带饰线）

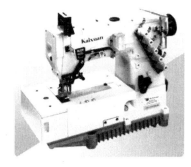

（5）三针五线绷缝车
（6）圆盘缝合套口机

2. 专用设备

（1）曲折缝机（三步车、人字车）
（2）月牙车（等幅、不等幅）
（3）打结车
（4）钉扣机
（5）喷气调温电熨斗
（6）抽湿烫台

（二）坯布裁剪针织服装排料

1. 常规排料法

（1）循环套法：在成衣生产中将裁剪用排料样板"皮"的两端呈曲线状（根据服装部位样板形状），而且两端形状能够相咬合、衔接，因此，可以采用循环套法。

（2）平套法：在成衣生产中将裁剪用排料样板"皮"四边比较整齐，不能互相借套。

2. 特殊排料法

（1）斜套法：在成衣生产中，将裁剪用排料样板"皮"的一端头制成斜角状，每两块样板皮可以斜套而成平行四边形。

（2）借套法：两种不同规格的样板可以同时混合绘制在同一片样板"皮"中进行套排。

（3）镶套法：将两块样板"皮"的制成首尾衔接状，排料时，可以使一块样板皮的一端镶套进另一块样板皮的空当内。

(三)坯布裁剪针织服装缝迹

1. 针织缝纫机缝制的基本术语

(1)针迹:缝针穿过缝料后的针眼。

(2)线迹:缝制物上相邻两个针眼的缝线形式。

(3)缝迹:相互连接起来的线迹。

(4)线迹结构:各根缝线在缝迹中相互的关系。

(5)缝迹密度:单位长度内的线迹数。

2. 针织缝纫缝迹的基本要求

(1)缝迹应具有与针织物相适应的强力和拉力。

(2)缝迹应防止织物边缘的线圈脱散。

(3)缝迹应平整、清晰,以达到外表美观的目的。

(4)平缝、包缝、明针落车处必须打回针或打结加固。

(5)打眼处必须衬平细布或双面布。

3. 缝迹的分类

(1)包缝缝迹:可使针织物的边缘线圈不脱散,拉伸性好。因此用于合缝、包底边、拉光边。

(2)缩缝缝迹:缝制拉伸作用不大的部位。如上领子、钉商标、镶门襟。缝迹可分为直线型和曲线型。

(3)绷缝缝迹:用线量大、拉伸性好,可以防止针织物边缘线圈脱散。装饰线有装饰作用。

(4)链缝缝迹:重复用线量大,拉伸性能好,有一定的耐磨性,但线迹易脱散,需要反复加固。

四、针织产品熨烫技术要点

针织品包括成型编织针织服装、坯布裁片针织服装,在缝制完成之后,都需要进行规范的后整理。后整理的工艺过程主要体现在熨烫环节。

(一)针织产品熨烫工具设备

1. 电熨斗

目前大部分工厂还在采用手工熨烫针织产品。手工熨烫效率比较低,但是根据不同原料可较容易地调试掌握熨烫的条件与方式,熨烫效果好。带喷雾的电熨斗及其配套的蒸汽锅炉和吹吸风整烫工作台适用于针织服装熨烫。

2. 蒸汽压烫机

蒸气压烫机用于毛针织品、合成纤维针织品和高档棉制品的熨烫。

3. 蒸汽定型机

蒸汽定型机专用于纯羊毛或腈纶衫的熨烫。因是悬挂式汽蒸熨烫没有加压,所以熨烫后成品的手感较好。

4. 烫板

针织服装无论是机器还是手工熨烫,都要先在衣服内衬上烫板才能熨烫。烫板的外形是根据品种和成品规格设计而成,宽度一般要比成品胸围规格大1~2厘米,使熨烫在成品紧绷的状态下进行,烫后成品产生经过一定的回缩依然能够符合规定的样式与规格尺寸。

(二)针织产品熨烫要求

1. 针织产品熨烫时要严格控制温度,以免使成品烫黄、变色、变质或使印花部位渗色、模糊不清。

熨烫温度参考值对照表

针织物种类	熨烫温度(℃)
全棉针织物	180~200
粘胶纤维针织物	120~160
涤纶针织物	140~160
锦纶针织物	120~140
腈纶针织物	130~140
维纶针织物	120~130
丙纶针织物	90~100
氯纶针织物	50~60(不宜熨烫)

2. 所有缝子要烫直烫平,保证衣服轮廓的正确,领子、衣袖等重要部位更不能变形。

3. 烫衣时用力要自然均匀,以防拉拽使产品规格尺寸发生变化。熨烫有弹性的产品应保持原有弹性。例如,于下摆罗纹处要抽出烫板后熨烫。

4. 对于一般针织品需要熨烫两个面,先烫衣服背面,再烫前面。对于高档产品要烫三面,即除熨烫产品的背面和前面之外,还需要在烫板抽出后再烫一遍正面。

5. 如果在针织成品整烫完成之后马上将其从烫板上取下来,针织成品会缩回原状,因此,熨烫完成之后需要冷却片刻,才可达到定型的目的。

第十一章　成衣质量检验技术

第一节　成衣品质控制系统检查

目前,加强小批量、多品种的成衣业成衣品质控制检查的系统化是提高技术管理水平和运营能力、获得显著经济效益的关键。

一、产品投产之前检查

(一)设计标准检查

产品投产前须对设计人员的各种技术文件和资料进行严格检查。

1. 生产通知单的检查

生产通知单是规定产品的规格、使用材料、缝制要点以及包装方法的技术文件,须对其进行下列内容检查:

(1)服装各控制部位及细部规格的数量是否合理,有否存在疑误;

(2)面布、里布、衬布、纽扣、商标、袋布等原辅材料是否齐全,品号、规格、用量是否正确;

(3)服装各部位的缝迹宽度、长度,布边处理形式,缝制形式(缝型),各部位特殊缝合形式是否清楚、合理。

2. 缝制标准的检查

缝制标准是对产品加工质量细则进行规定的技术文件。必须根据本厂设备、技术条件对产品的缝制要求作出规范化的规定。须进行下列内容检查:

(1)各部位的缝合程序及形式的规定的检查:

上装,如门襟、口袋、衣领、衣袖、后背等处的缝合程序、缝型、缝迹的数量、形式的规

定;

下装,如门襟、侧缝、上裆、下裆、口袋等处的缝合程序、缝型、缝迹的数量、形式的规定。

(2)各部位的特殊规定、要求的检查:

成衣各部位对于面料上的条、格、纹样的具体规定;各部位的特殊的缝制要求等。

3. 标准样板的检查

标准样板是用于裁制衣片的正式样板。必须在投产前拿生产通知单的规格与之进行对照,确认按设计图设计的标准样板有无错误,检查内容包括:

(1)各控制部位及细部规格是否符合预定规格;

(2)各相关部位是否相吻合,即数量是否相配,角度组合后曲线是否光滑;

(3)各部位的对位刀眼是否正确及齐全,布纹方向是否标明。

(二)加工设备检查

确保机械无故障才能发挥最高的缝制效率,保证整烫效果。

1. 清除

清除各类设备上的尘埃、污垢及异物。

2. 检查

检查各类设备上的磨损、松弛、摇动、变形及损伤等细小的潜在缺陷,并加以修护处理。

3. 要求

要求车缝人员对自己使用的缝纫机进行车针安装、压脚调节、梭子线张力调节、切线器的调节、绕线器卷线、梭头轴和支带轮的调整等内容的自我检查。

二、产品投产之初检查

(一)材料检查

对采购的原辅材料进行全数或抽样检查,以排除不良品质的材料。

1. 缝制、熨烫材料检查

对缝线(棉、丝、麻、化纤)和衬布,按国家标准进行缩水率、拉力试验检查和粘接性能检查。

首先开箱观察线的色相与箱外注明的色相标志是否一致;回松线的一端查股线粗细是否适宜;用强力机试验线的韧力、延伸度能否达到规定;用捻度机鉴别其捻度是否合乎规定。

2. 面、里布检查

对面、里布等主要材料进行缩水率、干洗、水洗、摩擦、日晒染色牢度的试验,并检查其是否存在污垢、瑕疵、色差、幅度等。

3. 辅料检查

对垫肩、拉链、裤钩、纽扣、暗扣、牵带等辅料进行抽样检查。

(1)检查项目:

形状、表面处理、材质、强牢度、嵌扣度等;

(2)检查方法:

对照样品观察,使用锉、敲、压等破坏性试验。

如,抽查扣子时,应开箱观察其色相、大小尺寸是否与箱外标注一致;检查钢扣的面、里两层可否存在拆开或开断;检查其构造是否坚实,是否存在氧化锈蚀现象;检查其材料厚薄是否合适,光泽如何;回眼位置是否适当,有无裂缝、破伤、色相不一或杂花等情况。

又如,抽查各种色带时,需要进行强力检验,量宽度、查密度,以及色泽是否一致等;凡抽样检查材料,均需依据国家标准(或相应的其他标准)和技术主管科室提供的实物样品进行检查,做好原始记录,保留抽查材料的一切手续,保证抽查材料质量合乎规定。

4. 样板用纸检查

(1)尺寸检查

板纸应用1米竹尺测量,幅宽120厘米,误差范围±5厘米;

长度180厘米,误差范围±5厘米。

(2)强度检查

用竹尺往复5次磨纸板,纸边翻卷1毫米以上者为不合格;

将板纸卷成三角形观察,板纸有3毫米以上的破损为不合格;

长度(180厘米)两边对齐,放开复原者方为合格。

(二)裁剪用样板检查

1. 检查内容

每月对裁剪工序中使用的样板进行全数检查。检查内容包括对照标准样板进行规格检查、数量检查、刀眼检查、翻卷(1毫米以内)、折破等破损现象的检查等。

检查样板需要熟练掌握标准,多量多比,仔细检查、核对,确保质量。

2. 检查程序

首先将样板平放在检验台上,按照样板的记录卡注明尺寸,测量样板幅宽。接着检查样板的下料情况,观察各种衣片、零料是否顺料下裁。然后取与产品同号次的样板,核对各部位样板下料的毛裁尺寸,同时检查下料斜度、拼接长度及道数;并检查拼接处是否出现开圆头和尖角以及影响缝制操作等情况。再检查拼接缝头大小及样板各部件代号与规定是否相符;各部位锥眼、剪口有无遗漏;位置尺寸距离是否相对称。最后检查样板合格后,加盖验收章,并做好原始记录。

裁剪工序要严格执行"五核对、八不裁"制度,把好裁片质量关。

3."五核对"

(1)核对合同、款式、规格、型号、批号、数量和工艺单;

(2)核对原辅料等级、花型、倒顺、正反、数量、门幅;

(3)核对样板数量是否齐全;

(4)核对原、辅料定额和排料图是否齐全;

(5)核对辅料层数和要求是否符合技术文件。

4."八不裁"

(1)没有缩率试验数据的不裁;

(2)原辅料等级档次不符合要求的不裁;

(3)纬斜超规定的不裁;

(4)样板规格不准确、相关部位不吻合的不裁;

(5)色差、疵点、脏残超过标准的不裁;

(6)样板不齐全的不裁;

(7)定额不齐全、不准确、门幅不符的不裁;

(8)技术要求交代不清的不裁。

三、产品生产之中质量检查

(一)裁片质量检查

检查裁片需要熟练掌握标准,仔细检查核对,多量多比,确保质量。对于按照裁剪工序裁制的衣片须检查下列内容:

1. 裁片质量检查

将每批裁片抽出上下两片,对照标准纸样,检查裁片的布纹及剪切形状、色差现象。误差范围±2厘米以内质量为A等,误差范围±3厘米以内质量为B等,误差范围±5厘米以内质量为C等。对于不合格者必须改裁,裁片过小者缩小一号作为小规格裁片处理。

(1)检查上衣左、右前身片

检查上衣左、右前身片的锥眼、剪口;裁片的走刀、凹刀、刀口不齐等情况;将底片两者合一比量。

(2)检查后身片

检查后身片时需先将裁片展开,检查丝道是否正确;再将后身片底片沿中心线对折,检查两侧腰缝是否重叠;领窝及领子的剪口锥眼是否吻合。

(3)检查大、小袖片

检查大、小袖片时均通过底片的左、右片对比,观察袖山的弧线是否圆顺;袖外缝、袖底缝的长短是否一致;

(4)检查小部件

检查小部件均使用硬样板进行核实比验,零料的拼接处应该将需要拼接的两片进行对比,防止拼接缝不合;

(5)检查下装前、后身片

检查下装前、后身片时,需要观察锥眼、剪口有无遗漏;测量袋口尺寸;检查下装小部件均用硬样板比验,零料两片拼缝处相对比,观察拼缝是否合适。

2. 裁片数量检查

全数检查裁片数量,数量不够则必须补裁。

3. 尺码标记检查

对于裁片的尺码及对位记号进行检查,抽上、下层裁片,目视与标准纸样核对一致者为合格,不合格者按小规格裁片处理。

4. 盖章及复核验收

裁片经过检查之后,将合格的衣片均盖上专用印章,转入下道工序;不合乎规定的衣片经修剪后再行复核验收。

(二)缝制、熨烫质量检查

对于缝制工序中半制成品的检查包括下列内容:

1. 部件外形检查

领、袖、袋等部件成形后,形状是否符合设计要求,应与标准纸样进行对照检查。

2. 外观平整检查

裁片缝合后外观是否平整，缝缩量是否过少或过量。

3. 缝迹质量检查

缝制的缝迹的数量及缝迹的光顺程度是否符合质量规定。

4. 半成品熨烫质量检查

半成品熨烫的成形质量是否符合设计要求，有无烫黄、污迹等玷污现象。

第二节　服装成品检验

成品泛指多个品种的服装。如，毛呢裤、衬衫、西服、大衣、裙子等。各个品种的服装检验规程是不同的，但综合起来，其中有些是有规律的、不可或缺的。

一、服装成品检验规定

服装成品检验需严格按照中华人民共和国国家标准执行。成品品种的不同使得检验中所需要用到的应用工具以及各个步骤的测定均不同。

（一）工具及规格、质量测定

1. 应用工具

在服装成品检验中，需要用到的工具有钢卷尺、各种样卡（评定变色、沾色用灰色样卡，疵点、外观、缝制起皱样卡等）。

2. 规格测定

按照国标中的规格测定方法，逐一测量成品的主要规格部位。如，衣长、领大、袖长、总肩宽、胸围、腰围、臀围、裤长、裙长等。

3. 主要性能质量水平测定

按照标准中成品主要性能质量指标及性能参数、成品缩水和成品起皱洗涤方法和成品主要缝接部位强力测试检验成品。

（二）缝制、外观测定及等级标志

1. 缝制测定

按照标准中的缝制规定要求，检查服装成品的各个缝线部位，以及明线、包缝线、锁眼、钉扣等线迹的针距和纬斜等。

2. 外观测定

按照标准中的测定方式，参照各种样卡，用肉眼测定服装成品的色差程度、疵点、整烫等。

3. 等级标志

经检验后的成品，不符合一等品的，在商标处盖等级标志。

4. 抽验规定

产品出厂，按每批产品出厂数抽验。其标准参照国标。

二、出口服装检验规程

（一）参照标准及必要程序

1. 参照标准

出口服装成品检验需严格按照中华人民共和国国家标准执行。由于出口服装品种不同，使得检验中所需要用到的应用工具以及各个步骤的测定均不同。

2. 必要程序

（1）检验工具

在检验中，需要用到的工具有钢卷尺、软尺、台秤、各种样卡（评定变色样卡、疵点样卡、染色牢度褪色样卡等）、半身模型架等。

（2）条件

成品检验须在正常的北向自然光线下进行，如在灯光下检验，其照度不低于750lx。

（3）步骤

将抽取的样品平摊在检验台上或置于模型架上进行检验、鉴定。

(二)出口服装检验要点

1. 常规检验

出口服装的检验规程与上文所述的服装成品检验规程大致相同,应严格按照规格测定、主要性能质量水平测定、缝制测定、外观测定、等级标志、抽验规定执行。

2. 特殊性检验

在出口服装中,由于绣衣羽绒制品、裘皮服装、皮革服装等原料与制作方法及普通服装不同,使得其检验相对较为复杂,步骤相对繁琐。

第三节　服装成品质量检查

成品的质量检查需严格参照本章中第二节所述的成品检验规定执行。在具体每项的操作环节中都有不同细节,其程序和内容也需严格按国家相关标准执行。

一、服装成品综合性质量检查

(一)成品质量检查程序

1. 检查顺序与姿势

(1)对照缝制指示书,确认各种缝制的外观与操作规定指标。

(2)为迅速、准确地检查制品质量,常规的检查顺序:自上而下检查,外观检查后翻向里侧检查,自左而右检查。

(3)检查的姿势宜以检查者站立检查为宜。将制品穿着在人体模型上,然后站立检查,如此检查具有视野开阔、整体感觉强的优势。

2. 检查重点与规格测量目的

(1)检查的重点放在制品的正面外观上,然后翻向里侧,检查制品的里布外观,最后检查缝迹等细微质量。

(2)服装规格的测量主要目的是控制各部位的规格尺寸,而且必须包括口袋大小、领子宽窄等细部的规格尺寸。

3. 检查记录

成品质量的检查结果必须记录在册,以便作为以后同类产品标准的参考资料。

(二)成品质量检查内容

1. 裁剪质量检查

布纹是否歪斜;部件形状是否正确;

驳头部位的外口布纹是否齐整;除特殊造型外,口袋及袋盖的布纹是否与衣身相符;

有毛向的布料各部位倒、顺是否一致;对位记号是否正确。

2. 对条、对格检查

除特殊造型外,必须对条、对格;左、右两侧的衣身、部件的条、格必须一致。

需要检查:衣领的左、右两边是否条、格一致;

前衣身的上、下两部分是否条、格相符;

后衣身的背缝两侧条、格是否一致;

左、右衣袖的条、格是否一致;

袖头、腰头的左、右条、格是否一致;

口袋与袋盖是否与衣身的条纹一致;

侧缝部位前、后衣身的条、格是否相对;

下装的前后裤(裙)身条、格是否一致;

前裤(裙)身的左右两片条格是否一致;

上裆的门襟封口处条格是否一致。

3. 缝份量检查

缝份是否适合所用材料,包括面、里料;

缝份是否适合所采用的缝合形式即缝型;

卷边缝的外观是否有斜裂现象;

后裆缝、下裆缝,以及需补正的重要部位

的缝份是否适当。

4. 布料的折边量检查

折边量是否适合所用材料,包括面、里料;

折边量是否均匀一致;折边是否平整;

尺寸需修改的部位折边量是否恰当;

袖口的面布和里布的折边量是否相配。

5. 粘衬质量检查

粘合后面布是否起泡、起皱;

面布表面是否有粘胶溢出;

面布粘衬后是否产生变色现象;

面布粘衬后尺寸规格是否产生变化;

粘衬后面布能否达到所希望的效果。

6. 缝线检查

缝线的材料与支数是否与面、里布相符;

缝线能否耐洗与耐磨;

缝线是否褪色、是否收缩;

缝线是否与面、里料同色或同色系;装饰线迹的配色是否正确。

7. 针迹检查

是否按照指定的针迹数缝制;

是否按照与面、里布料相符的针迹数进行缝制;

是否按照与缝型相符的针迹数进行缝制;

是否按照与缝线的支数相符的针迹数进行缝制。

8. 裁边处理方法检查

口袋的嵌线与口袋的垫条的裁边处理方法是否合理;

面布里侧的缝迹的处理方法是否合理;

容易脱散的里布缝边的处理是否合理;

裁片外露部分的缝边的处理是否妥当。

9. 缝迹检查

缝迹宽紧状态是否均匀;缝迹是否歪斜;缝迹的伸缩性如何;

缝迹开始与结尾的倒回针是否牢固;缝迹是否有脱线现象。

10. 止口检查

止口各部位的缝制是否良好;

面线与底线宽度、松紧度是否相配;缝线是否牵紧;缝线是否有浮线;缝线是否脱线;

止口缝迹宽窄是否一致;

止口缝迹的开始处与结尾处是否使用倒回针或线结加以固定;

粗缝线的缝迹是否浮线;

部件的裁剪划线是否遗漏;

针织品的针眼是否刺断布料丝缕;针织品的缝迹拉伸性是否与布料的拉伸性一致;

缝纫机送布齿的痕迹是否遗留。

11. 套结检查

套结的位置是否正确;

套结的质量是否牢固;

套结是否未拉破材料。

二、服装成品各部位质量检查

在成品质量检查时,需将上述质量内容具体体现在服装的部位质量上,必须按照具体部位的顺序规范地进行检查。

(一)上装成品质量检查步骤

1. 衣领部位的检查

衣领位置是否装正;衣领翻折线是否在设计的位置上;

衣领的领面是否平服;衣领的领角里、外是否均匀;衣领的左、右两边丝缕、条、格是否一致;

衣领的翻领部分翻下是否牵紧;衣领弯曲后形态是否自然圆顺;衣领弯曲后里侧是否有多余皱褶;

驳头表面是否平服;驳头是否能自然驳下;驳头的拨折线是否在规定位置;

驳头的里侧是否反吐;

领、驳部位的纽眼是否美观;

衣领部位的吊带是否牢固,位置是否正确。

2. 肩部的检查

肩缝是否顺直、不歪斜;肩端是否下坍、肩部是否平挺;

前肩部是否平服、是否有无多余皱褶;

垫肩量是否恰当,位置是否合适。

3. 前衣身的检查

前门襟止口是否顺直、挺服;衬布与面布是否相符;

胸部的造型是否美观;

纽眼的位置是否适当,锁眼方法是否恰当;纽扣装钉的位置与方法是否正确;

止口的缝制是否美观;前身的领口帖边是否平服;

省道缝头是否出现酒窝状,省道缝份熨烫是否平服。

4. 挂面的检查

挂面是否平整、挺服;挂面里侧的擦缝线是否牢固;

倒钩的暗缝是否服帖;靠近胸部的挂面是否牵紧。

5. 衣袖的检查

袖缝是否平服;前袖缝"归"、"拔"是否充分;

袖子的里布擦缝是否牢固、平服;袖子下垂的位置是否正确;

袖口衬的敷放是否服帖;袖头的开口部位重叠是否吻合;

袖口里布的缭缝以及袖里布与面布之间的配合是否恰当;袖口的形态是否美观;

袖山缝缩量分配是否恰当,装袖缝是否美观;袖山侧型是否丰满;

衣袖是否能贴近衣身。

6. 侧缝的检查

侧缝是否平服;侧缝的面、里布的缭线是否牢固。

7. 后背的检查

背缝是否平服;后背的过肩是否美观;后背的装领部位是否平服。

8. 口袋的检查

胸袋的宽、窄是否一致,位置是否正确;

胸袋口是否用暗缝加固;腰袋的袋盖是否一样宽,位置及形态是否左、右对称;

腰袋口两端是否进行了加固处理;嵌线布与袋垫的布边处理是否恰当;里袋是否服贴,嵌线宽窄是否一致。

9. 下摆的检查

下摆的折边宽度是否合适;下摆的缭缝是否粗疏,是否影响到布料的正面观感;

下摆的暗缝线是否平服;下摆的明线是否美观;

门襟是否重叠过多或过少,上片与下片长短是否一致;

门襟的转角部位是否平服、窝服。

10. 里布的检查

里布的缝线是否平服;里布在纵向、围向是否留有必要的余量;

袖里布的缭缝是否粗疏,宽松量分配是否恰当;

肩里布的缭缝是否粗疏,宽松量分配是否恰当;

里布下摆缭缝是否平服,横向是否过紧或过松;

驳头里侧的里布纵向是否有宽余量,缭缝线迹是否美观;

侧缝袋的裁边处理是否美观。

(二)下装成品质量检查步骤

1. 腰围部位的检查

腰头的宽度方向的丝缕是否一致;

安装腰头的缝道是否弯曲,缝迹是否平服;腰袢的位置是否恰当,缝合是否牢固。

2. 侧袋的检查

左、右侧袋口的尺寸及斜度是否一致;袋口的缝迹是否平服、美观;

袋口的封口位置是否恰当;缝合是否牢固;

袋嵌线与袋垫条的布边处理是否恰当。

3. 后袋的检查

左、右侧后袋的位置是否对称；

袋口的缝迹是否平服、美观；袋嵌线宽度是否一致；

袋口两侧的封口位置是否恰当；缝合是否牢固；

嵌线与袋垫条的布边处理是否恰当；

纽眼的位置是否处于袋口的中心点；锁缝方法是否恰当；

纽扣的装钉位置与钉缀方法是否合适；

口袋布的尺寸是否恰当；口袋布的缝迹是否平服。

4. 后省道的检查

后省道位置是否正确；左、右两省是否对称；

省道的处理方法是否适当。

5. 侧缝的检查

侧缝的省道是否直顺；侧缝的缝线是否平服；

分割方法是否恰当；包缝线迹是否脱散。

6. 上裆缝的检查

上裆十字缝处是否平整；上裆缝是否直顺；

后上裆缝是否用双道缝迹加固；后上裆缝与前上裆缝的缝合是否对位准确；

前上裆缝的封口位置是否适当，是否牢固。

7. 门里襟的检查

前门襟位置是否合适；门里襟缝合是否牢固；前门襟是否平服，里布是否外溢；

前门襟止口线迹是否直顺，面布是否出现斜裂现象；

装拉链的位置是否适当，拉链关启是否顺畅、自然；

门襟、里襟的长度是否一致；里襟的形状是否正确，宽窄是否一致；

纽眼位置是否适当，锁缝方法是否良好；钉纽的位置与方法是否正确。

8. 脚口（下摆）的检查

左、右裤片的脚口或左、右裙片的下摆尺寸是否一致；

折边方法是否适当；缭缝方法是否正确；侧缝与下裆部位是否对准、齐整。

9. 里布的检查

腰里布是否平整；膝盖绸的缝迹是否齐整；包缝的线迹是否良好。

三、服装成品包装及出仓质量检查

包装和仓储、出仓是成衣生产的最后工序。

（一）服装成品包装的质量检查

1. 成衣包装原则

良好的包装必须能满足保持成品品质及生产物流所需的下列条件：

（1）保持成品品质

应保持成品整烫完成后的外观，必须防止在销售流通过程中或在销售中心所造成的损伤或污垢，保护商品完好无疵地到达顾客手中。

（2）适应生产物流

最适当的包装应配合以下的所有移动条件：工厂内的各种生产性移动；出厂时发送给销售流通中心的捆扎和包装；在流通中心或批发商、经销商的进货、检查、包装等环节中的移动；邮寄或快递给顾客的挑选包装等过程，使制品在经销的任何环节中不发生包装上的问题。

2. 服装成品内包装规定

内包装可采用纸、胶袋（塑料袋）、纸盒、衣架等材料，包装材料要清洁、干燥。

纸包装时必须将纸包折叠端正，包装牢固。

（1）胶袋（塑料袋）包装规定：

①胶袋（塑料袋）的规格尺寸应与产品相适应。产品装入夹带（塑料袋）的状态要平展整齐，松紧适宜。

②用于包装的胶袋（塑料袋）必须印有符合有关规定的相应文字图案。必须确保包装上文字图案的颜料不得污染产品。

③在包装中附有衣架的情况下，必须确保产品的放置状态端正、平整。

（2）纸盒包装

①纸盒的规格尺寸应与产品相适应，产品装入盒内的状态松紧适宜。

②如果在包装内附有衣架，必须确保产品的放置状态端正、平整。

3. 外包装规定

（1）外包装可采用纸箱等材料，包装材料要清洁、干燥、牢固。采用特殊包装材料，如瓦楞纸箱包装的技术要求应符合相关规定。

（2）在外包装纸箱内应衬垫具有保护产品作用的防潮材料。

（3）在外包装纸箱盖、底封口等处应保证密封效果严密、牢固，将封箱纸贴正、贴平。

（4）内、外包装的规格尺寸必须匹配适宜。外包装箱外必须用捆扎带等防潮、耐磨的材料捆扎结实、卡扣牢固。

（二）成衣运输与贮存注意事项

1. 服装成品运输

产品包装件运输时，应防潮、防破损、防污染。

2. 服装成品贮存

（1）所有产品贮存时应防潮。对于特殊产品应根据其特性采取相应的，行之有效的防护措施。例如，毛料产品应防虫、防蛀。

（2）产品包装件应在仓库内整齐堆放。库房应保持干燥、通风、清洁。

附 录

附录1 国家职业标准服装制作工说明

根据《中华人民共和国劳动法》的有关规定,为了进一步完善国家职业标准体系,为职业教育、职业培训和职业技能鉴定提供科学、规范的依据,劳动和社会保障部组织有关专家,制定了《服装制作工国家职业标准》(以下简称《标准》)。

一、本《标准》以《中华人民共和国职业分类大典》为依据,以客观反映现阶段本职业的水平和对从业人员的要求为目标,在充分考虑经济发展、科技进步和产业结构变化对本职业影响的基础上,对职业的活动范围、工作内容、技能要求和知识水平作了明确规定。

二、本《标准》的制定遵循了有关技术规程的要求,既保证了《标准》体例的规范化,又体现了以职业活动为导向、以职业技能为核心的特点,同时也使其具有根据科技发展进行调整的灵活性和实用性,符合培训、鉴定和就业工作的需要。

三、本《标准》依据有关规定将本职业分为四个等级,包括职业概括、基本要求、工作要求和比重表四个方面的内容。

四、本《标准》是在各有关专家和实际工作者的共同努力下完成的。参加编写的主要人员有:海生生、李同兴、王文斌、李存彩,参加审定的主要人员有:边仲年、乐季淮、张文秀、刘永澎。本《标准》在制定过程中,得到了北京工贸技师学院轻工分院、北京市服装质量监督检查一站、北京市纺织服装技能学校、国家服装质量中心(上海)、国家服装质量质检中心(天津)等有关单位的大方支持,在此一并致谢。

五、本《标准》业经劳动和社会保障部批准,自2003年1月23日起施行。

附录2 服装制作工国家职业标准

1. 职业概括

1.1 职业名称

服装制作工。

1.2 职业定义

以人体为依据,通过测试制定服装号型规格,合理使用原料进行服装裁剪、缝制的人员。

1.3 职业等级

本职业共设四个等级,分别为:初级(国家职业资格五级)、中级(国家职业资格四级)、高级(国家职业资格三级)、技师(国家职业资格二级)。

1.4 职业环境

室内,常温。

1.5　职业能力特征

具有一定的理解、判断及计算能力,非色盲、非色弱,非手指手臂活动障碍,并有一定的空间感和形体感。

1.6　基本文化程度

初中毕业。

1.7　培训要求

1.7.1　培训期限

全日制职业学校教育,根据其培养目标和教学计划确定。晋级培训期限:初级不少于300标准学时;中级不少于300标准学时;高级不少于300标准学时;技师不少于200标准学时。

1.7.2　培训教师

培训初级、中级的教师应具有本职业高级及以上职业资格证书或具有本专业初级及以上专业职务任职资格;培训高级的教师应具有本职业高级资格证书5年以上或具有专业中级及以上专业技术任职资格;培训技师的教师应具有本职业技师职业资格证书3年以上或本专业高级专业技术职务任职资格。

1.7.3　培训场地设备

标准教室及具备必要工具和设备的实习场地。

1.8　鉴定要求

1.8.1　适用对象

从事或准备从事本职业的人员。

1.8.2　申报条件

——初级(具备以下条件之一者)

(1)经本职业初级正规培训达规定标准学时数,并取得结业证书。

(2)在本职业连续见习工作2年以下。

(3)本职业学徒期满。

——中级(具备以下条件之一者)

(1)取得本职业初级资格证书后,连续从事本职业工作2年以上,经本职业中级正规培训达规定标准学时数,并取得结业证书。

(2)取得本职业初级资格证书后,连续从事本职业工作3年以上。

(3)连续从事本职业工作6年以上。

(4)取得经劳动保障行政部门审核认定的、以中级技能为培养目标的中等以上职业学校本专业毕业证书。

——高级(具备以下条件之一者)

(1)取得本职业初级资格证书后,连续从事本职业工作3年以上,经本职业高级正规培训达规定标准学时数,并取得结业证书。

(2)取得本职业初级资格证书后,连续从事本职业工作5年以上。

(3)取得经劳动保障行政部门审核认定的、以高级技能为培养目标的中等以上职业学校本专业毕业证书。

(4)取得本职业中级职业资格证书且具有本专业或相关专业大专毕业证书,连续从事本职业工作 2 年以上。

——技师(具备以下条件之一者)

(1)取得本职业初级资格证书后,连续从事本职业工作 4 年以上,经本职业技师正规培训达规定标准学时数,并取得结业证书。

(2)取得本职业初级资格证书后,连续从事本职业工作 6 年以上。

(3)取得本职业高级职业资格证书的高级技工学校本专业毕业生,连续从事本职业工作 5 年以上。

1.8.3 鉴定方式

分为理论知识考试和技能操作考核。理论知识考试采用闭卷考试方式;技能操作考核采用现场实际操作和面试方式。理论知识考试和技能操作考核均实行百分制,成绩皆达 60 分以上者为合格。技师鉴定还进行综合评审。

1.8.4 考评人员与考生配比

理论知识考试考评人员与考生配比为 1∶15,每个标准教室不少于 2 名考评人员;技能操作考评员与考生配比为 1∶5,且不少于 3 名考评员。

1.8.5 鉴定时间

理论知识考试时间为 60～90min;技能操作考核时间不少于 240min;综合评审不少于 30min。

1.8.6 鉴定场地设备

理论知识考试在标准教室进行,技能操作考核在具备必要工具和设备的实习场所进行。

2. 基本要求

2.1 职业道德

2.1.1 职业道德基本知识

2.1.2 职业守则

(1)遵纪守法,爱岗敬业。

(2)团结友善,密切协作。

(3)质量为本,真诚守信。

(4)不断学习,勇于进取。

(5)钻研技术,改革创新。

2.2 基础知识

2.2.1 服装基础知识

(1)人体结构比例关系。

(2)人体测量知识。

(3)服装成衣测量知识。

(4)国家服装号型规格标准系列。

(5)服装面、辅料知识。

(6)服装专业术语。

(7)常用手针针法。

(8)缝纫与熨烫知识。

(9)服装制作设备的使用与保养基础知识。

(10)纺织品服装标识的国家强制性标准。

2.2.2　安全文明生产的有关知识

(1)安全用电基础知识。

(2)防火、防爆等消防知识。

(3)文明、环保生产知识。

2.2.3　相关法律、法规知识

(1)产品质量法的相关知识。

(2)消费者权益保护法的相关知识。

(3)劳动法的相关知识。

3. 工作要求

本标准对初级、中级、高级和技师的技能要求依次递进,高级别涵盖低级别的要求。

3.1　初级

职业功能	工作内容	技能要求	相关知识
一、制板	(一)人体测量	能按人体标准部位测量人体围度、长度和宽度	体型结构特征知识
	(二)调整测体数据	能根据女裙、男(女)裤、连衣裙、衬衫等服装的不同款式,合理加放松度,做到基本适体	服装规格标准
	(三)打制样板	1. 画样时能合理分配部位的比例,做到样板画线清晰准确,线条流畅; 2. 能根据不同面料的伸缩性能,合理加放预缩量; 3. 能对所制样板进行核对,检查有无错划、漏划	主要纺织面料的缩水率
	(四)样板标注	1. 能准确标注产品的名称; 2. 能准确标注裁片名称及片数; 3. 能标注裁片的经纱线; 4. 能准确标注裁片刀口、钉眼的位置	服装制板标准的规定
二、裁剪	(一)验料、排料与画皮	1. 能识别原料的正反面; 2. 能识别原材料的缺陷,如疵点、原残等; 3. 能按先主件、后辅件、再零件的顺序进行画皮; 4. 能清晰准确地画皮,做到不漏画、不错画	1. 常见织物的结构和基本特征; 2. 服装部位级别的划分与面料允用标准
	(二)铺料与裁剪	1. 能正确铺料,做到松紧适宜,边齐平服,纱向平直; 2. 裁剪过程中做到裁片边缘顺直,上下裁片不错位,刀口、钉眼位置准确,大小适宜	服装面料裁剪的基本知识
	(三)裁配辅料	能根据面料特点选配使用相适宜的里料和辅料,做到选配合理、搭配齐全	服装辅料的选用方法

职业功能	工作内容	技能要求	相关知识
三、缝制	（一）工艺文件的阅读与应用	1. 能够读懂工艺文件和加工产品的工艺要求； 2. 能按工艺标准完成规定产品的制作	服装缝制专业术语
	（二）制作与组合	能按照女裙、连衣裙、男（女）裤、男（女）衬衫的工艺要求，进行缝制与组合	女裙、男（女）裤、连衣裙、衬衫的缝制要求及质量标准
	（三）产品的熨烫与调整	1. 能够根据不同面料控制熨斗温度，对产品进行熨烫，使之平服； 2. 能够及时清除成品上残存的线头、粉印、污渍等，保持产品整洁	1. 成品整烫标准要求； 2. 使用非控温熨斗的注意事项； 3. 相关面料的耐热度及防止烫残的基本方法
	（四）产品检验与包装	1. 能按照产品质量要求，顺序检验产品的规格、外观、缝制及整烫是否符合工艺标准的要求； 2. 能根据产品的不同要求，采用不同的包装方法，保证产品标识齐全准确	产品质量检验依据
	（五）设备的使用与保证	能够使用与保养平缝机、包缝机、蒸汽式熨斗等设备、工具	平缝机、包缝机、蒸汽式熨斗等设备、工具的保养与简单故障的排除方法

3.2 中级

职业功能	工作内容	技能要求	相关知识
一、制板	（一）人体测量	1. 能按人体体型及穿着习惯测量时装、女西服、中式服装、马甲等规格； 2. 能根据服装原型的要求，准确测量人体的净体数据	服装原型裁剪法
	（二）调整测体数据	1. 能按照人体体型的不同特征（如挺胸、驼背等）调整测体数据； 2. 能根据调整的数据确定制板方案	不同体型各部位规格的搭配常识
	（三）打制样板	1. 能准确打制马甲、时装、女西服、中式服装的基础样板； 2. 能打制服装原型基础样板； 3. 能依据原型板进行款式变化	1. 制图比例知识； 2. 原型制图知识
	（四）校对样板	1. 能准确核对样板各片之间的长度、圆度等比例关系； 2. 能合理设置缩袖吃量	面料薄厚与吃量设备关系常识

续表

职业功能	工作内容	技能要求	相关知识
二、裁剪	(一)验料、排料与画皮	1. 能识别原材料的缺陷,如色差、纬斜、松紧边等; 2. 按照样板要求,做到排料严谨合理,准确运用纱向,允斜不超过规定; 3. 能利用工业系列样板进行排料、画皮	国家服装产品标准中有关允斜、疵点和色差的规定
	(二)铺料与裁剪	1. 能针对各类面、铺料合理铺料、用料; 2. 能进行成批裁剪	各种裁刀、裁具使用注意事项
	(三)裁配辅料	能根据工艺要求合理选配辅料	辅料种类及性能
三、缝制	(一)编制工艺文件	能按工艺文件的要求,编制高档男西裤、时装、女西服等的工艺流程	编制工艺文件的基本知识
	(二)制作与组合	1. 能根据不同面料性能取相应的缝制方法; 2. 能对各缝制部位的质量进行检验; 3. 能完成服装制作中重点工序的制作	1. 高档男裤、时装、女西服等的缝制要求及质量标准; 2. 面料性能与设备调试的基本知识
	(三)产品的熨烫与整理	1. 能在产品加工过程中运用推、归、拔、烫等技术对高档男裤、时装、女西服等进行符合人体造型的工艺处理; 2. 能根据不同服装品种和不同部位的工艺要求运用专业定型设备进行产品整烫	专业整烫设备的操作注意事项
	(四)设备的使用与保养	1. 能正确使用封结机、钉扣机、锁眼机等常用设备; 2. 能对封结机、钉扣机、锁眼机、整烫机等进行维修保养	常用设备使用常识

3.3 高级

职业功能	工作内容	技能要求	相关知识
一、制板	(一)人体测量	1. 能按人体体型,准确测量男西服、大衣、旗袍等规格; 2. 能对特殊体型的特殊部位进行测量,并做出明确的标注或图示	1. 特殊体型的基本类型; 2. 特殊体型与服装结构的关系
	(二)设备号型规格系列	1. 能编制服装主要部位规格及配属规格; 2. 能依据人体号型标准,编制合理的服装产品规格系列	国家人体号型标准
	(三)打制样板	1. 能打制男西服、大衣、旗袍等的基本样板; 2. 能根据缝制工艺要求,对样板中所需的缝份、归势、拔量、雕量、纱向、条格及预缩量进行合理调整; 3. 能按基本样板对特殊体型的特殊部位进行合理的调整; 4. 能按照生产需要,打制工艺操作样板	1. 工业化生产用样板的种类与用途; 2. 样板使用与保存的有关知识; 3. 条格面料在样板上的标识方法
	(四)样板缩放	能根据服装产品规格系列对服装全套缩放	服装制板有关知识

职业功能	工作内容	技能要求	相关知识
二、裁剪	（一）验料、排料与画皮	1. 能根据定额、款式、号型搭配和原料幅宽等计算用料率； 2. 能针对条格料、压光料、倒顺料、不对称条格料及图案料等，选用合理； 3. 能按产品批量、号型搭配的数量排料画皮，在额定范围内最大限度地减少原辅料消耗	1. 原辅料消耗的计算方法； 2. 条格原料、毛绒；原料、不对称条格料等的使用要求； 3. 排料的方法和技巧
	（二）裁剪与调整	1. 能利用人体模型进行服装基样的裁剪； 2. 能根据服装造型的需要，运用立体裁剪法对男西服、大衣、旗袍等进行调整； 3. 能将立体裁剪的样型转化为平面的板型	服装立体裁剪法
三、缝制	（一）实施工艺文件	1. 能按工艺文件的要求和资源配置，组织工艺流程的实施； 2. 能根据生产能力，合理调配工序	1. 工时定额的测定方法； 2. 装备与生产能力的关系
	（二）试板与样衣制作	1. 能按基本板试制样衣； 2. 能通过试样对基本板提出修改意见； 3. 能根据修改后的基本板制作标样	1. 样衣的鉴定与修订方法和要求 2. 标样的封存与管理要求
	（三）组织生产	1. 能根据生产能力，组织最佳缝制组合流程，做到分工明确，均衡生产； 2. 能及时排除影响正常生产的因素； 3. 能按照工艺标准对在线产品进行质量监督检验； 4. 能对照标样，对下线的首件产品进行工艺质量鉴定	全面质量管理的有关知识
	（四）设备的使用与保养	1. 能使用与生产相关的专用设备； 2. 能按设备的使用要求及时进行维修与保养	专用设备的使用注意事项

3.4 技师

职业功能	工作内容	技能要求	相关知识
一、设计与制板	（一）结构设计	1. 能根据服装设计效果图或服装样品进行结构设计； 2. 能根据服装款式需要正确处理结构平衡与曲面协调	1. 服装设计基本原理； 2. 服装与服饰色彩基本知识； 3. 服装流行趋势
	（二）工艺设计	1. 能编写工艺文件； 2. 能按加工产品的需要设计工艺流程	1. 服装工艺文件的专业术语及专业符号知识； 2. 服装产品工艺文件的编写方法
	（三）计算机辅助设计	能正确使用服装 CAD 进行制板、放码、排料	计算机操作的基本知识
	（四）打制样板	1. 能根据不同体型打制男女礼服等高档服装的样板； 2. 能打制特殊体型的样板	礼服主要品种的基本常识

续表

职业功能	工作内容	技能要求	相关知识
二、裁剪与缝制	(一)面料选配	1. 能对特种面料或新型面料进行工艺处理； 2. 能按照不同款式特点选用特殊面料(如轻薄透织物、亮片刺绣织物等)	特殊面料的相关知识
	(二)制作成衣	1. 能根据工艺要求制作男女礼服等高档服装； 2. 能按照不同服装款式的需要进行装饰性处理	装饰工艺的应用常识
	(三)处理技术问题	1. 能发现生产过程中的技术问题，并加以解决； 2. 能对产品的质量问题追溯原因，并提出解决办法	技术管理基本知识
三、指导与培训	(一)技术指导	1. 能发现生产过程中的技术问题并加以解决； 2. 能就服装加工过程中出现的质量问题对操作人员进行指导	服装企业技术人员的岗位职责
	(二)技术培训	1. 能编写技术培训讲义； 2. 能对初、中、高级服装制作工进行技术培训	培训讲义的编写方法
	(三)技术开发与创新	1. 能吸收国内服装制作的先进技术，对加工工艺进行改革与创新； 2. 能对服装制作中的疑难问题和新产品的研发组织攻关	国内外服装制作的新技术、新趋势

4. 比重表
4.1 理论知识

项　目		初级(%)	中级(%)	高级(%)	技师(%)
基本要求	职业道德	5	5	5	5
	基本知识	20	10	5	5
相关知识	制板 人体测量	5	5	5	—
	调整测体数据	5	5	—	—
	打制样板	20	20	20	15
	样板标注	5	—	—	—
	校对样板	—	10	—	—
	设备号型规格系列	—	—	5	—
	样板缩放	—	—	—	20
	裁剪 验料、排料与画皮	5	5	5	—
	铺料与裁剪	5	5	5	—
	裁配辅料	5	5	—	—
	立体裁剪	—	—	5	—

项　目			初　级（%）	中　级（%）	高　级（%）	技　师（%）
相关知识	缝制	工艺文件的阅读与应用	5	—	—	—
		编制工艺文件	—	10	—	—
		实施工艺文件	—	—	5	—
		试板与样衣制作	—	—	5	—
		组织生产	—	—	10	—
		制作与组合	5	10	—	—
		产品的熨烫与包装	5	5	—	—
		产品的检验与包装	5	—	—	—
		设备的使用与保养	5	5	5	—
	设计与制板	结构设计	—	—	—	10
		工艺设计	—	—	—	15
		计算机辅助设计	—	—	—	10
	裁剪与缝制	面料选配	—	—	—	5
		制作成衣	—	—	—	10
		处理技术问题	—	—	—	10
	指导与培训	技术问题	—	—	—	5
		技术培训	—	—	—	5
		技术开发与创新	—	—	—	5
合　计			100	100	100	100

4.2 技能操作

项　目			初　级（%）	中　级（%）	高　级（%）	技　师（%）
技能要求	制板	人体测量	5	5	5	—
		调整测体数据	5	5	—	—
		打制样板	15	5	5	10
		样板标注	5	—	—	—
		校对样板	—	10	—	—
		设备号型规格系列	—	—	5	—
		样板缩放	—	—	5	—
	裁剪	验料、排料与画皮	5	5	5	—
		铺料与裁剪	5	5	5	—
		裁配辅料	5	5	—	—

续表

项 目			初 级（%）	中 级（%）	高 级（%）	技 师（%）
技能要求	缝制	工艺文件的阅读与应用	5	—	—	—
		编制工艺文件	—	20	—	—
		实施工艺文件	—	—	10	—
		试板与样衣制作	—	—	20	—
		组织生产	—	—	15	—
		制作与组合	20	10	—	—
		产品的熨烫与包装	10	10	—	—
		产品的检验与包装	10	10	5	—
		设备的使用与保养	10	10	10	—
	设计与制板	结构设计	—	—	—	5
		工艺设计	—	—	—	5
		计算机辅助设计	—	—	—	10
	裁剪与缝制	面料选配	—	—	—	5
		制作成衣	—	—	—	15
		处理技术问题	—	—	—	10
	指导与培训	技术问题	—	—	—	10
		技术培训	—	—	—	10
		技术开发与创新	—	—	—	20
合 计			100	100	100	100

附录 3　服装设计职业技能竞赛技术文件

《服装设计师职业标准》

一、职业概况

1.1　职业名称

时装设计师。

1.2　职业定义

能够根据时尚流行趋势，进行目标市场定位、品牌策划，并根据设计理念采用不同的设计手法进行时装设计，兼具创意性和技术性为一体的时装设计技术人员。

1.3　职业等级

由低到高分为三级：时装设计师（国家职业资格三级）

时装设计师（国家职业资格二级）

时装设计师（国家职业资格一级）

1.4　职业环境条件

室内、常温。

1.5　职业能力特征

具备良好的时尚感悟力，具有较高的审美修养和创造力，并且具有较强的设计与表达能力；具有较强的热爱职业、吃苦耐劳的敬业精神。

1.6　基本文化程度

高中文化程度（含同等学力）。

1.7　鉴定要求

1.7.1　适用对象

从事或准备从事时装行业，并有志于在本职业有所发展的所有专业人员及时装爱好者。

1.7.2　申报条件

国家职业资格三级，具备以下条件之一：

（1）获得服装设计定制工四级职业资格1年以上（鉴定成绩为"良好"及以上者无持证年限要求）

（2）从事本职业5年以上

（3）高等学校相关专业的在校生（有学籍的大学、大专、高职生），获得服装制板员（四级）或服装设计定制工（四级）职业资格，无持证年限要求

（4）高职、高专学校相关专业毕业生，毕业后从事本职业1年以上

（5）本科相关专业毕业生，毕业后从事本职业1年以上

（6）具有相关专业中级专业技术职务资格的人员

（7）获省级（及以上）时装设计大赛二等奖、三等奖。

国家职业资格二级，具备以下条件之一：

（1）获得本职业三级职业资格1年以上

（2）具有相关专业中级专业技术职务资格的人员获得本职业三级职业资格后（无年限要求）

（3）获省级（及以上）时装设计大赛一等奖（及以上）

（4）个人已独立举行时装设计发布会。

国家职业资格一级，具备以下条件之一：

（1）获得本职业二级资格2年以上

（2）获国家级、国际性时装设计大赛二等奖（及以上）。

1.7.3　鉴定方式

模块化鉴定。每个等级设置若干个知识技能一体化模块（三级2个模块、二级2个模块、一级2个模块）。每个等级所有模块均合格，则鉴定合格。

1.7.4　鉴定场地设置

按各等级的鉴定所设置条件。

二、工作要求

2.1　各等级"职业功能"及"工作内容"一览表

职业功能	工作内容		
	三　级	二　级	一　级
时装设计表达	1. 时装画表达； 2. 时装色彩与图案设计； 3. 时装立体展示	1. 通用绘画软件时装画设计与绘画； 2. 专业绘图软件时装画设计与绘图	
时装设计	1. 时装设计原理应用； 2. 时装设计工作程序； 3. 时装分类设计； 4. 时装系列设计	1. 跟踪时装流行； 2. 时装分类设计； 3. 时装创意设计； 4. 时装专题系列设计	1. 创意思维培养； 2. 创意时装设计
市场调研与信息分析	1. 市场调研； 2. 资料与信息搜集分析		
品牌定位与产品企划		1. 服装市场营销； 2. 品牌的市场定位把握； 3. 产品企划实施	1. 品牌与目标定位； 2. 产品企划； 3. 时装展示设计； 4. 时装推广
世纪创新与项目管理			1. 设计指导与创新； 2. 世纪项目管理

2.2　各级工作要求

2.2.1　工作要求表

时装设计师（三级）。

职业功能	工作内容	技能要求	专业知识要求	比重
时装设计表达	1. 时装画表达	1. 能进行时装画表达； 2. 能进行平面款式图表达； 3. 能够根据时装选择合适的人体形态及表现方法； 4. 能进行时装画人体着装的绘制方法和技巧； 5. 能进行时装画面料质感的表现	1. 了解时装画的概念作用、分类及其特点； 2. 了解绘制时装画的工具和方法； 3. 了解人体比例、结构、动态等知识； 4. 了解人体与时装的关系，懂得人体着装绘制要领及其步骤； 5. 熟悉时装平面款式图的绘制要求和要领，应准确表现款式特征； 6. 了解时装画面料表现方法； 7. 了解时装画中各种艺术表现形式	30%

职业功能	工作内容	技能要求	专业知识要求	比重
时装设计表达	2. 时装色彩与图案设计	1. 能进行时装画色彩表现; 2. 能进行时装色彩的整体搭配设计; 3. 能进行服饰图案的表现技法及其应用; 4. 能够进行服饰图案设计	1. 了解色彩的基础知识及色彩搭配的基本方法和原则; 2. 熟悉时装画色彩表现技法; 3. 了解服饰图案的基础知识; 4. 熟悉服饰图案的表现技法及应用	30%
	3. 时装立体展示	1. 能进行时装立体展示的方法和手段; 2. 能进行时装立体展示与修正	1. 了解时装立体展示概念及类别; 2. 熟悉时装立体展示方法与步骤	
时装设计	1. 时装设计原理运用	1. 能运用时装形式美法则; 2. 能对时装造型要素进行运用; 3. 能进行时装色彩、图案设计与运用; 4. 能进行时装面辅料选择	1. 懂得时装设计基本原理; 2. 了解时装设计师应具备的专业素质; 3. 懂得时装形式美、色彩、图案、材料等基本知识	55%
	2. 时装设计工作程序	1. 能准确理解时装设计定位; 2. 能设计时装,掌握流程; 3. 能对时装实际工作进行准备及实施	1. 了解时装设计的程序; 2. 了解并懂得时装设计的方法和具体步骤; 3. 了解服装市场	
	3. 时装分类设计	1. 能进行职业服设计; 2. 能进行休闲服设计; 3. 能进行运动装设计; 4. 能进行居家服设计; 5. 能进行童装设计; 6. 能进行特殊材料时装设计	1. 熟悉各类常见服装的分类; 2. 了解并把握各类常见服装的风格特征	
	4. 时装系列设计	1. 能进行系列时装设计; 2. 能突出配套设计在系列设计中的重要性; 3. 能进行系列设计中的配套设计	1. 了解系列时装设计的含义和理论; 2. 熟悉系列时装设计的构思与设计; 3. 懂得服饰配件的概念、分类及作用	
市场调研与信息分析	1. 市场调研	1. 能进行市场调研; 2. 能够初步进行市场调研的方案设计; 3. 能够合理选择调研的方法并实施	1. 了解市场调研的概念和作用; 2. 了解市场调研的目的和方法	13%
	2. 资料与信息搜集分析	1. 能进行资料与信息搜集; 2. 能够对资料与信息进行一般分析	1. 了解资料与信息的重要性; 2. 熟悉资料与信息搜集的途径; 3. 了解信息分析的方法	

续表

职业功能	工作内容	技能要求	专业知识要求	比重
相关基础知识	1. 服饰美学； 2. 服装心理学； 3. 服装结构设计及工艺制作； 4. 服装材料学			2%

2.2.2 工作要求表
时装设计师(二级)

职业功能	工作内容	技能要求	专业知识要求	比重
时装设计表达	1. 通用绘图软件时装画设计与绘制	1. 能具体操作通用绘图软件的基本功能； 2. 能够运用工具组合进行时装画设计绘制	1. 了解通用绘制软件的功能和特点； 2. 了解并熟悉通用绘图软件基本工具的功能与运用效果	
	2. 专业绘图软件时装画设计与绘制	1. 能具体操作专业绘图软件的基本功能； 2. 能够运用工具组合进行时装画设计绘制	1. 了解专业绘图软件的功能和特点； 2. 熟悉专业绘图软件基本工具的功能与运用效果	
时装设计	1. 跟踪时装流行	能够较好地跟踪时装流行动态	1. 懂得时装流行的规律和制约因素； 2. 了解时装流行的传播媒介和表现形式	
	2. 时装分类设计	1. 能进行职业服设计； 2. 能进行休闲服设计； 3. 能进行运动装设计； 4. 能进行居家服设计； 5. 能进行高级成衣设计； 6. 能进行高级时装设计	1. 熟悉各类服装的分类和特征； 2. 懂得服装分类设计的要领	
	3. 时装创意设计	能进行艺术化、个性化、时尚化时装创意设计	1. 了解时装创意设计的作用及特点； 2. 具有时装设计的创意型思维	
	4. 时装专题设计	1. 能进行专题系列服装设计； 2. 能进行时装设计专题的制定、组稿和初步整合能力	1. 懂得时装专题系列设计的内涵； 2. 熟悉时装专题系列设计的过程	

职业功能	工作内容	技能要求	专业知识要求	比重
品牌定位与产品企划实施	1. 服装市场营销	能从设计角度参与市场营销	1. 了解服装生产管理与质量控制的基本知识； 2. 熟悉时装专题系列设计的过程	
	2. 把握品牌的市场定位	1. 能对目标市场进行合理正确地分析； 2. 能够对目标市场进行正确合理的定位； 3. 能够进行时装的市场推广	1. 懂得品牌的概念与内涵； 2. 懂得品牌市场定位的重要性与作用； 3. 了解品牌市场定位的要素	
	3. 产品企划实施	1. 能够根据多渠道信息情报综合进行分析与预测； 2. 能够根据设计概念进行产品企划，具有实施产品企划的能力； 3. 能进行产品开发； 4. 能够面向市场进行产品展示与推广	1. 了解产品企划的过程； 2. 熟悉产品企划中每一步骤的内容和实施方法； 3. 了解产品发展规划的地位与作用； 4. 熟悉产品发展规划的内容	
相关基础知识	1. 服装美学 2. 服装心理学 3. 服装机构设计及工艺制作 4. 服装材料学			

后　　语

学习服装技术的初衷与目的往往在于迅速进入服装技术职业并且永远立于不败之地。因此，了解服装技术职业分工与特点，掌握正确的思想方法以适应服装业的发展规律亦显得十分重要。

在此，有必要将服装技术相关问题略加阐述，以更高的视角将服装技术学习、从业与服装业以及个人的发展联系在一起。

一、服装技术职业与需求

（一）服装技术职业分工与特点

服装技术职业泛指在服装制作完成过程中操作性强、技能性强的工种，以及各个工种中职位的总和。在服装成衣生产企业中，技术工种及职位主要分为：制板工、裁剪工、缝纫工（亦称为"车工"）、锁缀工、熨烫工（亦称"平整"）。辅助性技术的工种有机器维修工、电工等。每一工种均有其工作特点和规范。在大型企业中，某些技术工种还会分工细化，例如，缝纫工在生产流水线上又可分为绱领、绱袖、缝摆、合身等工序，有些人只会做一道工序或少数工序。有些人会做多种工序，甚至所有的缝纫工序。因此，依据个人的技术能力，每个人可以胜任的技术工种不尽相同。技术全面的人大有用武之地，例如，在投入批量生产之前，由服装设计师画出设计图纸，然后按其设计要求，完成整件缝制的"样衣工"；在个人定制服装点按顾客要求缝制整件服装的缝纫工等。其他技术工种的分工亦可细化，或可合并。例如，大企业中的裁剪工种还可以细化为辅料、画皮、裁剪和整理等分工；而在中、小企业中每一位技术人员均要身兼数职，集制板工、裁剪工为一身。还有技术更

全面的人，不仅会裁、会缝纫，还会锁缀、平整。技术全面的人被称为"全活"，他们可以承担更重要的工作，职业选择也更为宽泛。例如，技术管理工作、创建个人订制服装小店等。

服装技术职位几乎遍布所有与服装相关的商业、企业等。服装技术人才主要任职于各品牌成衣经营企业、生产企业、各种成衣生产加工型企业、各种集团工装职业装定制公司、各种个人服装定制公司、各种表演服装定制公司、各种服装设计工作室等。在所有的服装企业、公司中，服装技术职位都是必不可少的、为数众多的而且是多层面的。在管理好、竞争力强的大型服装企业中对于各种技术人才更加重视，尤其对于高级技术人才的需求极为迫切。因为品牌的竞争在某种意义上取决于企业人才的竞争，其中技术人才的竞争是主要的因素之一。

（二）技术人才的发展机遇

就服装设计职业而言，服装技术职业有着更为悠久的历史。在资本主义工业革命之后，社会性大生产时代的到来导致技术分工越来越细化。因此，服装行业的技术职业是分工明确的，多种类的；是成体系的，相互补充的。进入 21 世纪的人类对于生活品质的追求比以往任何时候更为重要，因此技术与艺术相结合的产业将会发展更快，服装产业则正是以技术加艺术为特征的，如今其发展如日中天。服装行业具有极为广泛的人才需求。

许多年轻人看到了服装行业发展带来的机遇，加紧学习和实践，创造自身条件，迎接人才竞争的挑战。胜任技术职位并非靠一日之功。技术的获得必须经过系统的学习，不

仅懂理论,而且重实际操作。技术的掌握必须靠日积月累,靠反复的实践中的领悟和长进,一名技术人才的形成需要时间和一段完整的学习过程。服装技术职业是依靠较长时间的努力才可以争取到的职业,因此,服装技术职业是竞争力较强的职业,从事这一职业的年轻人无论是处于系统地学习服装技术阶段还是长期实践的阶段,均需要较系统地、全面地了解服装相关技术的基础知识和操作规范,并且灵活运用。

二、服装技术人才的基本素质

(一)学习思考努力创新

每一位技术职业人在激烈的人才竞争中,只有不断提高技术能力,使技术日益精湛和纯熟。人的能力是不同的。有些人的技术能力局限性大,当发展到某一阶段时,再上升一个阶梯则困难加大,甚至不再可能。只有少数人可以在某一领域中使技术能力达到炉火纯青的地步。他们是佼佼者,是栋梁之才,是知名企业追逐的对象,他们的档案在猎头公司榜上有名。精湛的技术是形成服装高品质的保证,因此也是企业获得高技术附加值、高利润的保证。同时,在市场经济中不可多得的人才必然享有高薪金、高待遇,而且不必担心失业、下岗。

要成为有用之才、栋梁之才,在竞争中永远立于不败之地,需要善于思考,用聪明智慧获得真才实学;需要刻苦勤奋,付出比常人更多的努力;需要在不断变化的市场中不断创新,对新生事物保持旺盛的热情,不拘泥于传统;需要在不断更新技术的社会性大环境中调整自己的知识结构,重视对高科技、新设备、新领域的学习和掌握;需要干到老学到老。

(二)善于沟通与合作

做到出类拔萃、鹤立鸡群,是指技术的超群和能力的出众。并非以独到之处孤芳自赏。有用之才、栋梁之才一定是热情的社会人,他们是群体中的核心,是行业中的骨干。因此,沟通能力和合作能力是现代社会技术职业人之必备的能力。在多工序、多工种的大生产中,所有技术是环环相扣的,技术的发挥靠人与人的交流、沟通、合作。如此可见,为共同完成服装大业,优秀的技术人才的沟通和合作的能力是需要学习和完善的,需要使此能力与技术能力同步增长,以适应大行业、大社会之需要。

三、服装技术资格认定

(一)重视技术考评取得社会认同

在规范化的人才竞争中,从事服装技术职业不仅需要掌握服装技术和能力,而且需要获得技术等级证书。由国家有关部门统一组织、统一考试、统一标准、统一发放的技术等级证书具有权威性和公正性,同时具有时效性。一个从事服装技术职业的人不可以忽视正常的考级并取得相应的技术资格,以使自己的技术水平取得社会的认同。在市场经济背景下,社会性的人才流动是正常的,而且是有规律的。用人单位对于个人的技术水平的判断,除了依靠推荐渠道之外,主要依靠自己组织的考核与面试,并且将权威机构发放的职业资格证书与技术水平证书看作录用人才的重要的参考依据。

(二)谨慎选择把握命运

在我国劳动人事部统一施行的服装技术等级考核已有近20余年的历史,从报名、学习、考试到证书发放已形成较完善的制度。而且技术等级已系列化。例如,初级服装设

计定制工、中级服装设计定制工、高级服装设计定制工和技师职称等。除此以外,各行业协会也主持本行业的技术等级考核评审工作。例如,中国皮革协会每年定期组织该行业内的皮革服装、箱包、皮鞋企业的技术人员的技术考评和证书发放工作。每一位从事服装技术职业的人均有条件参加技术等级考评,通过公正的考试和公平的竞争获得相应的技术等级证书。

近年来,社会上形形色色的技术考评形式、技术学校和训练班以及技术名称名目繁多,不免有些缺乏权威性,甚至还有些存在高收费,追求高利润之嫌。在此提醒服装技术职业人士提高警惕、慎重选择,把握自己的命运。

参考文献

[1]   服装鞋帽标准汇编．中国标准出版社,1992 年

[2]   蒋金锐编著．图解服装裁剪缝纫技术诀窍．中国轻工业出版社,2000 年

[3]   中泽愈著．衣服解剖学．文化出版局,1996 年

[4]   袁观洛译．人体与服装．中国纺织出版社,2000 年

[5]   张文斌主编．服装工艺学(结构设计分册)．中国纺织出版社,2002 年

[6]   [英]威尼弗雷德·奥尔德里奇著．刘莉译．英国经典服装板型．中国纺织出版社,
2003 年

[7]   [日]中屋典子．三吉满智子．孙兆全等译．服装造型学技术篇 I．中国纺织出版
社,2004 年

[8]   [美]康妮·阿曼达著．张玲译．美国经典立体裁剪．中国纺织出版社,2003 年

[9]   王海亮,周邦桢著．服装制图与推版技术．中国纺织出版社,1999 年

[10]   周邦桢编著．服装工业化生产．中国纺织出版社,2002 年

[11]   冯　翼,冯以玫编著．服装生产管理与质量控制．中国纺织出版社,2005 年

[12]   吕学海,杨奇军编著．服装工业样板．中国纺织出版社,2002 年

[13]   魏静编著．服装结构设计(下册)．高等教育出版社,2002 年

[14]   激光产品世界．2004 年 11 月刊

[15]   (清)沈寿口,述张謇,王逸君译注．雪宦秀谱图说．济南山东画报出版社,2004 年

[16]   包法昌．服装缝纫工艺．中国纺织出版社,1998 年

[17]   上海纺织高等专科学校编．服装结构和工艺设计．中国纺织出版社,1999 年

[18]   朱海福等编写．服装生产工艺．上海科技文献出版社,1987 年

[19]   戴龙泉编．最新合体服装工艺．上海科学技术出版社,1998 年

[20]   李　津．针织服装设计与生产工艺．中国纺织出版社,2005 年

[21]   沈　蕾．针织服装设计与工艺．中国纺织出版社,2005 年

[22]   张文斌等编著．服装工艺学(成衣工艺分册)．中国纺织出版社,2002 年第二版

[23]   蒋晓文．服装生产流程与管理技术．中国纺织出版社,2003 年

[24]   杨以雄．服装生产管理．东华大学出版社,2006 年

[25]   陈东生,甘应进．管理服装生产工艺学．中国轻工业出版社,2003 年

[26]   卓乃坚．服装出口实务．东华大学出版社,2007 年

致　　谢

在本书的编写过程中,得到了很多朋友热忱而无私的帮助,使得本书能够顺利出版。在此诚恳地向鲁湘龙、何守东、侯萱、徐惠卿、赵金玉、严旭、宋红、赵梁、赵勇、李兆龙、刁杰、黄智高、刘淑丽、彭瑞琴、师彤、孙兆全、卢科、吴涤、卢言、王林平、孙会玲、李晓璞、路平、高速进、戚亚茜、李泽鑫、胡平等表示由衷的感谢!